中 外 物 理 学 精 品 书 系

本书出版得到“国家出版基金”资助

中外物理学精品书系

前沿系列 · 41

高温超导物理

（第二版）

韩汝珊　编著

图书在版编目(CIP)数据

高温超导物理/韩汝珊编著. —2版. —北京:北京大学出版社,2014.12
(中外物理学精品书系)
ISBN 978-7-301-25147-8

Ⅰ. ①高… Ⅱ. ①韩… Ⅲ. ①高温超导性—物理学 Ⅳ. ①O511

中国版本图书馆CIP数据核字(2014)第272375号

书　　名:**高温超导物理(第二版)**
著作责任者:韩汝珊　编著
责 任 编 辑:王剑飞
标 准 书 号:ISBN 978-7-301-25147-8/O·1030
出 版 发 行:北京大学出版社
地　　址:北京市海淀区成府路205号　100871
网　　址:http://www.pup.cn
新 浪 微 博:@北京大学出版社
电 子 信 箱:zpup@pup.cn
电　　话:邮购部 62752015　发行部 62750672　编辑部 62765014　出版部 62754962
印 刷 者:北京中科印刷有限公司
经 销 者:新华书店
730毫米×980毫米　16开本　15印张　280千字
1998年9月第1版
2014年12月第2版　2014年12月第1次印刷
定　　价:80.00元

“中外物理学精品书系”
编 委 会

序　言

物理学是研究物质、能量以及它们之间相互作用的科学。她不仅是化学、生命、材料、信息、能源和环境等相关学科的基础，同时还是许多新兴学科和交叉学科的前沿。在科技发展日新月异和国际竞争日趋激烈的今天，物理学不仅囿于基础科学和技术应用研究的范畴，而且在社会发展与人类进步的历史进程中发挥着越来越关键的作用。

我们欣喜地看到，改革开放三十多年来，随着中国政治、经济、教育、文化等领域各项事业的持续稳定发展，我国物理学取得了跨越式的进步，做出了很多为世界瞩目的研究成果。今日的中国物理正在经历一个历史上少有的黄金时代。

在我国物理学科快速发展的背景下，近年来物理学相关书籍也呈现百花齐放的良好态势，在知识传承、学术交流、人才培养等方面发挥着无可替代的作用。从另一方面看，尽管国内各出版社相继推出了一些质量很高的物理教材和图书，但系统总结物理学各门类知识和发展，深入浅出地介绍其与现代科学技术之间的渊源，并针对不同层次的读者提供有价值的教材和研究参考，仍是我国科学传播与出版界面临的一个极富挑战性的课题。

为有力推动我国物理学研究、加快相关学科的建设与发展，特别是展现近年来中国物理学者的研究水平和成果，北京大学出版社在国家出版基金的支持下推出了“中外物理学精品书系”，试图对以上难题进行大胆的尝试和探索。该书系编委会集结了数十位来自内地和香港顶尖高校及科研院所的知名专家学者。他们都是目前该领域十分活跃的专家，确保了整套丛书的权威性和前瞻性。

这套书系内容丰富，涵盖面广，可读性强，其中既有对我国传统物理学发展的梳理和总结，也有对正在蓬勃发展的物理学前沿的全面展示；既引进和介绍了世界物理学研究的发展动态，也面向国际主流领域传播中国物理的优秀专著。可以说，“中外物理学精品书系”力图完整呈现近现代世界和中国物理科学发展的全貌，是一部目前国内为数不多的兼具学术价值和阅读乐趣的经典物理丛书。

“中外物理学精品书系”另一个突出特点是，在把西方物理的精华要义“请进来”的同时，也将我国近现代物理的优秀成果“送出去”。物理学科在世界范围内的重要性不言而喻，引进和翻译世界物理的经典著作和前沿动态，可以满足当前国内物理教学和科研工作的迫切需求。另一方面，改革开放几十年来，我国的物理学研究取得了长足发展，一大批具有较高学术价值的著作相继问世。这套丛书首次将一些中国物理学者的优秀论著以英文版的形式直接推向国际相关研究的主流领域，使世界对中国物理学的过去和现状有更多的深入了解，不仅充分展示出中国物理学研究和积累的“硬实力”，也向世界主动传播我国科技文化领域不断创新的“软实力”，对全面提升中国科学、教育和文化领域的国际形象起到重要的促进作用。

值得一提的是，“中外物理学精品书系”还对中国近现代物理学科的经典著作进行了全面收录。20 世纪以来，中国物理界诞生了很多经典作品，但当时大都分散出版，如今很多代表性的作品已经淹没在浩瀚的图书海洋中，读者们对这些论著也都是“只闻其声，未见其真”。该书系的编者们在这方面下了很大工夫，对中国物理学科不同时期、不同分支的经典著作进行了系统的整理和收录。这项工作具有非常重要的学术意义和社会价值，不仅可以很好地保护和传承我国物理学的经典文献，充分发挥其应有的传世育人的作用，更能使广大物理学人和青年学子切身体会我国物理学研究的发展脉络和优良传统，真正领悟到老一辈科学家严谨求实、追求卓越、博大精深的治学之美。

温家宝总理在 2006 年中国科学技术大会上指出，“加强基础研究是提升国家创新能力、积累智力资本的重要途径，是我国跻身世界科技强国的必要条件”。中国的发展在于创新，而基础研究正是一切创新的根本和源泉。我相信，这套“中外物理学精品书系”的出版，不仅可以使所有热爱和研究物理学的人们从中获取思维的启迪、智力的挑战和阅读的乐趣，也将进一步推动其他相关基础科学更好更快地发展，为我国今后的科技创新和社会进步做出应有的贡献。

“中外物理学精品书系”编委会　主任
中国科学院院士，北京大学教授
王恩哥
2010 年 5 月于燕园

前　　言

北京大学出版社为了慎重起见，邀请了多位专家对本书初稿作了评审.各位专家都对本书初稿给予了肯定，并希望本书能尽快出版.在这里本人要对他们表示感谢.《铜氧化物高温超导电性实验与理论研究》(韩汝珊主编，闻海虎、向涛副主编)作为一本研讨会报告文集于2009年出版，其在实验工作和理论研究上已涵盖了高温超导众多方面的重要问题，特别是反映了国内年轻工作者的成长及国家在大型实验研究装置上的投入和建设情况，年轻工作者作出了很多令国际同行瞩目的出色工作.该书受到了同行们的好评，认为是当年研究水平的如实记录，现已译成英文出版.

但是文集的形式无法采用统一的观点，只能按各篇文章的作者意愿进行阐述.为了克服这个缺憾，我们取用了区别于单带模型的两带模型，在准二维 CuO_2 平面中计入了氧离子的活跃性质，在全掺杂区采用统一的克拉默斯(Kramers)超交换相互作用进行理论分析，获得了与相图及相关实验吻合得超出预想的惊人结果.为了检验这个理论模型，我们查阅了尽可能多的文献，尚未找出与这个模型不相容的信息.我们将查找到的资料汇集成本书，衷心希望同行们提出补充、修改甚至批评意见.也是为达此目的，笔者将初稿寄给了几位专家请求指正，并欣慰地收到了他们的赞许和建议.根据专家的意见，我们认真考虑后进行了修改和补充，成为了现在的这本文稿.

有专家指出，高温超导电性是当代凝聚态物理中的核心问题.高温超导的研究，将对传统的经典理论提出挑战，将书写凝聚态物理新的篇章，但是高温超导研究又具有严峻的挑战性和艰巨性.自1986年高温超导电性发现近三十年以来，有众多的科学家投入到了高温超导研究中，其中不乏世界顶尖的物理学者，他们试图摘取这颗科学上的明珠.但迄今为止，高温超导机理仍然没有共识.与之相对应的是，高温超导的相关文献浩若烟海，有各种各样的实验手段和测量结果，有各种各样的理论模型，要理解和阅读所有这些文献显然是不可能的.这不仅容易使进入高温超导领域的新人感到迷惑，即使是长期浸淫于这个领域的学者，也很难保证跟踪所有的文献和理解这个领域所蕴涵的深刻物理问题.

也有专家指出:“该书作者在凝聚态物理和超导领域耕耘多年，具有深厚的物理功底.对实验的把握尤其是对关键的物理问题有独到的见解,这对研究高温超导体这样一个纷繁复杂的体系是非常重要的. 作者选取了一些关键的实验,着眼于普适的现象,聚焦于背后关键的物理问题,深入浅出,对研究生和研究人员系统地学习研究高温超导中面临的关键问题,很有益处和启发."

有专家评论道:"高温超导领域,像这样从实验出发,理论和实验相结合的著作不多见.该书表述方式新颖,内容有创新."

有专家自谦地说:"作为在超导领域工作多年的科技工作者,我自信浏览阅读了众多的文献,对一些问题也有自己的认识.但阅读了这份书稿后,我羞愧地发现,我竟然还是错过了那么多重要的文献. 尤其是作者对实验现象背后的物理分析,非常深刻和贴切,使我不论在知识方面,还是在对问题的认识方面,都得到新的启迪和升华.这是一本难得的好书.我强烈推荐它能够得以出版,以促进我国的超导研究,使更多的人受益."

专家们还提出了一些重要的修改和补充意见,例如有的建议要在全书书写风格上统一规范;有的建议将本书第一版中的重要部分予以保留,而不是只介绍最新进展,以便学生阅读,特别是新入门的学生阅读;有的建议增加与高温超导相关的其他物性部分的内容;等等.

笔者在上述意见的基础上作了认真的考虑,进行了相应的修改和补充,完成了目前的十章文稿.除了尽力做到统一规范和增加相关物性内容外,增加了第一版中阐述物理重要概念的实验和理论部分,使得本书增加了约三分之二的版面,并专门增加了第九章阐述理论概念,虽然该章有些内容与前面一些章节重复,还是尊重专家的意见自立一章,以使读者阅读时在理论和概念上保持一贯性.

实际上,这本书是无法写结束语的.在结束本书的写作之际,高温超导研究仍在迅速发展之中.我们既难以把已经取得的进展完全反映在本书之中,更难以把新近的成果及时吸收进来. 在前面各章中概要地介绍了高温超导铜氧化物物理性质的诸多方面结果,但仍然很难回答两个基本问题:导致配对凝聚的机制是什么?配对前后的电子状态是怎样的?不能回答这两个问题,就更难回答实际上很重要的另一个问题:是否可能获得更高的临界温度(T_c)乃至室温量级的新超导体?它如实地反映着高温超导电性研究的总体阶段和水平.显然要回答这些根本问题,必须做更多的工作,包括实验、理论及计算研究,企图很快地回答它们是相当困难的,笔者对此做了一些探索将另文发表.

回想自1911年发现超导电性到1986年发现高温超导电性这七十多年间,人们以平均每年不到0.3 K的速度改变着T_c的纪录,并在此期间花费了46年才孕育出Bardeen-Cooper-Schrieffer(BCS)理论. 而自高温超导发现的十年间,T_c曾以每年多于10 K的速度在增长,并揭示出众多的反常奇异性质,向传统凝聚态物理学提出了严重的挑战. 人们对固态物质的认识因之发生了重大的改变.

自 1986 年开始的高温超导新纪元,恰恰是从 BCS 判据的相反极端开始的. 按照 BCS 的思路,新的超导材料应从(费米能处)高态密度、更强的电子-声子相互作用的好金属中去寻找. 高温超导却是低载流子的坏金属,在其中有很强的电子-电子相互作用. d 波超导电性的确立,使多数人相信高温超导电性的微观机制与 BCS 超导体应有很不同的本源和机制,应有不同的高 T_c 的判据. 目前的高温超导研究也许只能说是处于初级阶段,人们在微观机制上尚未达成共识,更谈不上在预言未来新高温超导材料研究的走向上达成共识.

基础性研究及应用研究始终没有停止过. 人们希望对已有高 T_c 材料的深入认识包括对全相图的统一认识上的突破,会对人们找寻新的高 T_c 材料有更多的启示.

本书只想强调高温超导电性研究的基础研究方面. 它作为凝聚态物理及相关领域的带动学科,其巨大作用是很难估量的. 当代凝聚态理论权威、诺贝尔物理学奖获得者安德森(P. W. Anderson)及施里弗(J. R. Schrieffer)在他们 1991 年的一篇重要文章①中指出:"我们正在重写凝聚态物质的教科书,将增加卷二,正如 BCS 曾经是目前已扩展至 13 个数量级的温度区域的新类型物理学的曝光一样,或许我们会成为揭开物理学又一巨大进展的见证人."

我们正在努力工作,在区别于单带模型的基础上构建新的模型,让它与更多的实验事实吻合;本书的目标正是企图收集构建包含氧元素的 CuO_2 两带准 2D 模型,以符合随组分按相图多次相变的尽可能多的重要实验事实,为构建新模型打下坚固的实验基础.

高温超导实验研究仍在继续,本书难免有遗漏,衷心欢迎提出补充、修改和批评.

韩汝珊

2014 年 11 月 14 日

① P. W. Anderson, J. R. Schrieffer, Phys. Today June, 55(1991).

内　容　简　介

自从1986年初J. G. Bednorz和K. A. Müller发现临界温度T_c高于30 K的镧钡铜氧化物超导材料以来，人们不断努力提高临界温度T_c，目前已达的最高纪录是$HgBa_2Cu_3O_{8+x}$的133 K，加压下可达160 K. 作者在物理领域耕耘多年，累积了有关高温超导物理机制的实验和理论的大量文献. 本书以此为基础选取了最新进展的重要结果和关键实验，并对其中包含的物理内涵进行了详细和深刻的分析，试图找到高温超导体的共性本质特征.

从实验出发，理论和实验相结合的著作并不多见. 本书材料确凿可靠，对问题的看法清晰、深刻，表述新颖、有创新，具有较高的学术水平. 特别值得提出的是，本书按照专家评审的意见和建议，保留了在第一版中对超导物理机制概念和理论相关部分的精辟阐述，使得本书的内容既对广大的物理同行有一定的启迪，也有助于青年学者特别是初学者系统的学习、参考.

目　　录

第一章　引　　言

1986年第一个铜氧化物高温超导体(high temperature superconductor, HTSC)的发现所掀起的研究热潮至今已持续了近三十年.在这个遍及全球的热潮中,研究所涉及领域的广度、触及问题的深度,都是近几十年来少见的.浩瀚的研究结果分散在上百次会议、数百种杂志的几万篇文献中.各种专著,包括各类专题性的综述,已逾千种.但是,适合于学生用的教材尚不多见,特别是在国内更不多见.已有的一些,大多也只是涉及早期的研究结果.笔者在1998年以前,在各种场合下,以"高温超导研究新进展"为题,作过多次演讲,并以此为基础撰写了一本专著性的教科书,名为《高温超导物理》(第一版).十多年来,这本书受到了同行的普遍欢迎.最近,笔者荣幸地受约编写第二版,作为国家出版基金项目"中外物理学精品书系"之一.写第二版,与第一版一样,有相当的难度,主要是因为研究还在迅速地进行中,还没有一个取得共识的统一的理论解释.在撰写第一版时,笔者以核心物理问题为主线,从众多物性的不同侧面,希望较为深入地揭示高温超导体向传统凝聚态物理学提出的挑战,使读者从实验中逐步地把握住传统的物理概念和理论是怎样失效的.笔者希望不拘泥于实验技巧的细节,能把实验中包含的物理本质介绍出来;希望不过多地借用数学,能把物理图像突显出来.使读者能尽快地进入高温超导研究的前沿领域,更快地触及问题的核心方面.写这样一本书的难度是显而易见的.今天,自1998年以来,近十多年HTSC实验研究的巨大进展,如材料质量的明显提高、仪器分辨本领的重大改进、原位同步多项物性的测量以及新的实验技术的应用等,给出了许多重要的结果.

特别是2007—2008年以来几个重大的冲击,如:费米面(包)的显露、超导态及温度在T_c以上残留的局域配对、磁关联与超导的共存与共生等,使得许多主流派物理学家(例如:N. E. Hussey, S. Chakravarty, S. R. Jullian等,详见后面的介绍)发出惊呼!同时,广大物理学工作者逐渐地集中于思考:如此巨量的高质量的实验是否已经提供出,类似于低温超导的"同位素效应"的同样的核心实验?或者说我们应该把精力集中于寻求关键的实验启示.

物理学实验是第一性的.高温超导电性机制一定是要建立在实验整体的基础之上.回顾二十多年机制研究所走过的道路,我们需要认真的反思.笔者认为二十多年来直至今天的瓶颈状况,我们主要是应该摆脱普适化分析的思路.任何特殊的体系都有其个性,了解其本质特性也应该基于对该体系的特殊性质的收集、分析和归纳,从更广范围的视角、从更普适的属性出发对特殊性作预言是不可能成功的.

高温超导体有许多令人吃惊的性质.从发现高温超导现象至今二十多年的研究热潮中,在继续寻找更高 T_c 值的新材料的同时,人们已经在确证、充实及理解那些奇特的现象上花费了巨大的力量.这个课题任务是极其重大的,因为强电子关联效应和强的磁耦合效应似乎是最关键的部分.人们必须找出某种确定的方式来修正 BCS 理论甚至朗道费米液体理论,以便说明这众多的奇异的反常性质.几十年来,朗道-费米液体理论(Laudau theory of Femiliquid)和 BCS 理论曾不断地被证明对一些非常广泛的材料而言是正确的.然而,在高温超导体面前它们受到了严重的挑战.这种情况迫使人们必须发展这些理论,使它们能更综合地包容进电子之间的强相互作用.近来,人们开始认识到非费米液体概念不是好的出发点,非费米液体与费米液体共存的方式才是正确的出发点.这是克拉默斯(Kramars)超交换作用的二体行为所要求的,即:既有一定巡游性的空穴,也有较强的在位库伦相互作用和磁超交换作用.忽略氧上的空穴的单带模型不是好的出发点.可以肯定,高温超导体超导态及正常态中的反常性质必定会使人们对固体的认识发生重大的改变.

迄今为止高温超导材料是人们研究过的最复杂的材料之一.需要纯度和均匀度都非常高的高质量大单晶,以便研究它们的一些各向异性的本征属性.我们将抛开研究工作的先后顺序,着重介绍反映重要基本问题的新实验现象.由于篇幅所限,有时不能详细描述这些现象和问题的细节,只能强调结果的物理内涵,强调它们与特殊机制的内在联系.

众所周知,二十多年来,有很多物理学家、化学家和材料学家,在高质量的样品上获得了较为一致的结果,肯定了高温超导铜氧化物具有许多不寻常的性质,并且认识到这些是由电子电荷之间以及自旋的自由度之间的复杂的相互作用造成的.为了弄清楚这些性质,人们已经动用了可能动用的实验手段.应该说,成果是巨大而辉煌的.从理论角度而言,由于上述相互作用的复杂性,困难是显而易见的.虽然统计物理学中有许多有用的方法,如可以利用各种微扰模型进行理论分析和计算研究,但时至今日,对于全部的物理现象和超导微观机制,人们尚未能给出明确的统一说明.理论的进展是步履艰难的.值得强调的是,理论物理学家在此期间付出了巨大的努力,并提出许多新方法、新思想和新概念,以致可以从某些实验现象预言其他实验结果.尽管这里所说的新思想和新概念远未达到共识,所提供的物理图像远未达到和谐统一,但是,它们是那样地新颖,解释某些现象的前景是那样地诱人,与实验研究的关系是那样密切相连.虽然,它们中的一些在低维、强关联等领域中已有了几十年的历史,只是在近期被重新发展并赋予了新的内涵,但它们中的大多数,是新提出的.它们大大地丰富了物理学的思想宝库.由于目前分歧很大,特别是，笔者认为许多理论模型缺乏与实验整体的协调的关联，因此在本书第二版中将舍弃所有的理论模型的介绍，只是着重介绍了与这个特殊体系所显现的独特性质相关的实验结果.

超导电性是1911年由卡末林·昂内斯(Kamerlingh-Onnes)在莱顿(Leiden)实验室发现的.这是他在该实验室首先将氦气(He)成功液化之后不久发生的事情.他先是在纯汞(Hg)金属中实现的，很快又扩展到铅(Pb)及其他材料.当温度降至一个临界温度 T_c，电阻率突然消失，即使是小心地增加杂质，增加散射，也无法阻止电阻率的消失.在纯样品中，这个电阻率的消失是突然的，且是“完全”的.人们可以安排一个环路超流，例如在一个超导Pb环中，可以连续几个月观察不到电流值的下降！现在已经知道周期表中的金属大约超过一半都有超导现象.它们的 T_c 最高的是铌(Nb)，为9.25 K.这就是在1911年液氦出现以前，无法观察到超导现象的原因.超导现象出现后，在超导体内没有电阻，内部电场强度 E 必定为零.根据法拉第(Faraday)定律 $\int E\mathrm{d}l = -\partial\phi/\partial t$，超导体应该俘获着固定数量的磁通 ϕ，并且当在样品上加有磁场时，屏蔽电流必定在表面流动，阻止该磁场进入体内.这些预言很快被证实.当外加磁场增加时，在表面上流动的屏蔽超流也要增加.这个过程有个上限.对于第一类超导体，当达到热力学临界磁场 B_c 时，超流被完全地破坏，该金属进入了正常态，温度下降，热力学临界磁场升高.超导体还有一个临界电流 J_c.超流电流达到这个值时，超导体进入正常态.对于简单的超导体，有所谓的西尔斯比(Silsbee)定则：$J_c = 2r\pi B_c/\mu_0$，r 是超导体的孔径，电流在表面产生临界场.1927年迈斯纳(Meissner)指出：在超导体中不存在泽贝克(Seebeck)电位，即没有热电效应.热容在 T_c 处有跃变，正常态是线性热容($\propto T$)，超导态时跃至 T^3，超导转变时没有潜热.热容表现出的行为特征是一类包含有序化过程的高级相变所共有的，例如居里(Curie)温度处的铁磁相变.这个信号，连同其他一些信号，提示人们：超导电性源自一组电子在低于 T_c 时凝聚成为一类新的高度有序的量子态.由于某种理由，它负载的电流不能被常规的散射改变；它们不携带熵，没有热电效应.因此，1934年有人提出了二流体模型，即将电子分为两部分：一部分是正常流，负载着熵并被置于散射中；另一部分是超流凝聚体，没有负载熵，不被散射所影响.这个模型并未假设正常流中的电子完全像正常态中那样(在后来的微观理论中也不是这样的)，而是根据“经验”假设，正常流的自由能不是正比于正常电子的百分数 f_n，而是正比于 $\sqrt{f_n}$，这样就能够拟合超导态中电子热容的数据.这个模型的预言被随后的Sn中测量穿透深度实验定性地证实了.二流体模型只是一个近似的图像，使用时要特别小心.

到了20世纪50年代，人们认识到超导体可根据超导相-正常相界面的界面能的符号分为两点.人们在1940年以前研究了的纯元素超导体几乎全是第一类超导体,它们的界面能是正的.当外加磁场达到 B_c 时,第一类超导体显示出可逆的一级相变,有潜热.人们在30年代就已知道超导合金常常在体内俘获磁通,显示出较大的磁滞后;并在外加磁场比由热容给出的 B_c 高很多时,仍然是超导的.多年来人们对此一直未弄明白.直到50年代,金兹堡-朗道(Ginzberg-Landau)提出了新的唯象学理论,使人们可以计算超导体的行为.通过计算人们发现超导体内序参数在空间分布上是逐点有很大变化的,从而清楚了这些合金是简单的第二类超导体,界面能是负的.在这些材料中,当外加磁场低于 B_c 时,精细分立的量子化磁通涡旋进入材料体内,并当外加磁场远高于 B_c 后,仍能保持着稳定.这种状态被称为混合态.如果这些涡旋线被各种缺陷钉扎住,第二类超导体可以在很高的磁场中负载很大的超流,大大地超过Silsbee定则所要求的数值,就是这个原因使得人们能够发展各种高场磁体.

20世纪70年代期间,人们发现具有A15结构的过渡金属化合物是很"强"的第二类超导体,可耐受高达20 T的磁场.但直到1986年,对于超导转变温度,人们一直相信BCS的论断:超导电性不可能在30 K以上的温度出现.当Bednorz,Müller发现LaBaCuO的超导转变温度为36 K时,可以想像人们是多么激动.接下来,T_c 的记录不断地被刷新,直到135 K以上.它们都是在钙钛矿结构铜氧化物中发现的.这些超导体都可以由绝缘母化合物掺入少量的特殊杂质得到.这些超导体在正常态是金属,但是电阻率很高,载流子浓度不高,电子间的关联很强.它们的超导态和正常态的性质有许多反常,与常规超导体的性质相差很大.人们经过二十多年的研究,尚未取得共识.作为第二版笔者希望从特殊性的视角为取得共识作出贡献.

思考的线索笔者应该着眼于:特殊铜氧化物家族体系中的普适性特征——它们在实验中的显现则更应受到重视.在没有对超导机制取得共识之前,对实验数据的分析和解释存在着基本困难.采用一些模型或常规理论概念是不得已的,但是仅仅是作为参照物.不同组有不同的参照,这往往是争论的背景原因.但是有些实验虽与配对机制不直接关联,但是它们是生成正确机制的土壤,故第二版将一改前一版的特色风格,以铜氧化物高温超导家族"特殊的普适实验"作为本书的重点内容.特殊性容易辨别,普适性尚待补充.

这里将几个代表性的"惊呼"重复于下,以彰显理论界受到的冲击和挑战.

第一个惊呼是N. E. Hussey在强关联电子系统国际会议上的发言[1.1].其文章的标题是《强关联电子给朗道理论以重击》.他在摘要中说道:朗道引入有活力的准粒子概念到费米液体理论中,该理论已被普遍地应用在普通金属中.在高能物理中正常出现的粒子或准粒子湮灭也出现在固体物理常规实验室中.如费米弧片段,占据态体积减小,且不满足求和规则(注:卢京格尔(Luttinger)定理),可作为违反朗道理论的指示. 虽然量子振荡作为费米准粒子存在的证据,仍存有质疑,但人们观测到的低掺杂高温超导中小费米包似乎是一个信号,标志着二十年探索的结束和这个领域新的开始. 相图的两侧——欠掺杂和过掺杂,几乎是第一次(注:不是第一次!)被证实,即一定程度的准粒子物理学的“残余”继续深深地存在于欠掺杂区. 自然,关键的问题是小费米包如何随载流子数增加而演进成为过掺杂一侧的大费米面.

第二个惊呼可见于文献[1.2]中,S. Chakravarty 说道:“像骆驼吗? 像! 像鲸鱼吗? 像!”进一步的实验应能够告诉我们:它们是哪类动物! 二十年后人们似乎对高温超导引用的所有理论和概念都要做重新检验. 这导源于 2007 年的量子振荡测费米包[1.3]和 K. K. Gomes 的扫描隧道显微镜(scanning tunneling microscope, STM)对实空间局域配对的研究[1.5]. 这两个实验分别参见图 1.1 和图 1.2(详细介绍见本书后面有关的正文).

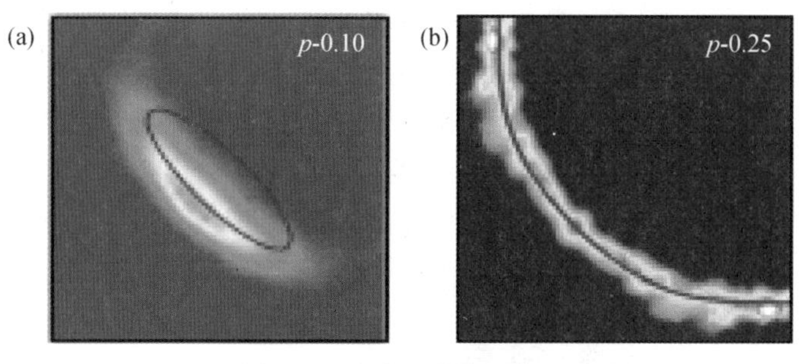

图 1.1　取自文献[1.3]图 1

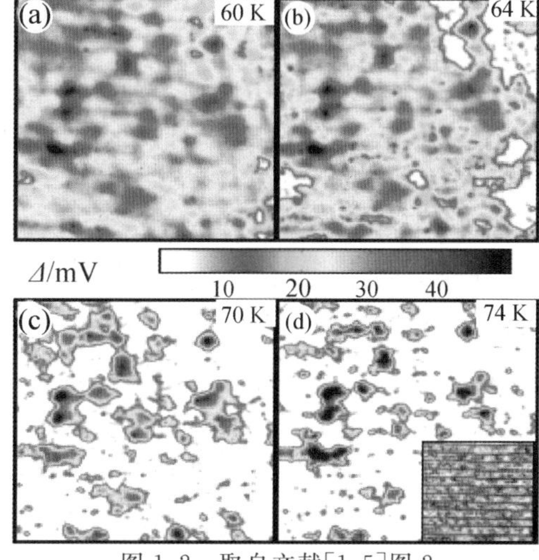

图 1.2　取自文献[1.5]图 2

第三个是 S. R. Julian,和 M. R. Norman 的惊呼[1.4].他们说道:“高温超导体这个奇异的‘海域’图的绘制受到了挑战.在最新的‘壮举’中,两个实验在互补的方向上,在制定这个领域地形时取得了一步重大的进展.发现高温超导二十多年之后,高温超导基本上保持着令人迷惑不解的特色.在超导体中,没有电阻的电导源于电子配对,以致克服电流流动的阻碍.尽管人们已较好地理解了常规超导限制它们的超导电性至较低的温度,一类金属铜氧化物在温度高至 150 K 仍然没有电阻.本集中的两篇文章,明显地改变了人们对这些奇妙材料的理解.一是 Doiron-Leyraid 的漂亮研究,描述了金属的经典信号:费米面显露在高温超导中.二是 Gomes 观察到从超导态到 T_c 以上电子配对是怎样的.”

上面介绍的三个惊呼代表着新发现对物理界的震动.在震动后人们应该思考为什么会对高温超导电性主流派有如此重大的冲击,究其原因是因为他们的模型,不论是哪个分支,都是建立在非朗道-费米液体理论之上的,它们都与这些新实验无法相容.以强关联电子国际会议为例,除了非常规超导电性一个主题外,会议的另两个主题是窘阻(或阻错)磁性(frustrated magnetism)和量子临界(quantum criticality),它们都是由高温超导铜氧化物电性机制研究带动起来的、与准粒子概念甚至与其湮灭密切相关的不同分支.相关理论的科学家受到了极大的震动,就是因为他们无法接受朗道-费米液体理论与非费米液体理论共存的事实.

在对高温超导电性机理的研究方面,二十多年来许多研究者企图用较简单的模型来处理铜氧化物高温超导体如此复杂的系统,例如单带铜(Cu)离子模型,人们称为主流派模型.这些模型突出强关联,且保持数学上易处理的特性.人们用这种研究方式在过去几十年传统凝聚态物理学中处理强关联体系,例如哈伯德(Hubbard)模型和 t-J 模型,取得了骄人的战果.今天,该研究方式却遇到了严重的挑战.物理学终久是以实验为出发点的,新的章节仍要从实验起始,从实验出发建立适当的新模型.人们需要认真思考:高温超导铜氧化物代表性的关键实验、类似于人称“同位素效应”的关键实验在哪里?它们可能不是一个实验,而是一批实验的总和.对它们的搜寻和描述应该从铜氧化物高温超导超导态的反常及相关的正常态反常开始发掘,找出代表它们基本特征的行为.铜氧化物高温超导超导态有哪些反常呢?除了超导转变温度远高于 BCS 的所谓“上限”之外,笔者尽自己所能收集了区别所有常规超导体的特有属性,汇集成书.概括地说可以主要表述为:费米液体与非费米液体行为共存!细致些说,除第一章为引言外可以分述为以下几个方面.

第二章将介绍普适的结构和 T-x 相图,此相图即掺杂组分(x)随温度(T)变化的相图.铜氧化物高温超导体这个家族其高温超导特征出现在未掺杂($x=0$)反铁磁电荷转移绝缘体及过掺杂($x\geqslant 0.3$)的费米液体(FL)区域之间.这个对应的掺杂变化也对应着小费米空穴包向大电子费米面过渡,这里的“小”表明与 x 成正比,这里的“大”表明与 $1-x$ 成正比,这个过渡有时表示为 $x\to1-x$ 过渡.费米面的概念曾是金属费米液体理论引入的基本概念,费米面等许多费米液体行为与非费米液体行为共存,使众多的非费米液体理论失效,这些理论的拥护者惊呼,难于接受.高温超导相图应该是人们研究机理问题始终注意的中心,故本书将把相图放在第二章中首先给予详细介绍.以下的各章节将以相图为背景,对与机制相关的几个重要问题分别仔细介绍.

第三章将介绍超导电性的特性,它应是机制思考的起始点!在常规超导电性中电子配对及相干凝聚的基本特征发生了“变异”:电子配对及相干凝聚不再同时发生,即在 T_c 处及以下温度出现超导电性,而是变异为:空穴实空间局域配对在 T_c 以上直至赝隙态出现的最高温度(T^*)的正常态中的“残存”的配对,它们没有达成大范围的相干凝聚,大范围的凝聚在 T^* 下降至 T_c 的温度变化中逐渐发展扩大.与这个小相干长度(～nm)相关的还有超导配对波函数 Ψ 的尺度,还有高的上临界磁场 H_{c2},还有相干长度空间不均匀性.这个问题还与正常态中是否存在不相干凝聚的预配对有关,虽然仍在争论之中.由于它们在超导中的特殊地位,本书另辟一章在第三章中专门做介绍.

超导电性与磁性的关联几十年来一直是理论界研究的重点之一.高温超导与自旋短程关联共存及共生是这个体系的重要特征;目前已知它们是唯一的准二维 $s=1/2$ 自旋关联的体系.而且它们是唯一的完全显现 Kramers 超交换的体系.这个体系是两种强关联作用(U,J)共存,它们在相图中随掺杂的增加共同向弱关联 FL 过渡.由于它们的重要性,本书多花费一些篇幅在第四章中做较详细的介绍.

超导电性在常规各类超导体中均是电子配对,在高温超导体家族中是空穴配对.在相图的欠掺杂区,载流子 n 与掺杂量 x 成正比,超导电子密度 n_s 也与 x 成正比,$n\sim x$,$n_s\sim x$,表明这里是空穴配对.空穴态的演进成为了该体系的重要特征,故本书辟出一章,即在第五章中作介绍.

与超导态演进共存相关的费米面演进是这个体系的重要特征之一,也曾是近年来重大的争论之一.费米弧存在于否,以及以费米弧为依据的理论研究也曾经是前几年理论界的一大研究重点.在完整的空穴费米面由 H. B. Yang 研究组勿庸置疑地提出之后,基本上结束了这个课题的讨论.由于费米面的重要性,我们将在第六章中做专门的介绍,介绍费米面随掺杂的演进.同时也指出人们的研究一度走入歧途的原因,涉及对反常霍尔(Hall)效应曾经有的不正确分析,以及回归到斜错(skew)散射的正确分析;它还涉及精确确定费米速度的问题.因为这个问题的重要性,我们较详细地介绍了谱权重随掺杂的演进.

有关配对问题的争论是当前重要的分歧之一.人们对于 d 波对称性已取得共

识,但是对配对机制是电声机制还是非电声机制仍有争论.我们列出两种意见各自的实验根据,实际上甚至于是否有效也仍在争论中,我们也做了简单介绍.另一个相关的重要问题是配对的空间不对称性,本书对此也做了简单介绍.这部分内容写在第七章中.

关于磁激发的补充,这里另辟为第八章.这是因为磁性的重要地位已在第四章中做了详细讨论.2010 年 Y. Li 研究组在 *Nature* 上发表了相关论文,该期刊的编辑专门对此做了介绍.在当年美国物理学会春季年会上,曾一度引起轰动,因为作者选用的样品 Hg1201 是单层 CuO_2 面,但 T_c 有 90 K,人们称它为高温超导模型化合物,具有特殊的研究地位.故此本书另辟一章,在第八章中专门加以介绍.对于作者在 Hg1201 中测得的激发谱,为什么人们很长时间忽视了它们? 我们也做了一些简要的分析,并补充了一些对这个工作有推动作用的一些相关工作.为了加深对磁激发的了解,本章附上了 G. Aeppli 关于磁激发的综述文章,虽然他们是对 LSCO 的讨论,由于对磁激发阐明透彻,故列在第八章请读者参考.

为了适应高年级本科生及非超导类研究生阅读,本书将实验中涉及的一些理论概念另辟为第九章作简单的介绍.

第十章作为结束语,仅作了简单的总结.

本书取材面较广,内容较为丰富而翔实,试图从较高的视角突出物理内涵.与第一版相同,第二版既是一部教科书,又是一部专著,适用的读者范围较广.读者既可以是高温超导及相关学科的大学生、研究生或科研教学工作者,他们希望能深入地了解高温超导所揭示的新现象的物理问题,从较深的层次上把握问题的本质和面临的挑战;也可以是学习、工作在非超导领域上,或者专长于某一个实验技术、理论方法的学生或科研教学工作者,他们对高温超导发生兴趣,希望能较快地从整体上了解高温超导研究的现状,了解它们所包含的最本质的内容.在读本书之前,读者最好先对常规超导电性有一个大概的了解,最好已经学过有关固体物理的课程.因为超导电性是凝聚态物理中的一个较为艰深的课题,而高温超导电性是一个更艰深的课题.本书无法提供足够的引言以介绍必须的基础知识,也无法提供一条软梯,作为捷径引导读者走进高温超导电性这个高层的楼阁.最好的办法是在手边放一本固体物理大词典,耐心地、慢慢地读下去.作为第二版,虽然只是介绍实验部分,但涉及的实验技术较广,其中难免会涉及这二十多年中人们已经取得共识的一些语言或概念,本书不能面面俱到地对它们都给予解释.

这本书不是专为超导方面的人员而写的,但是书中有许多实验会涉及一些理论概念、模型、方法、公式以及关于它们的优缺点的论述.读者会发现,随着对实验事实的了解,往往会引入一些未必成熟的理论概念相比较.因为,超导电性本质上是一个十分精巧的量子力学现象.对于它的适当理解,需要许多深刻的概念,虽然这些概念本质上是简单的.但是,无论是理论工作者还是实验工作者都应该逐渐地熟悉它们.有些模型不一定正确,但是在与实验的对比中,会有助于人们对实验内涵的深入理解,在第二版中有时会遇到这种情况.

本书基本上保持第一版原有的结构框架,新研究成果补充在各个章节之中,只是将每一章的标题写得更明确,它们是:第一章为引言;第二章介绍高温超导铜氧化物的结构和相图;第三章介绍电荷关联和实空间局域配对;第四章介绍自旋关联、磁性及与超导共存;第五章介绍空穴态、电荷转移隙及正常态反常;第六章介绍费米面(费米包)随掺杂的演进;第七章介绍超导态反常及配对中介问题;第八章关于磁性的补充;第九章主要理论概念简介;第十章结束语.

高温超导电性研究仍在迅速的发展之中,在本书停笔的时候,又有了新的发现.笔者想强调的是,虽然新现象仍在不断地被揭示出来,但是贯穿全书的主线(第一版为强关联效应,第二版为 Kramars 超交换)似乎仍像一根魔杖,在那里指挥着由高温超导广泛物性组成的这支交响乐队,继续在演奏着美妙动听的乐章,给人们以启迪,吸引着人们向着更深邃的世界不断地探索.

由于受篇幅所限,本书基本上没有涉及宏观磁通动力学这一十分重要的方面,只限于与超导微观机制相关的现象和问题;另外,受笔者水平的限制,取舍有不当之处.

由于水平有限,书中的错误必是难免的,希望同仁们批评指正.有进一步兴趣的读者可参阅相关的综述文章,各章中在适当的地方会注明它们的出处.由 D. M. Ginsberg 主编的文献[1.6]是有关高温超导的百科资料库,虽然它们主要涉及高温超导铜氧化物研究的前十年(1986—1996)的工作,此外还可参见文献[1.7],[1.8].

参考文献

[1.1] N. E. Hussey, Nature Phys. **3**, 445 (2007).

[1.2] S. Chakravarty, Science **319**,735 (2008); Phys. Rev. B**80**, 134503 (2009).

[1.3] N. Doiron-Leyraud, Nature **447**,565 (2007).

[1.4] S. R. Julian, M. R. Norman, Nature **447**, 537 (2007).

[1.5] K. K. Gomes, Nature **447**,569 (2007).

[1.6] D. M. Ginsberg, *Physical Properties of High Temperature Superconductors*, vol. Ⅰ-Ⅴ(Singapore,World Scientific,1989,1990,1992,1994,1996).

[1.7] J. R. Schrieffer, S. J. Brooks, *Handbook of High Temperature Superconductivity*, *Theory and Experiment*(Springer,2007).

[1.8] 韩汝珊等,铁氧化物高温超导电性实验与理论研究(北京, 科学出版社,2009).

第二章　高温超导铜氧化合物晶体结构的特点与相图

2.1　层状结构及两种结构单元

我们这里不打算全面介绍高温超导体晶体结构的知识，有兴趣的读者可参阅文献[1.1]. 我们只以举例的方式介绍高温超导体结构的主要特征. 对于结构的识别是深入研究物理性质的第一步，更是理解机制的前提，而且也为发现和合成新型材料提供线索. 结构与超导电性之间的关系决不如人们最初想像的那么简单、直接. 常用检测手段，如 X 射线、电子衍射、中子衍射等，主要是用来确定平均晶体结构. 许多难于精确确定的结构细节，如调制结构、非化学计量配比氧含量、无序分布、孪晶结构以及局域短程序等结构缺陷，不仅影响了平均晶体结构的精确确定，而且往往也严重影响着载流子的数目、分布及其输运性质. 虽然如此，平均结构的主要特征也往往包含许多重要的信息，这些特征包括层状结构、超导结构单元和蓄电库结构单元的划分、CuO_2 双层（甚至多层）的特殊组合等. 不同的结构单元，在影响正常态和超导态的性质上扮演着不同的角色，下面我们举例加以说明. 之所以选取 $YBa_2Cu_3O_{7-\delta}$（Y1237-δ）作为代表介绍结构，是因为它与其他高温超导铜氧化物一样都是层状钙钛矿结构，并且具有大于 90 K 的超导转变温度，人们对它的研究最为广泛而深入. 此外它的氧含量易于改变，随着 δ 的变动（0～1），结构发生四方-正交相变、金属-绝缘相变和正常态-超导态转变等等，为我们的研究提供了一个好的样品组，使我们能了解这个小家族的全貌. 在图 2.1 中我们选取 $La_{1-x}Sr_xCuO_4$ 作为代表示出相图，因为这个相图更完全，为 $YBa_2Cu_3O_{7-\delta}$ 系的多层结构，这里作为介绍的重点.

图 2.2 给出的是由高分辨中子衍射数据经峰形拟合法得出的结构示意图. 晶体结构具有正交对称性（空间群符号为 P*mmm*）. *c* 方向的点阵常数约为 *a*，*b* 方向的三倍，*b* 方向的略大于 *a* 方向的，即 $a=0.381\,77$ nm，$b=0.388\,36$ nm，$c=1.168\,72$ nm. 每个单胞中的一个钇（Y）原子处在 +3 价态，它与近邻铜氧平面的八个最近邻 O 离子形成立方六面体，其排列方式接近于密堆积. 两个 2 价钡（Ba）离子分处于 Y 的上方和下方，每一个 Ba 离子与近邻的十个氧离子形成截角立方八面体. 三个 2 价 Cu 离子分别占据两类位置. 一个 Cu 离子在单胞中远离 Y 的位置，

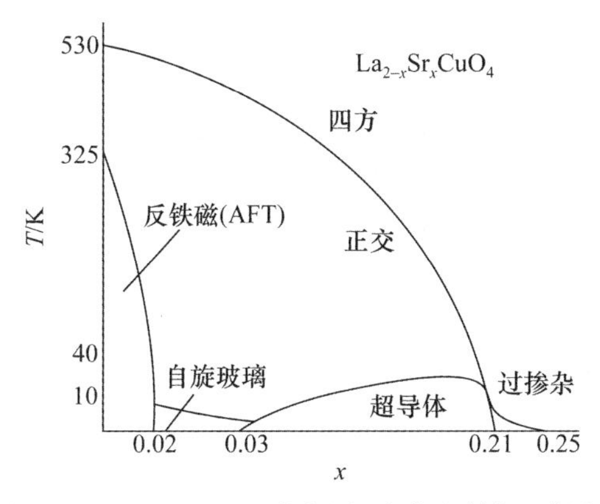

图 2.1　$La_{2-x}Sr_xCuO_4$的相图,取自文献[2.1]图 1

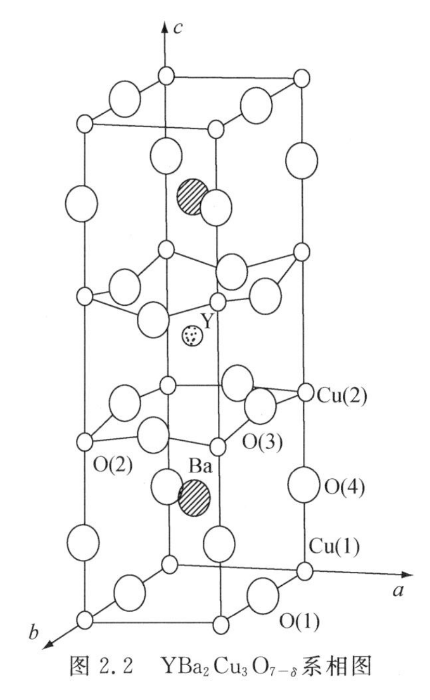

图 2.2　$YBa_2Cu_3O_{7-\delta}$系相图

与四个近邻 O 离子形成 bc 平面内的四边形,称为 Cu(1)位. 另一类位置是两个 2 价 Cu 离子处在单胞中 Y 近邻的铜氧平面上,称为 Cu(2)位,各与五个 O 离子形成金字塔形多面体. 单胞中含量最多的七个氧原子分别占据四种不等价位,如图 2.2 中所示的 O(1),O(2),O(3)和 O(4). O(1)与 Cu(1)形成一维链. 注意:沿 a 方向两个 Cu(1)之间的位置处没有 O 离子占据(这个位置称为 O(5)). 实验表明,O(1)位的氧很容易进出,它的逸出对应着 δ 的增加(即氧含量的减少). O(2),O(3)是 Y 离子周围的配位氧离子,又和 O(4)一起构成 Cu(2)的配位金字塔,O(2),O(3)处在金字塔的底面位,以共点形式连接成平行于 ab 面的 CuO 层. 为了从图 2.2 中看出化学计量比 1:2:3:7,要考虑近邻单胞共享.图中实线绘出的长方柱,八个顶角位是八个 Cu(1),每个 Cu(1)由八个单胞共享,这个单胞对每个 Cu(1)只享有 1/8 权重,$8\times1/8=1$,即每个单胞有一个 Cu(1).相似地有,Cu(2)处在棱位,权重为 1/4,$8\times1/4=2$,即每个单胞含两个 Cu(2).氧原子 O(2),O(3)均处在柱体的面上,权重为 1/2,$8\times1/2=4$,即每个单胞两个 O(2),两个 O(3).O(1)在棱位,权重为 1/4,$4\times1/4=1$,即每个单胞一个 O(1).O(4)也在棱位,$8\times1/4=2$,即每个单胞两个 O(4).每个单胞共七个 O,连同柱体内的一个 Y、两个 Ba,权重都是 1,这就给出了化学计量比 $YBa_2Cu_3O_7$(Y1237).常用的说法"CuO_2层",其化学组分是 Cu(2)O(2)O(3).严格地说这一层的各个离子并不严格共面,Cu(2)离子比 O(2)O(3)更远离 Y 层,向 Cu(1)方向偏移 0.025 nm,形成 O(3)—Cu(2)—O(3)的键角为 163°.Cu(2)—O(3)的键长为0.194 nm.表 2.1 中列出了 Cu—O 键长的数据.

表 2.1 Y1237 的 Cu—O 键长

键	键长/nm
Cu(1)—O(1)	0.194
Cu(1)—O(4)	0.182
Cu(2)—O(2,3)	0.194
Cu(2)—O(4)	0.230

可看出,最长的键是 Cu(2)—O(4),最短的是 Cu(1)—O(4).Cu(2)—O(4)的键长比 CuO_2层内的键长 Cu(2)—O(2)和 Cu(2)—O(3)大出约 19%.

2.2 CuO_2双(多)层的特殊结构

对 $YBa_2Cu_3O_{7-\delta}$中不同位置的元素进行置换所诱发的变化,为我们提供了丰富的信息.例如,CuO_2层中的 2 价 Cu(2)离子用其他的 2 价离子置换,无论是 2 价磁性离子镍(Ni)或是 2 价非磁性离子锌(Zn),只需百分之几就可以完全破坏超导电性.而 Cu(1)的这种置换对超导电性的影响要弱得多,例如 3 价离子钴(Co)的置换是通过改变 CuO_2层的载流子浓度而影响超导电性的.这种 3 价离子对 Cu(1)的置换,对结构变化的影响更强些,伴随着置换 O(5)位的占据率增加,a,b 方向的点阵常数趋向一致,将会发生正交向四方的结构转变.我们这里不打算详细介绍置换研究的丰富内容,有兴趣的读者可参阅有关文献.这里主要介绍对 CuO_2双层间元素 Y 的置换,特别是用稀土元素镨(Pr)来置换 Y 而出现的明显变化.大量实验表明,用 La 系稀土元素置换 Y,除了铈(Ce)和 Pr 外,均不明显改变超导性质,T_c 均保持在 92 K 附近.这与应该发生磁性离子的磁致配对破缺效应的猜想不一致.实验表明,CuO_2层的巡游载流子极少出现在稀土离子周围.换句话说,稀土离子的 f

电子与 CuO_2 层的载流子之间的相互作用(杂化)较弱. Pr(还有 Ce)的置换虽然也保持正交结构不变, T_c 却随置换量的增加而急剧地降低. 在 $x \geqslant 0.5$ 的情况下, $Y_{1-x}Pr_xBa_2Cu_3O_{7-\delta}$ 变成了绝缘体, CuO_2 层上已没有了巡游载流子.

2.3　载流子与相图

说到了载流子,在这里补充说几句. $YBa_2Cu_3O_7$ 中的四种元素 Y,Ba,Cu,O 如果分别处在 Y^{3+}, Ba^{2+}, Cu^{2+}, O^{2-} 的易价态,仔细算来单胞中的正负价态不平衡. 正价的总和为 $(+3)+2\times(+2)+3\times(+2)=+13$,负价的总和为 $7\times(-2)=-14$. 不平衡的原因在哪里? 实验否定了早期的猜测:有一个 Cu 处在 +3 价态,即 C_u^{3+},使得正负价平衡,即 $14(+)=14(-)$. 实验上支持的是另一种平衡, $13(+)=13(-)$. 氧的 −2 价态不完全,有一个处于氧位上的空穴,其一半驻留在蓄电库层,另一半转移至两个 CuO_2 平面上. 在这里分别采用了驻留和转移的说法,是因为这个多余的空穴是在蓄电库中"产生"的. $YBa_2Cu_3O_6$ (Y1236)是个绝缘体,与 $YBa_2Cu_3O_7$ 相差一个组分氧. 从结构上看,是 O(1)位上没有氧离子而成为空键,在 Cu(1)所在平面上只剩下 Cu(1)离子. $a=b$,即结构已变为四方结构. 实验表明,这时 Cu(1)的价态是 +1 价,单胞中的价态平衡方程为 $12(+)=12(-)$. 当增加氧含量,回到 $YBa_2Cu_3O_7$ 时,O(1)位变成了全占据,从体外时的零价氧原子变为负价态. 若取为 O^{2-} 价态,相应地产生出两个空穴:Cu(1)的价态变化占去一个空穴,另一个空穴中的大约 0.5 个转移到 CuO_2 层成为了决定超导电性的关键要素,留下 0.5 个空穴在这蓄电库中. 这就是目前基本上已取得共识的"易价态+多余空穴"的图像,它已被各方面的实验所证实. 关于多余空穴在单胞各结构单元中的数量分布问题,仍存在着争论. 上面介绍的只是我们认为较为正确的,因为它基本上统一地说明了几乎全部相关的实验事实.

现在回到 Y 的稀土元素置换问题. 除了 Pr 和 Ce 外,镧(La)系元素随其离子半径不同,仅仅只是微小地改变了晶格常数. Pr 或 Ce 的置换发生了显著的变化. $PrBa_2Cu_3O_7$ 是非超导的绝缘体. 谱实验表明 Pr 离子仍处在 3 价态,多余空穴总数未变,仍是一个,但发生了重新分布,全部转移到了 CuO_2 层内,处在氧的与 CuO_2 平面垂直的 $p\pi$ 轨道,并与 Pr 的 f 电子相互作用形成了一种新的束缚态. CuO_2 平面上已经没有巡游载流子,超导电性完全消失.

我们介绍了 $YBa_2Cu_3O_{7-\delta}$ 的层状结构、两种结构单元及这种划分的本质原因,其中涉及了高温超导铜氧化物 T_c 高的必要条件,可以概括为以下几条:① 有 CuO_2 平面存在;② CuO_2 平面上有适量的空穴数;③ CuO_2 平面上空穴有巡游性. 应该说这几条未必完全. 例如有人关心 CuO_2 双层甚至多层有比 CuO_2 单层更高的 T_c

的问题,如其中近邻 CuO_2 层间的耦合是否扮演着某种角色等.甚至有人猜想 CuO_2 多层结构可能是更高 T_c 的候选材料,只要适当数量的巡游载流子条件也满足的话.

谈到多层结构,这里就铋(Bi)系和铊(Tl)系简单介绍一些情况.文献中常见到的有:

$$Bi_2Sr_2Ca_{n-1}Cu_nO_{2n+6}, \quad n=1\sim 8,$$
$$Tl_2Ba_2Ca_{n-1}Cu_nO_{2n+4}, \quad n=1\sim 3,$$
$$Tl_1Ba_2Ca_{n-1}Cu_nO_{2n+3}, \quad n=1\sim 5,$$

式中 n 表示 CuO_2 层的数目.它们与 $YBa_2Cu_3O_{7-\delta}$ 一样,含有 CuO_2 平面,也可以划分为两类结构单元:$Ca_{n-1}Cu_nO_{2n}$ 是超导单元,$Bi_2Sr_2O_6$,$Tl_2Ba_2O_4$ 和 $Tl_1Ba_2O_3$ 分别为蓄电库单元.不同之处是 Y 被 Ca 替换,蓄电库中的氧不那样容易改变含量,存在着无公度调制结构、氧的局域定位、氧离子的无序分布和堆垛层错等复杂因素,很难得到纯相的样品.在这里只是强调一下它们的多层结构.图 2.3 中 $Bi_2Sr_2Ca_2Cu_3O_{12}$(Bi2223)与 $Bi_2Sr_2CaCu_2O_{10}$(Bi2212)的差别是前者在超导结构单元中多插了一组 CuO_2-Ca 层,而成为三层结构.Tl 系中的 $Tl_2Ba_2Ca_2Cu_3O_{10}$(Tl2233)的 T_c 为 125 K,曾经保持过两年左右的最高 T_c 记录.近年来,Hg 的铜氧化物 $HgBa_2Ca_{n-1}Cu_nO_{2n+2+\delta}$($n=1\sim6$)在 $n=3$ 时 T_c 已达 133 K(加压力下可达 160 K 以上),它也是三层 CuO_2 结构的化合物.三层 CuO_2 的 T_c 比两层的 T_c 更高,促使人们去探察多层结构的材料.遗憾的是目前在多于三层的结构中尚未获得更

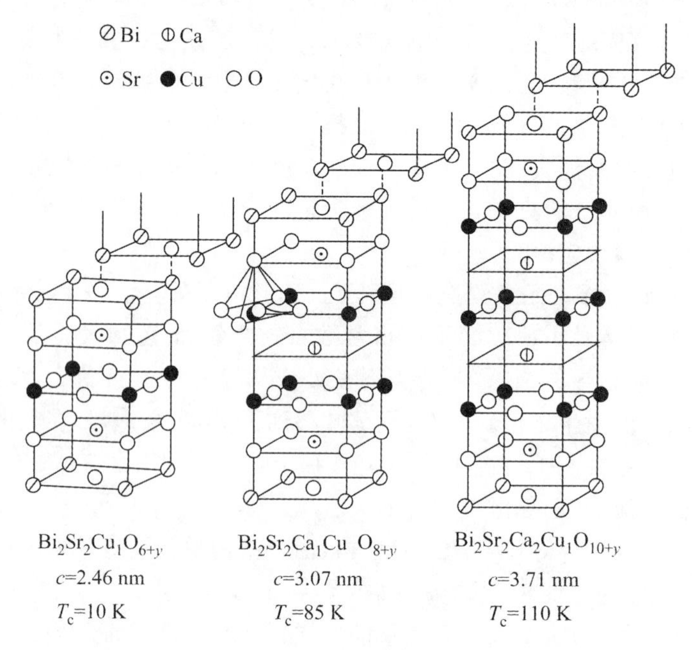

图 2.3　Bi 系结构,取自文献[1.6]卷Ⅱ图 14

高的 T_c，包括所谓"无限层"体系的研究. 所谓"无限层"是指 Ca 层与 Cu 层数相等，常表示为 $n-1=n$ 只在 $n\to\infty$ 时成立. 实际上就是单胞中不存在蓄电库结构单元而只有超导单元的情形. 在这里是通过正离子占位不完全来调节载流子数目的. $Ca_{1-x}Sr_xCuO_2$ 是其中的一个代表，它的 T_c 已达 110 K，但须在高温高压下制备. 这种制备方法近年来为人们所看好，被认为是一种制备和寻找新材料的途径.

2.4　关于相图的补充

高温超导相图应该是人们研究机理问题始终注意的中心. 下面对相图做一些补充，谈谈相图告诉我们一些什么反常的知识.

图 2.4 为 N 型和 P 型超导体的相图，以 $Nd_{2-x}Ce_xCuO_4$ 和 $La_{2-x}Sr_xCuO_4$ 为代表显示出超导 T_c、反铁磁(AF)、赝隙和"正常"金属区. 从反铁磁绝缘体，通过掺杂电子或空穴进入 CuO_2 平面，经过超导区，最后进入不超导的正常费米液体(FL)区. 详细的相图研究揭示，在大部分区域中应用常规的 FL 图像和超导 BCS 理论是不适当的. 高温超导(HTSC)材料受到如此巨大的关注，除了它的各种潜在的应用外，还来自它的基础科学意义，这引发自它凸显了固体量子理论的智力危机. 不仅过去非常成功的 FL 和 BCS 理论失效，而且发现 HTSC 以来，多少概念和理论被提出、使用、检验、碰壁，使用的理论概念和方法有的不可谓是不"高级"，但是在整体的相图及其包含的详细内容面前，往往显出软弱无力，往往不能包容最基本的事实. 实验还在不断显示出新的事实，使大量的理论被淘汰. 这就是科学！实验总是第一位的.

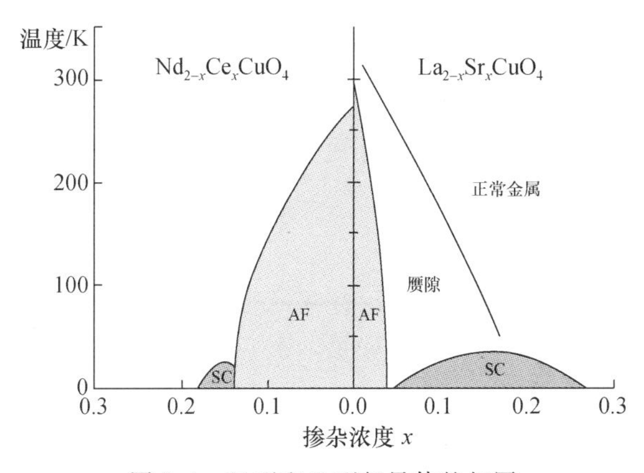

图 2.4　N 型和 P 型超导体的相图

以下重点分析空穴掺杂的相图，参见图 2.5. 空穴掺杂的相图主要告诉了我们一个完整的、变化的全区域，有些是我们过去不太熟悉的区域. 我们过去熟悉的区域是最左端或最右端的区域：最右端是费米液体区(FL)，或者是说人们经常用能带论、近自由电子近似来讨论的那种区域；而最左端的是反铁磁有序的区域(Antiferromagnetic，AF)，在这方面凝聚态物理也研究了几十年了，也算是熟悉的，当然也有不熟悉的. 这里的反铁磁是与强关联及绝缘态相伴随的. 这里实际上相图从左到右的过渡告诉我们许多不熟悉的、反常的信息. 值得思考的要点是：

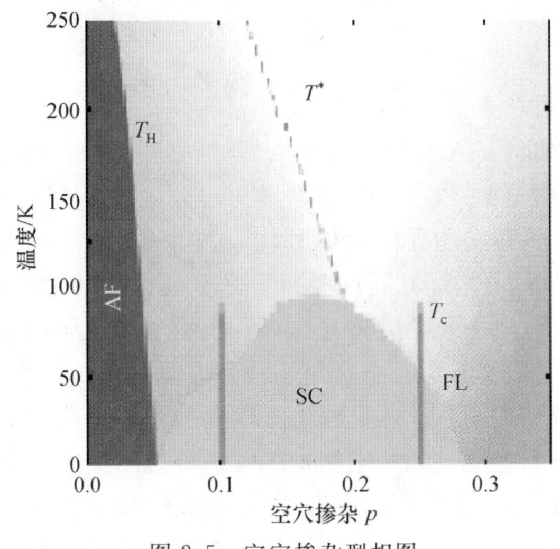

图 2.5 空穴掺杂型相图

① 从费米液体(非超导、弱关联)区，通过减少空穴数过渡到强关联体系. Cu^{2+} 上空穴从巡游变为局域化是关键，对费米面无贡献却使大 U 出现. 在这区中大 U 稳定 Cu^{2+} 离子(无+3 价离子).

② 使 Cu 自旋反铁磁排列的相互作用是反铁磁超交换，是从二维(2D)逐渐发展为三维(3D)(右至左)，2D 反铁磁区随空穴数减少而扩大，直至 3D 反铁磁区. 氧上空穴是个活跃的角色，它的存在使反铁磁超交换弱化. 2D 反铁磁与超导共存. 氧上空穴的减少，恢复了 3D 反铁磁.

下面先说说五个过渡，后面再谈谈两条曲线及另外的一些补充.

2.4.1 全相图的过渡提供的特征是高温超导铜氧化物的基本特征，其中包括有五个过渡和相应的五个启示

过渡一 反铁磁有序向磁无序的过渡. 这个体系不是我们常规研究的熟悉的磁有序变化体系. 以前我们熟悉的磁有序材料，多是磁有序合金，比如说从反铁磁有序向无序体系的过渡，基本上讨论的是温度效应，或者是杂质(空位)效应，这是从反铁磁有序向顺磁体的过渡. 在高温超导铜氧化物中，对它们的讨论，基础是超交换. 下面将重点地、简单地介绍超交换，然后指出这里必须用非常规的磁模型，理由是：

① 高温超导体是仅有的 O 缺电子的超交换体系，它应是第一个对克拉默斯-安德森(Kramers-Anderson)超交换模型完全实现和验证的体系. 这里 HTSC 体系告诉我们的是一个特殊的体系，是中介两个 Cu 离子形成自发反铁磁的 O，在这里是缺电子的，或说 O 上有空穴. 这是历史上第一个对 Kramers-Anderson 超交换模型完全实现和见证的体系.

② 这里的 3D 磁有序是经过 2D 短程反铁磁向顺磁过渡的，不像常规反铁磁体那样是从 3D 反铁磁直接过渡到顺磁. 有许多人在讨论 HTSC 中的反铁磁时简单套用过去的磁有序模型，从 3D 反铁磁过渡到顺磁体. 然而在 HTSC 中最大的特点之一是 2D 反铁磁序扮演着重要的角色，在相图中的超导区，是 2D 反铁磁序与超导共存的，在超导电性机制中 2D 反铁磁序应该扮演一个的重要角色.

启示一 氧上的空穴或说氧上电子的缺失是一个非常活跃的角色. 不包含 O 空穴理论的模型是不适当的.

这里补充一些涉及的实验及概念. 首先是超交换概念，参见文献[2.2]～[2.4]. 图 2.6 示意超交换及弱化，红色箭头表示 Cu 上电子自旋，蓝色箭头表示 O 上电子自旋. 按照 Kramers-Anderson 的分析，取一对 Cu 离子为例，参见图 2.7，需要强调的是 Cu 离子之间的超交换依赖于 O^{-2} 离子的存在. 由于氧的作用，使得两个 Cu 离子之间有了很强的作用能量. 最简单和最早讨论的是氢分子中的直接交换作用. 氢分子中的两个全同电子是不可分辨的，因此有交换作用. 由于电子波函数的交迭，使得反自旋排列时，在能量上有利，顺磁排列在能量上将高出很多，高于两个分离的氢原子的能量. 这就是氢分子稳定的原因.

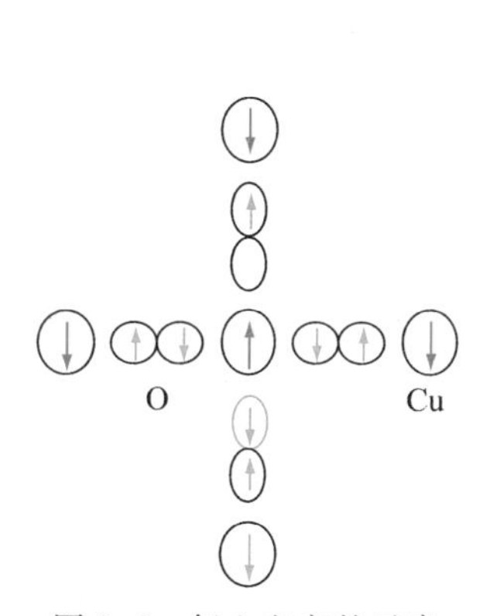

图 2.6 氧上空穴的示意

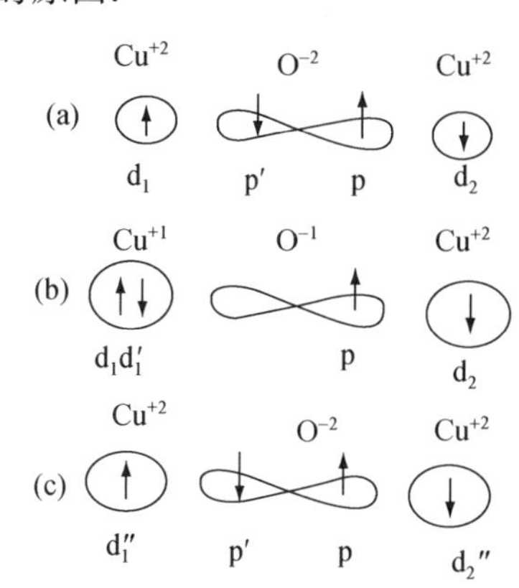

图 2.7 以一对 Cu 离子示意超交换概念

在 HTSC 中，两个 Cu 离子键的距离较大，直接交换很弱. 它是通过氧(O^{2-})的中介，在表观上延长了电子云的交迭而出现的一种交换作用，通常叫超交换作用. 这就是 Kramers-Anderson 模型. 因此当氧缺失电子后，超交换作用被弱化，磁有序被弱化. 从相图中看这种弱化甚至强于温度的效应. 在从磁有序向磁无序的过渡中,掺入空穴弱化了超交换强度,它是整体的、平均的超交换强度的弱化.在理解HTSC机理问题中,这是应该被充分重视的问题,它应是在局部出现近自由,但又不完全自由的Cu矩的原因,也是使反铁磁背景塌陷的重要原因.关于超交换作用的模型,可以在一些基础教科书中找到相关资料.最好是看Kramers或Anderson的原文,Anderson在文中的前半部对Kramers的模型作了很好的解说,后半部作了简化,这正是目前有人将这个简化用于HTSC,导致困难的原因(详略).

这里的磁有序的另一个特点是高度各向异性. CuO_2 平面内的2D自旋反铁磁在一定有限区域上的有序,是HTSC体系最重要的特性之一.从3D反铁磁相变点升温,并不是转变为顺磁态,而是转变为2D部分的反铁磁有序.严重的各向异性的超交换,是面内超交换远大于面间的超交换,奈耳(Neel)温度 T_N 介于其间,即

$$J_{/\!/} > T_N \gg J_{\perp}, \tag{2.1}$$

实验数据为

$$0.13\ \text{eV} > 0.03\ \text{eV} \gg 2\times10^{-6}\ \text{eV}. \tag{2.2}$$

当掺杂为零,温度 T 略高于 T_N 时,可观察到 CuO_2 面内仍保持着有几百埃(例如 La_2CuO_4 的反铁磁相干长度为650 Å)的反铁磁有序区,这为过渡到3D反铁磁有序提供了条件,即大面积的2D有序为3D有序提供了条件,一对Cu离子键的耦合虽弱,但2D平面上大量Cu离子有序提供了大的面间合力.当升温至 T_N 导致面间退耦合时,面内仍保持着相当范围的有序区.关于2D有序的信息,中子衍射提供了2D峰向3D峰的过渡的证据,以及2D特征的"棒(rod)"的证据.这是中子衍射早期就判定了的信息,参见图2.8和2.9[2.5].

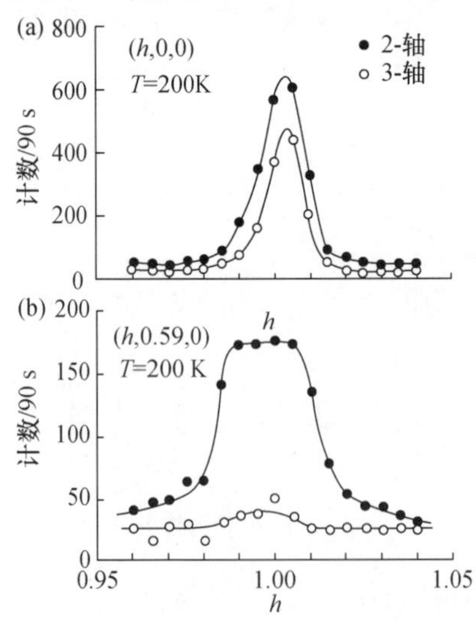

图2.8 (a)3D(100)反铁磁峰和(b)2D rod.取自文献[2.5]图3

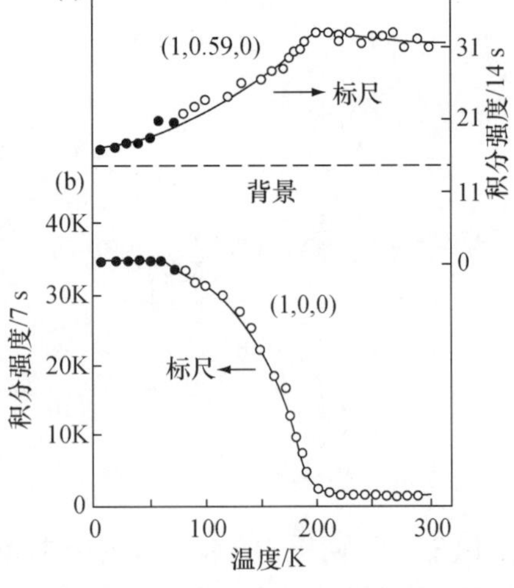

图2.9 (a)为(1,0.59,0)2D rod强度;(b)为(100)3D反铁磁布拉格(Bragg)峰积分强度随温度的变化.随升温及掺杂,首先是 CuO_2 面间退耦合.取自文献[2.5]图2

从相图可以看出掺杂比温度效应更有效.掺杂使 T_N 急剧下降.这是因为空穴的掺入会极大地影响 3D 耦合.在欠掺杂区,中子实验提供的磁(π π)峰的非公度劈裂是 2D 反铁磁继续存在并与超导共存的证据,虽然这样的 2D 反铁磁区的大小随掺杂在逐渐地缩小.

综上所述,空穴掺杂破坏 3D 反铁磁更为有效.欠掺杂区仍保持短程反铁磁的特征,反铁磁有序区与掺杂量有关,信号似乎消失在 0.19 附近,参见图 2.10.

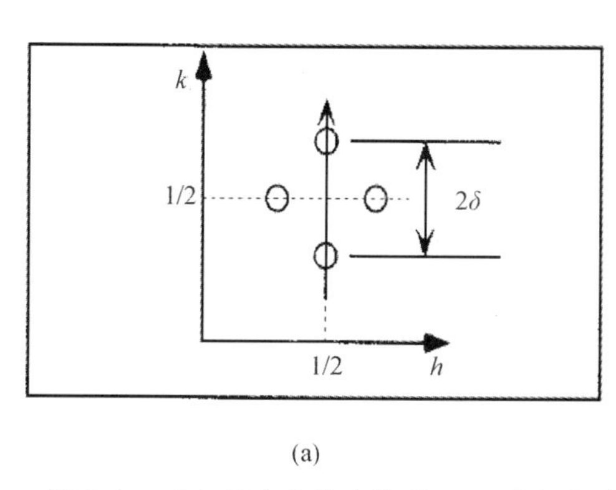

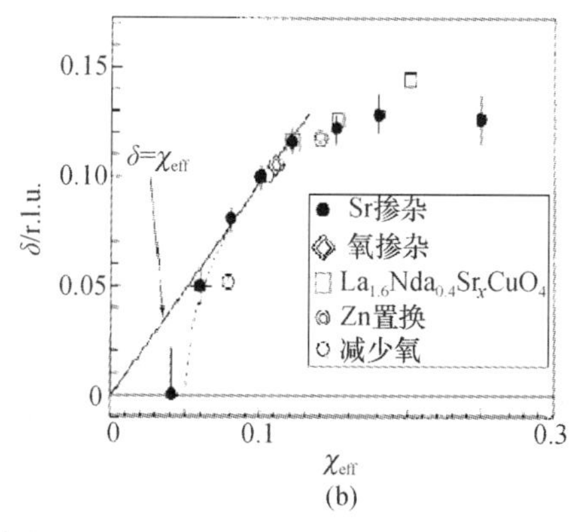

图 2.10 (a) 示出非公度劈裂;(b) 示出劈裂与掺杂的关系.取自文献[2.6]的图 4 和图 7

小结 超交换作用概念在自发磁化的研究中扮演了基本的角色.HTSC 是应用超交换概念的一个全新的体系,是高度各向异性、有氧上的电子缺失并直至完全破坏磁有序的体系.第一个过渡是重要的,它是 Kramers-Anderson 超交换过渡到没有超交换的过渡,其中氧的缺失电子扮演着关键的角色.

过渡二 随着掺杂增加,体系从强关联向过掺杂的弱关联过渡,中途经过强-弱耦合混合区,即:随掺杂增加 Cu 的在位能(大 U)趋于零(电子态符合能带论计算),同时,O 上的在位能始终保持接近于 0.

强关联的特征:在相图左边这个区域附近有很强关联的特征,当然只表现为在 Cu 上的强关联,也就是说在 O 上在位能是很小的.所谓强关联的概念有些人可能还不是很熟悉.过去能带论算出来各个能级以后从下往上逐级填充,填充到最高的可填充的能级,即费米能的位置;填充规则是在每个能级上可以填充两个电子,一个自旋向上,另一个自旋向下,两个电子是简并的.然而在强关联体系里告诉我们的是:当在一个轨道里已经有一个电子时,如果想放上另外一个自旋相反的电子,它的能量会有一个很大的增长.这就是大家常听到的所谓下 Hubbard 带和上 Hubbard 带之间差一个 U,及 $U \geqslant W$(能带宽度).也就是说正是由于这个强关联,使我们在低能实验的探测中至今没有看到 Cu^{3+} 态,即 Cu 上多一个空穴的态,Cu^{3+} 态没有任何实验证据.

考虑到这个 U 的作用,通常人们会简单地把能带画成两个能带,这就是 Cu 的上、下 Hubbard 带. 下 Hubbard 带上有一个电子,如果要在其上面再添一个电子,能量相差 U(或等价于两个空穴的态). 但是这个体系实际上中间还有一个 O 带. Cu 上强关联的作用是稳定 Cu 上的自旋,使自旋态稳定在相当宽的掺杂浓度区域. 而最后这个强关联消失,在 $x\sim0.3$ 时能带论似乎又成立了,又可以在同一个能级上填充两个电子,也就说明这时候 Cu 上的空穴不再是强关联的.

这个过渡(或者反过来说从弱关联向强关联的过渡)过程,从右到左,应该首先表现在 Cu 上的空穴或者 Cu 的自旋的局域化. 只有局域化的电子或局域化空穴才能有强关联,所以在这个过程里面存在着 Cu 上的空穴从巡游态到局域态的转变. 这个转变就对应着 U 从接近 0 变到 6～10 eV 的量级. 这就是我要说的,U 从弱关联到强关联或强关联到弱关联的过渡. 采用固定大 U 的任何模型都无法较好地描述全相图,即使加一些修正也未必是一个好的出发点.

还有一个特点我再强调一下,刚才我已经说了,实际上这个体系是强弱混合体系,Cu 上的空穴是强关联,O 上的空穴是弱关联,最后过渡到全部都是弱关联,就是这样一个过渡.

小结 大 U 的作用是稳定 Cu 自旋,注意在强关联区没有 Cu^{3+} 离子存在,参见图 2.11.

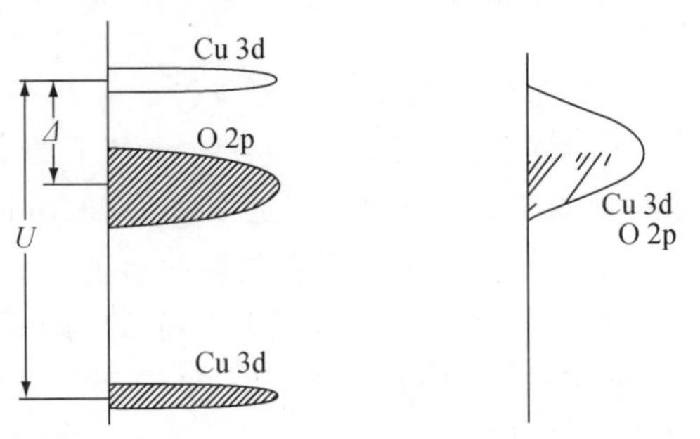

图 2.11 电荷转移型绝缘体 Cu 的在位能 U,稳定了反铁磁有序(没有 Cu^{3+},空穴双占据)随掺杂过渡到普通的金属型能带

启示二 单分量固定大 U 的模型应不是好的模型.

过渡三 随着掺杂增加,从电荷转移型绝缘体向不超导的金属区过渡. 在这里要强调的是高温超导体的母化合物是电荷转移(charge transfer,CT)型绝缘体,不是莫特(Mott)绝缘体,因为 $\Delta\ll U$,Δ 是氧带和上 Hubbard 带之间的隙. 随着掺杂增加,U 和 Δ 均趋于零(符合能带论计算):

$$\Delta\sim(1.7\sim2.0)\mathrm{eV},\quad U\sim(6\sim10)\mathrm{eV}, \tag{2.3}$$

$$x\rightarrow0.34,\quad \Delta,U\rightarrow0. \tag{2.4}$$

现在在大多数的理论模型中,认为 HTSC 体是 Mott 绝缘体. Mott 绝缘体实际上是就是图 2.11 中把 O 能带去掉，只考虑单 Cu 带模型，简称单带模型，或单分量模型. 实际上应该是三带，即除两个 Cu 带外还要加上 O 带，成为三带模型，或者叫两分量模型，即有 Cu 的分量还有 O 的分量. 意指空穴有两个的部分，既有 Cu 上的空穴又有 O 上的空穴. 掺杂前已有 Cu 上的空穴，掺杂后 O 上的空穴出现. 因此即使 Zhang-Rice 有效的单带 Hubbard 模型或者其他模型，U 往往采用得过大，不能够反映以 $\Delta\sim 2$ eV 为特点的低能激发的特征，参见文献[2.7].

启示三　单分量 Mott-Hubbard 模型数学好处理，但不是好的物理出发点.

过渡四　从非费米液体向费米行为的过渡. 注意欠掺杂区，甚至最佳掺杂，仍是坏金属.

关于坏金属作如下的补充：

所谓坏金属的含义涉及 Ioffe，Regel 提出来的金属的下限，就是说金属的碰撞自由程 l 应该基本上大于费米波长 λ_F. 这个时候准粒子的图像、经典的粒子图像还可以成立. 接近这个下限的金属是坏金属，坏到如果套用这个公式到了 $l<\lambda_F$ 的时候就应该小心了. 注意到 k 不再是好量子数，虽然可以在 k 空间上看单粒子投影的行为，但是一定要注意 k 已经不是一个好量子数，甚至于波包的概念、粒子碰撞的概念、玻尔兹曼(Boltzman)模型都受到了挑战.

下面提供一些数据.

普通金属锂(Li)，钠(Na)，Cu，银(Ag)，金(Au)的数据，载流子数一般在 10^{22} 的量级，HTSC 是 $10^{20}\sim10^{21}$ 的量级，普通金属电阻率是 μΩcm 数量级，高温超导材料电阻率与普通金属相比，相差上千倍，是差的导电材料，参见表 2.2. 表中 n 是载流子数，k_F 是费米动量，λ_F 是费米波长，v_F 是费米速度，ρ 是电阻率，τ 是弛豫时间，l 是平均自由程.

表 2.2　普通金属和 HTSC 材料的一些数据

	Li	Na	Cu	Ag	Au	$La_{1.85}Sr_{0.15}CuO_4$	Y1236.5
$n/(10^{22}\,cm^3)$	4.70	2.65	8.47	5.86	5.90		$n\sim10^{21}\,cm^{-3}$
$k_F/(10^8\,cm^{-1})$	1.11	0.92	1.36	1.20	1.21		
$\lambda_F/(10^{-8}\,cm)$	5.66	6.83	4.62	5.24	5.19		
$v_F/(10^8\,cm\cdot s^{-1})$	1.28	1.06	1.57	1.39	1.40		$8.4/(10^6\,cm\cdot s^{-1})$
$\rho(273\,K)/(\mu\Omega\cdot cm)$	8.55	4.2	1.56	1.51	2.04	$0.21/(m\Omega\cdot cm)$	
$\tau(273\,K)/(10^{-14}\,s)$	0.88	3.2	2.7	4.0	3.0		
$l=v_F\cdot\tau/(100\,Å)$	1.13	3.39	4.24	5.56	4.2		1.6(2 K)
			正常金属				坏金属

众所周知 $La_{2-x}Sr_xCuO_4$ 的电阻率随温度是近线形的行为. 例如 $La_{2-x}Sr_xCuO_4$，$x=0.17$时，$\rho_{ab}(900\ K)\sim 0.7\mu\Omega\cdot cm$，$\rho_{ab}(x\sim 0.06)$更大，温度变化平滑，应为统一机制. 这样的电阻对应的是

$$l < \lambda_F. \tag{2.5}$$

就是说我们碰到的高温超导体系虽然有金属行为，甚至在低温时电阻率是比较低的，但是它是一种到高温的平滑过渡，应该说是同一个作用机制. 但是在高温端、低掺杂的情况下它是一个很坏的金属. 很坏的金属的概念就是说，我们在套用一些传统的熟悉的理论、公式或图像的时候要小心，包括所谓 k 不是好的量子数，所以在角分辨光电子谱(angle-resolved photoelectron spectroscopy，ARPES)的测量或者费米面的测量、定费米面的大小等时候也都要小心；也包括霍尔掺杂的时候，霍尔系数和温度有关这本身已经偏离了常规的行为，应该去探寻其他机制，如历史上的Scew 模型. 扔掉温度变化行为，套用原来的 Hall 电导的公式，去讨论小费米面是空穴型的还是电子型的，空穴型怎么向电子型转变等等，可能会人为地增加混乱(参见最近的报道和讨论).

载流子巡游性差正是共振价键(resonating valence bond，RVB)出现的条件(注意：在 $x=0$ 不是 RVB 态而是反铁磁态，仅在掺杂后是 RVB 态.)

启示四 k 不是好量子数，不仅以 k 为基础的讨论受到挑战，而且 Boltzman 模型也受到挑战，准粒子的图像不是好的近似，

$$l < \lambda_F. \tag{2.6}$$

过渡五 少数量载流子过渡到大数量载流子.

在过渡中存在一个特殊浓度 0.19. 我特别提请大家关注 Uchida 的这个实验(参见图 2.12)，详见文献[2.8].

我认为是一个少数量载流子到大数量载流子的过渡，这是 S. Uchida 在 1997 年公布的一个结果. 他是掺 Zn 以后用 Zn 做杂质，然后用散射公式去定载流子的多少，给出一个非常简洁的表达式. 图 2.12 示意出与实验拟合的结果.

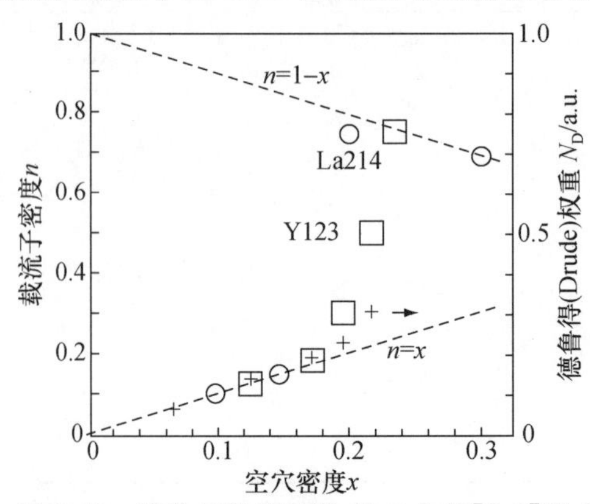

图 2.12 准粒子数的过渡. 取自文献[2.8]图 6

掺杂超出 0.19 以后，向大掺杂过渡的时候，并行出现的是一个大的费米面，一个大的载流子数，或者说 Cu 已经巡游化. 是不是这种情况，应该在过掺杂区做更多的实验来验证 Cu 上的空穴怎样局域或退局域，或者 Cu 上的载流子怎样从局域到退局域的过渡过程.

这个测量，对应着反铁磁有序的完全塌陷点过渡到 $n\sim 1-x$，即大费米面，电子结构在高掺杂下大费米面的测量与能带论计算一致，即费米液体行为恢复.

在欠掺杂区有一个关系值得高度重视：

$$x\sim n\sim n_{\mathrm{s}}\sim T_{\mathrm{c}}\sim V_{\mathrm{FS}}. \tag{2.7}$$

从左至右分别是：掺杂量、载流子浓度、超流密度、超导转变温度、费米面体积，它们成比例且有相同的数量级. 这个关系中应该凝聚着很多重要的内容.

这个区域是现在大家研究最多，分歧也比较大的所谓赝隙区. 赝隙区有这样一个很重要的比例关系值得大家重视. 当然 T^{*} 线（赝隙打开的温度线）怎么画，大家还是有争论的.

启示五　Cu 位电子从局域的反铁磁短程序向退局域的、巡游电子转变是与超导电性的消失并行的.

因此当我们观察相图的时候，高温超导在上述五个过渡中出现，就需要我们去思考. 传统的观念、理论可能是有问题的，也就是为什么二十多年来难倒了这么多人. 大家目前还没有在机制的理解上达到一个共识. 在上述列举的相图包含的过渡中出现 HTSC 电性应是机制问题讨论的关键点.

超导态的特殊性日益受到重视，从研究初期的受忽视，转而重视是个重要的进展. 人们应对超导态中的不均匀性研究给予充分的重视.

其主要特点包括：

① 超导态的不均匀性. 图 2.13 为 STM 测量的能隙的实空间彩色分布，图 2.13(a) $60\ \mathrm{K}<T_{\mathrm{c}}=64\ \mathrm{K}$，图 2.13(b) 实空间中能隙的不均匀分布. 实空间局域配对与相干凝聚不同时发生，在温度达到 T_{c} 时相干凝聚发生，宏观量子现象显现.

不均匀性表现在材料在超导温度下能隙的不同（不同颜色代表着能隙的大小）. 用 STM 定点测局域态密度时能够观察到有能隙出现. 这个能隙在超导区的时候，在整个视野中是不均匀的. 这个材料测量的是 4 K 时的超导态，升温到 60 K 时不均匀，然后再到 64 K. 在这一点时，实际上宏观量子现象已经没有了，如迈斯纳效应、零电阻都没有了. 但这个时候似乎可以探查到一些有隙区域. 这些有隙区域就是在升温过程中保留的超导区. 这些超导区是短程配对超导的小相干系统，因此这样一个连续过渡比较支持赝隙区预配对图像.

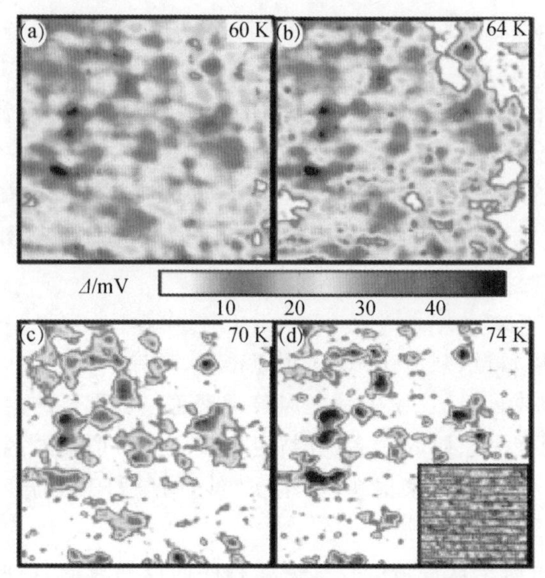

图 2.13　STM 测量的能隙的实空间分布

(a)～(d)显示随升温 60～74 K 的变化,T_c=65 K.注意颜色表示能隙的大小;(b)64 K 已可见无隙区
取自文献[2.9]图 2

② 实空间局域配对和相干凝聚不同时发生.这个实验也告诉我们这样一个情况:相干长度也只有 10 nm 的尺度,这样一个 STM 的实验也是给我们一个事实:短相干长度.图 2.13(c),(d)仍保留有隙区,相干范围为 10 nm 尺度.我们应该怎样看待它们是个重要的问题.

总结上述的分析可以看出:高温超导出现在极特殊的条件下,加之这些条件是在特殊结构(钙钛矿类)、特殊铜氧化物中包含的.常规的、简单的模型往往不能概括其特性.人们已共识较复杂些的模型——三带(两分量)模型为好的出发点.这就是在 N.P.Ong 的一篇文章里说到的,他和 Anderson 早期曾经讨论过从这里出发,但是由于数学处理比单带困难得多,所以后来一直没用三带模型.当然有人也做过很多尝试(但是数学处理较困难).知名的有代表性的三带或两分量工作有 Zhang-Rice 态,他们就是从三带模型出发证明可能有一个有效的单带模型;还有 Varma 的回旋电流图像(参见文献[2.10]～[2.12]),但是近来它们越来越受到质疑(参见文献[2.13]).

最初 Anderson 就提过 RVB 的图像,但因为 RVB 在零掺杂的时候不是反铁磁,而实验强有力的证据是反铁磁的,与实验矛盾,于是 Anderson 暂时抛弃了 RVB 图像.后来 Anderson 又返回来,认为掺杂的区域仍然是 RVB,我觉得这个思想是正确的.

我们要探索新的观念,探察为什么在过渡区有高温超导出现.希望大家能更多思考这个问题.

近来出现了许多新发现及争论,如小费米面测量,即是否有电子包,双能隙是否存在等等.大家在讨论中切不可忘记基本的属性,即相图提供的全面的信息.离开基本属性分析一个具体的实际问题会迷失方向.我认为发展并完善新的两分量RVB模型是正确的方向.

相图中还有几点值得注意,如相图中除了反铁磁和 T_c 曲线外,还有两条线:一条是 T^* 线,另一条是费米液体与非费米液体区的分界线.

定义 T^* 线为赝隙打开的温度线.一种观点认为赝隙的开始处是与预配对相关的,是无序的无相干的局域配对;一种观点认为是一个新相的开始.T^* 以下的欠掺杂区是研究最多的、分歧也最大的相图部分,如赝隙与超导隙的关系是"独立"的双隙还是自然演进,双方各有证据支持,又如条纹相及其他有序相对超导的影响等也有很多研究.

二十多年来有着两种不同思路:一是从反常的激发态看超导基态(这是早期很多人的思路);二是先定出基态的机制,再看激发态的特征.两种思路应该相辅相成.

人们对过掺杂区相对地研究较少,不同的实验给出的第二条跨越线有些不同.

从相图高浓度端出发向低浓度端看,Cu位强关联的出现应伴随着Cu上空穴的局域化,从而导致在位强关联.Cu上空穴的局域性是极端重要的,且Cu离子是不可代替的,这说明它作为背景可能应是最基本的属性之一.应该加强过掺杂区及非超导区的高质量的工作,对强关联的出现与非费米液体行为的出现间的关联做认真的研究.

还有一些补充相图很值得关注,能为我们提供信息,它们是掺杂后或加磁场后畸变了的相图.

图2.14示出的相图是1991年H. Alloul等人给出来的,参见文献[2.14].

这个相图是用和Cu具有同样电荷量的 Zn^{2+} 离子取代 Cu^{2+},但是 Zn^{2+} 自旋为零($3d^{10}$),从而局部地改变了 Cu^{2+} 的自旋态.它的效应是使超导和反铁磁性(Antiferromagnetism,AFM)同时弱化,其他人的实验指出3%~4%的Zn置换就使超导完全消失(可见文献[2.8]),这表明该置换的效果是很强的.虽然AFM同步的消失没有测量(未查到信息),但是已显现出超导与自旋及磁性间的密切关联.其他离子置换的研究很多,如铁(Fe),Ni,镓(Ga),锡(Sn),Li,等,Zn置换是典型代表,表明Cu离子不可代替.Zn没有自旋,也严重影响反铁磁,破坏超交换.这表明Cu自旋对反铁磁有序是不可代替的,也就是说O上的电子不可缺失与Cu上的自旋不可替代,是保证反铁磁有序的必要条件.

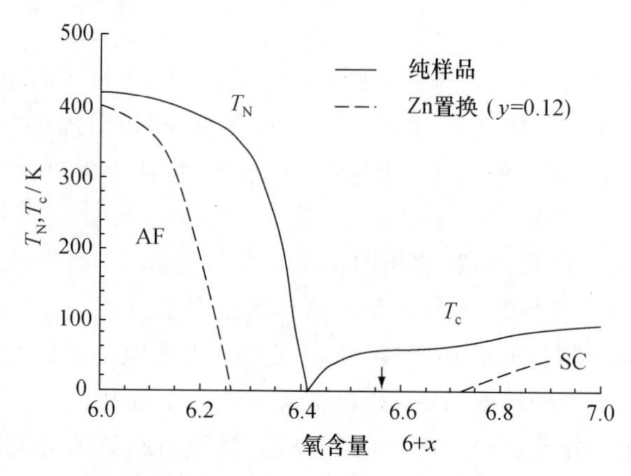

图 2.14 相图. 取自文献[2.14]图 1

2.4.2 强磁场下的相图

图 2.15 是加强磁场以后所谓 0.19 相关的相图,在 0.19 的左边是绝缘体,在右边是金属. 但是这个过渡过程信息量丰富,有很强的磁通动力学、霍尔效应的温度变化及符号变化、绝缘金属转变,也已经有实验指出了在自旋隙中有超导态密度的重新恢复等等. 它已成为近期备受关注的课题. 这些问题带来了更多的复杂性. 我想应该先在无磁场下将一些问题研究好,然后再对照着考虑有磁场的情形. 这里明确地指出:0.19 仍是一个特殊的点,是两个不同区域的掺杂分界点.

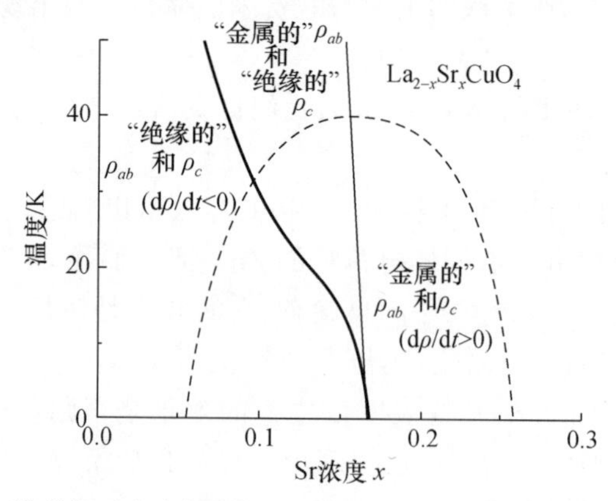

图 2.15 强磁场下完全抑制超导电性后的相图. 取自文献[2.19]图 3

2.4.3 介绍郑国庆先生关于核磁共振的重要工作

郑国庆先生关于核磁共振(nuclear magnetic resonance,NMR)的工作没有受到应有的重视,也没有得到正确的分析和认识. 这个工作的重要性在于向单分量模

型及二维 $d_{x^2-y^2}$ 配对机制提出质疑. 图 2.16 示出的是该实验的奈特(Knight)位移的结果,参见文献[2.16],也可参见类似的工作(文献[2.17]).

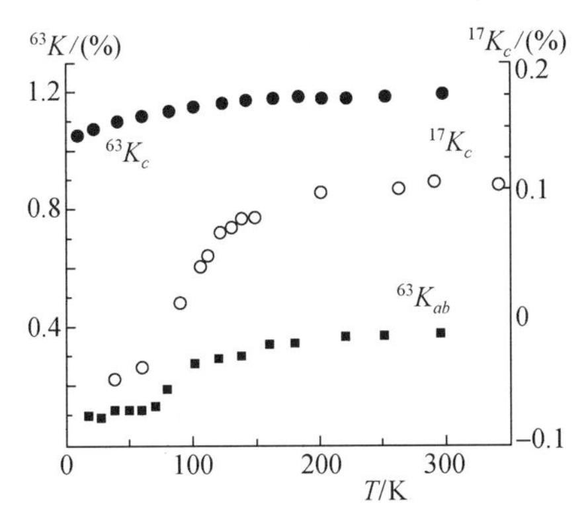

图 2.16　单晶样品的总奈特位移:包含自旋和轨道的贡献. 取自文献[2.16]图 6,7

^{63}Cu 和 ^{17}O 同位素效应在单晶上的测量,给出极重要的信息:

① Cu 位核的信息与 O 位定性地不同,黑圈表示 Cu 的数据(左纵坐标);空圈表示 O 的数据(右纵坐标)(K_{ab} 与 K_c 趋势相同,详略,请见原文[2.15],[2.16]).

② Cu 核信号是有矩的,是 $d_{x^2-y^2}$ 特征,$^{63}K_c : {}^{63}K_{ab} \sim 4$.

③ O 核信号是趋于零的,反映超导态的信息. 由 O 核看到了超导凝聚,奈特位移趋于零,超导态是无矩的(自旋无矩,轨道也无矩). 目前讨论最多的 $d_{x^2-y^2}$ 态是有矩的,不应是超导态的轨道部分! 注意:在重费米子超导体中,具有 $d_{x^2-y^2}$ 对称的材料的奈特位移是不趋于零的.

④ Cu 核有受超导影响的迹象,即 Cu 与 O 间的耦合,出现有较弱的下降趋势. 我相信这必将引起热烈的讨论. 比如:为什么 Cu 上的信号与 O 上的信号定性地不同? 为什么 Cu 上可见 $d_{x^2-y^2}$ 特征,而 O 上不见 $d_{x^2-y^2}$ 特征?

常规超导 BCS 理论是在超导发现 46 年之后提出来,实际上有一个很关键的实验,即所谓同位素效应起到了很大的促进作用. 在铜氧化物高温超导体的众多实验中,哪些是代表性的、和机制密切相关的实验,目前分歧较大. 似乎有共识的是:相图是最重要的一个! 认真分析相图提供给我们的信息是至关重要的.

当然提出 BCS 是经过了 46 年,我们现在刚刚二十多年,时间还是有的. 但是我觉得今天的条件和以前相比已很不一样,实验工作是全球性的全面的投入. 我相信在对机制理论有个全面的评估之后,是创造性地提出新模型的时候了.

参 考 文 献

[2.1]　G. Shirane, Phys. B**197**, 158 (1994).

[2.2] H. A. Kramers, Phys. **1**, 182 (1934).
[2.3] P. W. Anderson, Phys. Rev . **79**, 79 (1950).
[2.4] P. W. Anderson, Phys. Rev. **115**, 2 (1959).
[2.5] G. Shirane, Phys. Rev. Lett. **59**, 1613 (1987).
[2.6] K. Yamada, et al. , Phys. Rev. B**57**, 6165 (1998).
[2.7] F. C. Zhang, T. M. Rice, Phys. Rev. B**37**, 3759 (1988).
[2.8] S. Uchida, Physics C**282**, 12 (1997).
[2.9] K. K. Gomes. Nature **447**, 569 (2007).
[2.10] M. E. Simon, C. M. Varma, Phys. Rev. Lett. **89**, 247003 (2002).
[2.11] C. M. Varma, Phys. Rev. B**73**, 155113 (2006).
[2.12] C. M. Varma, Phys. Rev. B**73**, 233102 (2006).
[2.13] M. Greiter, Phys. Rev. Lett. **99**, 27005 (2007).
[2.14] H. Alloul, Phys. Rev. Lett. **67**, (1991)3140.
[2.15] G. Q. Zheng, 高温超导基础研究(上海,上海科技出版社, 1999).
[2.16] G. Q. Zheng, Phys. C **260**, 197 (1996).
[2.17] A. P. Gerashchenko, JETP **88**, 545 (1999).
[2.18] T. Thio, Phys. Rev. B**38**, 905 (1988).
[2.19] B. Edegger, Adv. Phys. **56**, 927(2007).

第三章 正常态的反常特性、电子间的电荷关联及实空间局域配对

3.1 概 述

1986年在层状铜氧化物材料$La_{2-x}Ba_xCuO_4$中发现近30 K超导转变温度，自此具有准钙钛矿结构的铜氧超导体就处于众多相关学科领域的中心位置.

经过十年的努力，高质量单晶的制备取得了明显进展，大大地消除了早期多晶样品数据的某些不确定性. 但是尽管人们已付出了巨大的努力，目前对于铜氧化物正常态性质的理解以及对超导态及配对作用的认识均是不完全的.

铜氧化物中载流子动力学的低维特性是与层状结构有关的. 人们已认识到钙钛矿相关的电子自由度被限制在二维空间，即主要在CuO_2平面内. 这点共识是基于对各成分组元的形式价态分析和各种输运测量的结果. 无穷层空穴型和电子型化合物有近90 K的超导转变温度，更支持人们以单个CuO_2平面为基础建立超导电性图像的设想.

电子间的关联是描述铜氧化物中元激发的一个更深层次的关键问题. 在这类材料中电子间的较强的关联来源于Cu3d态，这些态在铜氧平面中是局域化的. 较强的关联明显地抑制了平面内的电荷涨落. 铜氧钙钛矿结构允许通过掺杂连续地改变CuO_2面内的载流子浓度，给出了一个复杂的相图. 反铁磁区、绝缘-金属转变区和超导区相互邻近，深刻地反应了高温超导电性可能与电子间强相互作用密不可分.

铜氧化物中低能电荷动力学和自旋动力学显现出许多特性，不服从常规费米液体理论. 最突出的是各种散射率和横截面随温度和频率变化的反常. 人们采用了多种多样的模型来研究这些反常现象. 有的模型使用了非常规的参数；有的采用常规处理方法，如对角化技术和可能不适用于描述强关联电子系统的那些动力学方程；也有人提出一些奇异的方法，有解析的也有数值的，用来处理这个多体问题；也包括各式各样的奇异的量子基态.

初期在观测到大量反常行为的同时，也有一些性质乍一看似乎很“正常”，如角分辨光电子谱(ARPES)和德哈斯-范阿尔芬(de Haas van Alphen)实验给出的金属性样品的费米面；而且光电子谱识别出的有色散的单粒子态，似乎与密度泛函计算

相近.实际上,数据已显示了明显的质量增强效应,它是局域化和强关联的反应.近期更精密的测量给出了十分清晰的非单电子图像的特征.

本章的目的是综述铜氧钙钛矿材料中电子关联的一些效应和有关概念.一方面我们集中注意力于逐渐减小能量尺度时电子相互作用所扮演的角色,也就是说,从几电子伏的库仑相互作用、0.1 eV 的自旋关联到 10 meV 范围内的自旋涨落,与这些相关的相互作用效应.另一方面,当增加 CuO_2 平面内载流子浓度时样品从反铁磁绝缘体变为金属,我们讨论掺杂对电荷动力学和自旋动力学的影响,并着重于正常态的性质.

Anderson 在 1986 年底就敏锐地注意到高温超导铜氧化物的这一本质特性,强调应以反铁磁绝缘体的母化合物为基础来认识并阐明高温超导铜氧化物的性质.随着实验研究的进展,越来越多的证据表明高温超导铜氧化物是一个强关联电子体系,表现出了典型的强反铁磁关联.从概括实验结果的相图上可以看出,高温超导相处于一个中等载流子浓度的区域.在与其相邻的低载流子浓度区是反铁磁绝缘体,它属于电荷转移型的绝缘体;在另一端与其相邻的高载流子浓度区是具有好金属性的不超导材料.换句话说,高温超导体的正常态是近绝缘体的一种金属性不好的正常态,它们的电阻值较高,随温度变化仍为金属行为.它们的正常态相比于常规超导体的正常态及普通金属的正常态,表现出许多反常行为,关于这方面我们将在后面介绍.这里先对强关联问题做些补充.强关联体系作为近单电子能带体系的对立物,有许多人对此不很熟悉.所谓近单电子能带体系是指每个电子的能量状态几乎与其他电子的占据状态无关,除了必须遵从泡利不相容原理——每一个空间本征轨道允许占据自旋相反的两个电子.通常在以哈特里-福克-斯莱特(Hartree-Fock-Slater)为代表的自洽场能带计算中,忽略了的那部分相互作用就是关联作用(狭义的),它源自库仑相互作用.一般来说,库仑作用强则关联作用也强.在文献中有时也称库仑作用为(库仑)关联(作用),它是相对于完全独立的电子图像而言.对于许多金属、半导体,关联作用是很小的.一种严格定量的表达方式是 $U \ll W$,此式被称为能带论的成立条件,这里 U 是库仑(Coulomb)作用能,W 表示传导电子的能带宽度.当这个条件不满足时,也就是 $U \gg W$ 时,我们就说这个体系是强关联体系.该体系需要用 Hubbard 模型为代表的一些模型哈密顿量来研究.对于最简单的两电子体系,其代表的能级如图 3.1(b)所示,图中展示了同一空间轨道放置两个电子的情形.两个电子的能量并不相同,其差值表示两个电子间的库仑排斥能.当轨道波函数的空间分布较宽时,库仑排斥能较小,忽略其就回到图 3.1(a)所示的单电子近似情形.

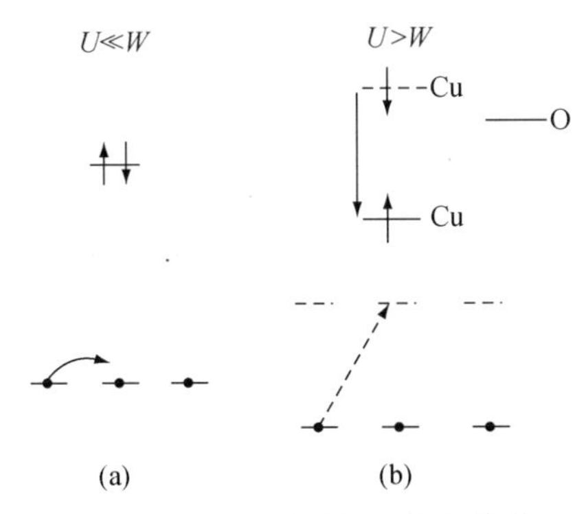

图 3.1　(a) 弱关联；(b) 强关联

图 3.1 展示的是两个对立的图像，在定性分析问题时常常用到. 用能带方法对强关联体系，如绝缘体 NiO，作计算研究时，出现了与实验数据的系统偏差. 计算的结果是没有能隙的金属性能带，费米能量处的态密度不为零. 对绝缘体 $YBa_2Cu_3O_6$ 的能带计算也有相似的结果. 金属性 $YBa_2Cu_3O_{7-\delta}$ 计算出的能带也与实验结果有较大偏差. 说明这个高温超导体中的电子具有强关联的特征，从 Hubbard 模型出发，可以估算强关联参数的大小. 找出 $YBa_2Cu_3O_{7-\delta}$ 中 Cu 和 O 离子的近似波函数，就可以直接计算出各有关参数. 表 3.1 中给出了一些估计和计算的结果. U_{dd} 表示两个电子或空穴在 Cu3d 轨道上时的库仑排斥能，U_{pp} 表示两个电子或空穴在 O2p 轨道上时的库仑排斥能，U_{dp} 对应一个在 d 轨道一个在 p 轨道上时的库仑排斥能. t 表示相邻离子位之间的跃迁能量，是和能带带宽有关的量. 表中括弧内的量是计及了巡游载流子屏蔽效应的数据，它表明 $YBa_2Cu_3O_7$ 与 $YBa_2Cu_3O_6$ 相比，U 下降了许多，但仍属于 $U \geqslant W$ 的强关联区. 关于关联参数，后面还要讨论.

表 3.1　Hubbard 模型的相关参数[3.2]

参考文献		U_d	U_p	U_{dp}	U_{pp}	Δ	t_{dp}	t_{pp}
Z. Shen	La_2CuO_4	5～6	0			0.3	2.3～2.4	
	$YBa_2Cu_3O_7$	6				0.5	2.5	
A. Fujimori	La_2CuO_4	5	0			0.4	1.9	
	$YBa_2Cu_3O_7$	5				0.5	2.3	
F. Mila	La_2CuO_4	10	0	0～1	0	4	−1.3	0.3
Hübbard	3d	20(10)	6(3)					
Schluter		9	6	2.5		1.5	1.5	
Emery-Hirsch		5～6	2～3	1～2		1	1.3～1.5	
Han, et al.	La_2CuO_4	12(7)	8.7(4.1)	3.6(0.58)	3.0	1.6	1.3	0.5
	$YBa_2Cu_3O_7$	12(7)	8.3	3.4(0.55)	3.2	2.0	1.6	0.3

下面列出有关强关联的主要实验证据：

① 观测到的紫外光电子发射谱与计算出的局域密度泛函能带之间存在着系统偏差，通常认为这是强关联体系的特征.

② 观测到的X射线光电子谱中的卫星峰，伴随着一个双电子过程，这是强关联体系的典型特征之一.

③ 俄歇(Auger)谱中的双空穴能量漂移，是强关联体系的典型特征之一.

④ 母化合物中的自旋反铁磁关联，是强关联体系的典型表现之一.

⑤ 通过对母化合物的掺杂，空穴很难出现在2价Cu离子位上，即观察不到Cu的3价正离子，空穴出现在氧位上，这是电荷转移型强关联体系的特征.

从上面列出的证据中可以看出各种电子谱测量是了解铜氧化物电子结构的关键技术，此外还有光学测量特别是拉曼(Raman)散射和光电导率(反射和透射)也提供了重要的补充信息.

3.2 电 子 谱

本节将综述一些基本的结论，它们是从电子谱实验中得出的. 这里将强调那些与单电子理论预言偏离的测量谱，更详细的内容可参阅有关文献[3.1].

高温超导的发现吸引了不同研究领域的科学工作者，他们纷纷采用各种分析技术来探察这种材料的特性和机制. 许多能谱方法，包括X射线光电子谱(X-ray photoelectron spectroscopy，XPES)、紫外光电子谱(ultraviolet photoelectron spectroscopy，UPES)、电子能量损失谱(electron energy loss spectroscopy，EELS)、X射线吸收谱(X-ray absorption spectroscopy，XAS)、俄歇电子能谱(Auger electron spectroscopy，AES)、STM等，特别适于研究电子结构(和振动特性). 获取的信息对理解高温超导反常特性是至关重要的.

各种电子谱可提供的信息有：各类高温超导材料的电子态分布及电子结构特征、各种离子的价态(如Cu^{3+}存在与否)、费米面附近电子态的组分及对称性、电子态随温度和掺杂浓度的变化等，特别是能给出典型的电子强关联特征. 早期实验是在多晶样品上测量的，近期随着大单晶制备技术的提高，主要的实验都是在单晶上进行，大大地增加了本征信息的确定性. 当然考虑到光电子逃逸深度(<5.0 nm)因素，测量如何能准确地反映体(bulk)特征这一重要问题必须认真对待. 真空解理、识别表面污染等技术的采用提高了人们对测量结果的信任程度.

图3.2给出了涉及芯态电子发射能谱的基本过程. 用已知能量为$\hbar\omega$[①]的光

① $\hbar\omega$表示光量子能量. 因为在原子单位中$\hbar=1$，故文中常用ω表示能量，等同于$\hbar\omega$.

束照射样品，光子将它的全部能量交给原子(离子)中某电子壳层上的一个受束缚的电子，后者消耗一部分能量用来克服结合能，余下的作为它的动能将自己发射出去成为光电子.这些光电子的动能可由静电式(或静磁式)谱仪来测定.考虑到样品和谱仪材料的功函数不同，并忽略一些次要因素，实验测得的光电子动能可近似为

$$E_k = \hbar\omega - E_{\mathrm{B}} - \varphi, \tag{3.1}$$

式中 E_k 是光电子能量，$\hbar\omega$ 是入射光子能量，E_{B} 为电子的结合能，φ 是功函数.入射光如为紫外光则得紫外光电子谱.通常使用氦放电灯作为光源(He Ⅰ 的 $\hbar\omega$ = 21.22 eV，He Ⅱ 的 $\hbar\omega$=40.8 eV).由于紫外光只能电离结合能不大于紫外光子能量的外壳层能级，故它主要用于研究价电子结构.采用 X 射线作为光源，就可以得到 XPES，X 射线源常采用 MgKα 发射(约 1254 eV)和 AlKα 发射(约 1486 eV).或采用同步辐射连续可调光源，其强度大大增加，且可用偏振光.通常每一个原子或分子轨道在光电子能谱图上对应一个单峰.当原子内壳层电子被移去以后，如果终态数目大于 1，那么对应的光电子峰的个数也大于 1.除主峰外还会出现所谓伴峰(卫星峰).过渡金属有未填满的 d 壳层，稀土元素有未充满的 f 壳层.当光电发射在内壳层形成一个空穴时，内壳层因发射出一个电子而留下的未成对电子与原来未充满壳层中未成对电子之间可能有多种耦合方式，图谱上将出现多重谱线.根据多重分裂理论，多重谱线的相对强度应等于终态的统计权重.这些研究可提供关于材料中电子结构的重要信息.原子芯态电子的结合能受到核内电荷和核外电荷分布的影响，任何使这些电荷分布发生变化的因素都有可能引起原子内壳层电子结合能产生变化.由于原子所处化学环境的不同而引起的结合能位移称为化学位移，由物理因素引起的结合能位移称为物理位移，电子能谱图上的谱峰位置随着这些位移也出现位移.

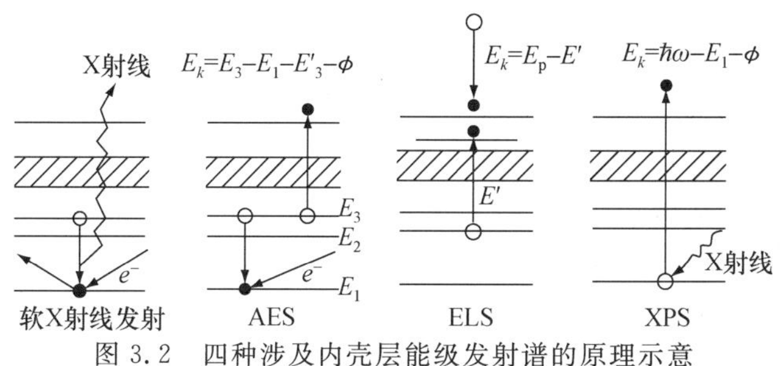

图 3.2　四种涉及内壳层能级发射谱的原理示意

在电子谱中令人感兴趣的是单粒子激发谱.这个信息可以通过建立电子-空穴对或是俘获电子而获得.这里不打算介绍测量技术的细节，感兴趣的读者可参阅文献[3.3].探测占据态和未占据态的方法很多，通常可分为角积分和角分辨两大类.俄歇谱是双电子-空穴过程.例如，角积分光电子谱，它测量占据态，对于转移一个

价带 $v_{k\sigma}$ 电子进入能量为 ε_k 的光电子态, $a_{k\sigma}$ 的横截面为

$$I \approx \sum_{k,\sigma} \mid M(\boldsymbol{k},\boldsymbol{q},\alpha) \mid^2 \int_{-\infty}^{\infty} \frac{\mathrm{d}t}{2\pi} \mathrm{e}^{\mathrm{i}\omega_{\mathrm{in}} t} \langle v_{\boldsymbol{k}-\boldsymbol{q},\sigma}^{\dagger}(t) a_{k\sigma}(t) a_{k\sigma}^{\dagger}(t) v_{\boldsymbol{k}-\boldsymbol{q},\sigma}(t) \rangle. \quad (3.2)$$

跃迁是由频率为 ω_{in} 的波矢 $\boldsymbol{q}(\approx \boldsymbol{0})$ 的入射光子诱导的, α 为极化(偏振)方向, $M(\boldsymbol{k},\boldsymbol{q},\alpha)$ 是电流顶角. 在角积分实验中要对动量 $\boldsymbol{k}$ 求和. 忽略顶角关联, 可以将这个电流关联函数因式化为

$$\begin{aligned} I &\approx \sum_{k,\sigma} \mid M(\boldsymbol{k},\boldsymbol{q},\alpha) \mid^2 \int_{-\infty}^{\infty} \frac{\mathrm{d}t}{2\pi} \mathrm{e}^{\mathrm{i}(\omega_{\mathrm{in}} - \varepsilon_{\boldsymbol{k}} - W_{\mathrm{A}})t} \langle v_{\boldsymbol{k}-\boldsymbol{q},\sigma}^{\dagger}(t) v_{\boldsymbol{k}-\boldsymbol{q},\sigma}(t) \rangle \\ &= \sum_{k,\sigma} [\mid M(\boldsymbol{k},\boldsymbol{q},\alpha) \mid^2 \mid \langle N-1, l, -\boldsymbol{k} \mid v_{k\sigma} \mid N, 0 \rangle \mid^2 \\ &\quad \times \delta(\omega_{\mathrm{in}} - \varepsilon_{\boldsymbol{k}} - W_{\mathrm{A}} - E_l^{N-1} + E_0^N)], \end{aligned} \quad (3.3)$$

式中 W_{A} 是功函数, $E_l^{N-1} - E_0^N = \varepsilon_{l,\boldsymbol{k}}^{N-1} - \mu^{N-1}$ 包含了粒子系统的激发能 $\varepsilon_{l,\boldsymbol{k}}^{N-1}$ 和化学势 μ^{N-1}. 因而, 可以获得 $N-1$ 粒子系统的能量分布. $M(\boldsymbol{k},\boldsymbol{q},\alpha)$ 包含了选择定则和极化(偏振)依赖. ARPES 对应着(3.2)式但放弃对 $\boldsymbol{k}$ 求和. 注意, 光电子能量范围为 100 eV～1 keV 时, 平均自由程范围为 0.5～3.0 nm. 这意味着实验对样品的表面质量要求较高.

3.2.1 角积分(PES)

(1) 库仑关联.

占据在较高束缚能态的电子谱可以确定出在基态中 Cu3d^8 组态的相对丰量, 以及对应于 Cu3d^9→Cu3d^8 跃迁的 N→$N-1$ 粒子激发能. 这个能量相当于(2.3)式 Hubbard 哈密顿中的相互作用 U_{d}. 下面的讨论涉及扩展光电子谱、芯电子 X 射线发射谱及俄歇电子谱.

扩展光电子谱用来研究费米能以下直至 10 eV 深束缚能的态及其对称性. O2p 和 Cu3d 的 PES 横截面随能量的变化, 被用来确定谱中给定峰的轨道对称性. 其中一种特殊技术为共振光电子谱(REPES), 它可以调节光子能量正好跨过 O2s→O2p 和 Cu3p→Cu3d 的阈值, 它们分别是 22 eV 和 74 eV. 出现所谓 Fano 共振效应, 这是由克斯特-克勒尼希(Koster-Kronig)衰变过程所致[3.4,3.5].

图 3.3 给出一个典型结果, 其中内插小图示出费米边区域的谱[3.11]. 图 3.3 中的中心峰已分别在样品 $La_{2-x}Sr_xCuO_4$[3.6], $YBa_2Cu_3O_{7-\delta}$[3.6～3.9], $Bi_2Sr_2CaCu_2O_\delta$[3.10,3.11] 及 $Nd_{2-x}Ce_xCuO_4$[3.12] 中观察到. 图中所示为 Bi 系样品的结果. 在图 3.3 中还可以看出一个高束缚能的卫星峰, 大约在 −12.0 eV 处. 在光子能量为 74 eV 的曲线中这个位置强度的增加表明它对应着 Cu3d^9→Cu3d^8 的跃迁. 相似的 Cu3d^8 终态能也已在 Y, La 系样品中被观察到. Nd 系样品中这个卫星峰的能量位置在 −13.3 eV.

图中未见到对应的 $Cu3d^8 \rightarrow Cu3d^7$ 跃迁. 这说明 $Cu3d^8$ 组态在基态中含量极少. 将实验数据与团簇计算[3.6,3.13,2.35]及限制局域密度泛函计算[3.14,3.15]拟合，得到的 U_d 值在 7.3～10 eV 范围内.

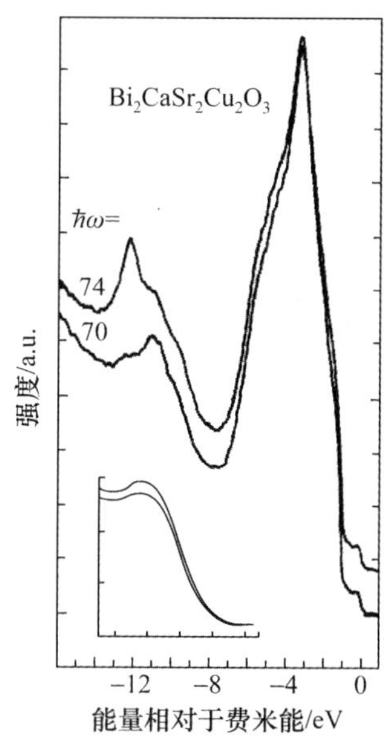

图 3.3 Bi 系(2212)$Cu3p \rightarrow Cu3d$ 共振阈值附近的价态谱. 取自文献[3.11]图 3

芯态 XPES 提供了关于局域库仑关联大小的附加信息. 在 Cu2p 阈值附近对 $La_{2-x}Sr_xCuO_4$[3.6,3.16,3.17]，$YBa_2Cu_3O_{7-\delta}$[3.6,3.17,3.18]，$Bi_2Sr_2CaCu_2O_8$[3.19]样品做了实验. 图 3.4[3.16]中显示的是 La 系样品 $Cu2p_{3/2}$ 芯态 XPES 谱. 它一般情况下为卫星双峰结构. 这是由于 $Cu2p_{3/2} \rightarrow Cu2p_{1/2}$ 自旋轨道分裂的原因，在卫星峰之下 22 eV 处还有 $Cu2p_{1/2}$ 卫星峰(未在图中示出). 这里我们仅以 $Cu2p_{3/2}$ 相关问题进行讨论. 933 eV 峰已被认定为 $Cu2p_{3/2}3d^{10}\underline{L}$ 终态，这个态中有一个 $Cu2p_{3/2}$ 芯态空穴，Cu3d 是满壳层的，另一个是 $\underline{L}$ 表示的氧位空穴. 它对应着初态 $Cu3d^{10}\underline{L}$ 在光照下从芯态 $Cu2p_{3/2}$ 打出一个电子($Cu3d^{10}\underline{L}$ 称为电荷转移态，表示 $Cu3d^9$ 上的空穴转移到了配位氧上). 终态 $Cu2p_{3/2}3d^{10}\underline{L}$ 中有两个空穴. 一个在 Cu(芯态)上，另一个在 O 上. 在不同离子上的这两个空穴之间的库仑排斥能 U_{cd} 要弱于下面将讨论的在同一离子上两个空穴间的库仑排斥能 U_d. 双峰中在 941 eV 处的卫星峰是由 $Cu2p_{3/2}3d^9$ 终态构成的. 这个在位双空穴的能量大于电荷转移态的能量，与近自由电子的图像不一致. 在 3d 过渡族金属化合物中，在位库仑排斥能 U_d 通常小于 U_{cd}，其比率 $U_d/U_{cd} \approx 0.7$[3.20]，从 U_{cd} 实验值推算出的 U_d 值约 6 eV，它略小于从扩展 XPES 得到的数值. 另外，在芯态 XPES 中未见 $Cu2p_{3/2}3d^8$ 卫星峰的信号，它的能量预期应出现在 $2U_{cd}+U_d$ 附近. 这样，与扩展 XPES 一样，我们可以说，在芯态 XPES 中也未发现

Cu^{3+}离子态!

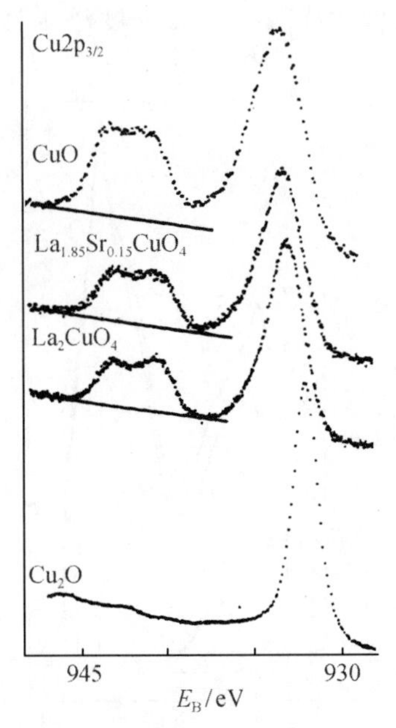

图 3.4 $La_{2-x}Sr_xCuO_4$(x=0.00,0.15)$Cu2p_{3/2}$芯 XPS 谱,以及其与 CuO 和 CuO_2 谱的比较,E_B 为束缚能.取自文献[3.17]图 2

俄歇谱可以给出电子关联的间接探测[3.18,3.21～3.23].在 AES 中价态电子向被激发了的芯态空穴转移,诱导了次级价电子发射,留下的是价带中的双空穴组态.发射电子动能的粗略估算可以由下式给出:$E_k^{CVV}=E_c-2E_v-U$.这里 E_c 和 E_v 分别表示芯态空穴和价带电子的束缚能.U 是价带中的关联能.CuL_3 VV-和 OK_1 VV-APS 已在 Y 系 La 系样品上进行.这里 L_3 和 K_1 表示 $Cu2p_{3/2}$ 芯空穴和 O1s 芯空穴.CuL_3 VV-APS 中,从 $Cu2p_{3/2}3d^{10}$L,$Cu2p_{3/2}3d^9$ 初态多重态(跃迁)到 $Cu3d^8$L 和 $Cu3d^7$ 终态组态.获得的俄歇谱因晶场分裂和 d^8-d^9L 终态混合而被展宽.CuL_3 VV 峰距 Cu2p-XPES 边 13 eV.考虑到 PES 的阶态宽度约 4 eV,得出的 $U_d\approx5$ eV(这个值小于扩展 PES 和 XPES 得到的值).

(2) 低束缚能的占据态.

人们对费米能 E_F 附近的态特别感兴趣,因为它们主导着材料的电子性质.这里讨论价带 PES 的结果.图 3.5 中是 $YBa_2Cu_3O_{6.9}$ 单晶的价带的能谱分布,包括固定几个光子能量下测量的结果.Cu3d 和 O2p 的 PES 横截面随能量的变化可以用来区分这两个轨道的成分(杂化比率).O2p 是近费米能、2 eV 宽的峰 A 和 B 的主要成分.Cu3d 的大部分权重定位在 4 eV 的 D 峰中,并扩展至整个价带,在 71 eV 光子能量曲线中表现了明显的增强.费米面处的态主要成分是 O2p(70%～80%),

还有一些成分是 Cu3d(20%～30%). 图 3.5 中的虚线表示了局域密度近似(local density approximation,LDA)计算密度[3.24],是左移 1 eV 后的结果,左移后才与实验基本符合. 与实验不同的是,LDA 预言 Cu3d 的最大峰比 O2p 的最大峰更接近费米能. 在 La 系中也有相似的歧离[3.25],Cu3d 权重的这种不适当的定位,是由自洽单粒子理论[3.26]中电荷激发的屏蔽导致的,即弱化了库仑关联.

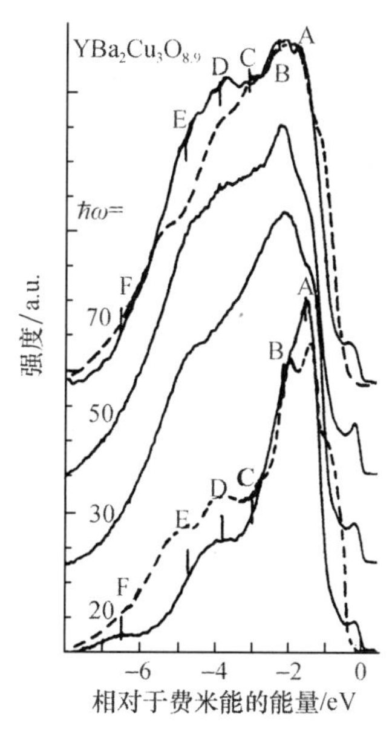

图 3.5　$YBa_2Cu_3O_x$ 的价带 PES(实线)与 LDA(虚线)的比较. 光子能量($\hbar\omega$)以 eV 为单位. 虚线被左移. A～F 峰标记是参照 LDA 计算的. 取自文献[3.9]图 4

从图 3.3 和 3.5[2.9,3.24]中都可看出清晰的费米边. 图 3.6[3.27]给出了 Y 系样品的金属特征的费米边随掺杂的变化[3.28～3.30]. LDA 理论预言的这个态密度端部的成分与实验不一致却可以用考虑了强关联的 Zhang-Rice 态[2.30]予以半定性的说明. 实际上这个态后来被人证明是不稳定的[3.79].

(3) 未占据的低能态.

这里概述 BIS(bremsstrahlungs isochromate spec.)和 IPES 的空态密度的实验结果. 当 BIS 的电子俘获能量窗口,从 X 射线区变为紫外区时,IPES 和 BIS 是等价的,都对表面敏感. 因此我们补充讨论 EELS 和软 X 射线吸收谱,这两种方法对体性质敏感,都已分别在 La[3.33], Y[3.34], Bi[3.35]系样品上获得了数据,显示了类似于 PES 随入射电子能量变化的特性,同样可以确定俘获电子态轨道的对称性(成分)[3.8,3.18,3.32]. 图 3.7[3.31]给出的是 IPES 在多晶体样品上的结果.

Y,Bi 都观测到在 1.5 eV 附近的峰 B[3.31](相似的结果在 BIS 的 Y 样品中也发现了[3.18]). 这个峰主要是 $Cu3d^{10}$ 成分(La 系样品由于其他原因而不出现). 这个峰

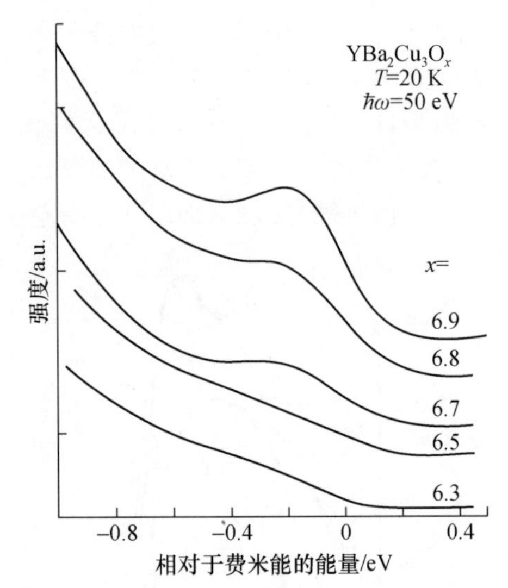

图 3.6 不同氧含量 x 时 $YBa_2Cu_3O_x$ 的 PES 费米边. 取自文献[3.27]图 2

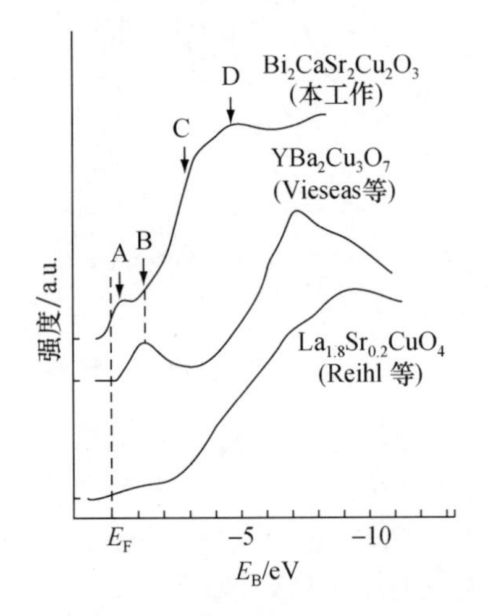

图 3.7 Bi2212, Y1237, $La_{1.8}Sr_{0.2}CuO_4$ 的 IPES 谱, Bi 样品显示了费米边. 取自文献[3.31]图 1

对应着三带模型中的上 Hubbard 带. B 峰的位置提供电荷转移能隙的量度. 这个值与光电导[3.37,3.38]及 EELS 和 XAS 中的测量值一致. 费米面处的态是以 O2p 为主的隙间态 A. 仅在 Bi 样品中观测到清晰的费米边, 虽然 La, Y 也是金属样品, 但 La, Y 样品在真空中丢失了表面氧. 而 Bi 系样品不容易丢失表面氧, 它的自然解理表面是未重构的表面[3.39,3.40]. 人们还用共振 IPES(即 REIPES)研究了 Bi 样品中较高能量的隆起(C, D)[3.36]. C 峰是 Bi6p 态, D 是 Ca3d 和 Sr4d 态.

下面补充讨论 EELS 和 XAS, 如果使用的能量大于 100 KeV, 它们都可以探查的样品深度约为 100 nm 量级. 将芯电子激发到空态上, 从而也显现出未占据态的态密度及其对称性. 主要的芯态能级是 O1s 和 $Cu2p_{2/3}$. 两种实验提供了相同的信息.

图 3.8[3.41]给出的是 La 系和 Nd 系(N 型)单晶样品的掺杂浓度和取向依赖的结果[3.41]. 由于偶极选择定则((3.2)式中的电流算符 M),仅允许 $s\to p_x$, $s\to p_y$, $s\to p_z$的跃迁,且视电场 $\boldsymbol{E}$ 是平行于 a 轴、b 轴还是 c 轴而定. 对于绝缘的样品 La_2CuO_4(Nd_2CuO_4(Nd214))而言,当 $\boldsymbol{E}\perp c$ 时仅仅出现所谓前置峰,位置在 $E_p=530$ eV 处. 没有对应于 O1s 阈值的峰 $E_t\approx528.5$ eV,E_t这个峰是 CuO_2平面氧空穴特有的. 绝缘样品中不存在氧空穴. 在金属样品中看到了这个峰,前置峰弱化. 前置峰对应上 Hubbard 带 $Cu3d^{10}$. 在 La_2CuO_4中激发能 $E_p-E_t=1.7$ eV(在 Nd_2CuO_4中仅为0.50 eV). 因为初态近似地表示为

$$|\psi_i\rangle=\alpha\,|\,Cu3d^9\rangle+\beta\,|\,Cu3d^{10}L\rangle,$$

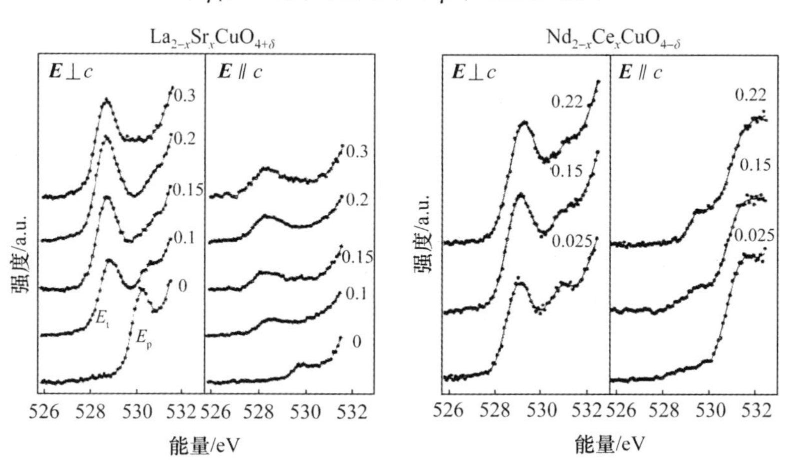

图 3.8　La 及 Nd 样品的极化敏感 O1s XAS 谱. 取自文献[3.41] 图 5,6

前置峰强度实际上量度的是上 Hubbard 带中的铜氧共价性[3.42,3.43]. 在绝缘样品 La_2CuO_4中这个量近似为$|\beta|^2\approx0.1$. 图中的谱线可以看做有利于电荷转移型的图像证据. 它们不能用 LDA 来说明. 再经过极化依赖分析,表明上 Hubbard 带中包含有 12%$O2p_z$成分(Nd_2CuO_4和 Sm_2CuO_4中分别为 3%和 6%). 在 La_2CuO_4中这个成分是顶角氧贡献的. 作为掺杂浓度 x 的函数($x\leqslant0.15$),$La_{2-x}Sr_xCuO_4$,$Nd_{2-x}Ce_xCuO_4$谱中没有显现出前置峰(及高能隆起部分)的单电子型的刚带漂移. 根据单电子理论,应出现整体的漂移,因为费米能随载流子数的改变而移动! 然而,在 La 系样品中显现的是在 O1s 阈值峰处有新的态出现并随载流子数增加而增长. 相似的行为也出现在 Y 系、Bi 系等样品的 EELS 和 XAS 测量中[3.7,3.17,3.41~3.43,3.45~3.47]. 经过角分辨谱仪的分析,可以确定在 $La_{2-x}Sr_xCuO_4$样品中这些新态主要是 $O2p_{xy}$ 成分并包含有约 8%的 $O2p_z$ 成分[3.44]. 在电子型样品

$Nd_{2-x}Ce_xCuO_4$中显示的谱,与 PES 对占有态的测量不一致,仍有许多未解决的问题,在这里不再详述. 最后补充一点,通过对 $Cu2p_{2/3}$ EELS 和 XAS 极化分析,发现 $Cu3d_{3z^2-r^2}$权重与总的 Cu3d 权重的比率约为 1%～5%[3.41].

(4) 谱权重的转移

使用 EELS[3.43]和 XAS[3.41,3.46]进行成分分析,显示出价带密度随掺杂浓度的增加而增长,经过绝缘-金属转变点,直到最佳浓度,态密度的增长是连续的. 同时,前置峰的权重在减少,近似地相当于价带强度增加量的一半.

图 3.9[3.43]是 La 系样品的 O1s EELS. 在 $x\approx 0.06$ 附近发生绝缘-金属转变的情况. 前置峰在 $x\geqslant 0.3$ 附近消失. 这个谱图可以用谱权重跨过电荷转移隙的转移加以说明. 与常规半导体发生的情形不同,图 3.9 表明在铜氧化物低能激发中存在电子关联. 不考虑较高能量的态,总的空穴数可以表示为

$$\int_{\mathrm{V}} \mathrm{d}\omega A_{\mathrm{p}}(\omega,x) + \left[\int_{\mathrm{C}} \mathrm{d}\omega A_{\mathrm{p}}(\omega,x) - \int_{\mathrm{C}} \mathrm{d}\omega A_{\mathrm{p}}(\omega,0)\right] = x, \tag{3.4}$$

式中 $A_{\mathrm{p}}(\omega,x)$是掺杂浓度为 x 时,单粒子谱函数的粒子部分. V 表示价带边外的新态,C 表示与导带态有关. 因为式中方括号内的项随掺杂量 x 线性减少,人们得到

$$\int_{\mathrm{V}} \mathrm{d}\omega A_{\mathrm{p}}(\omega,x) = \alpha x, \quad \alpha > 1. \tag{3.5}$$

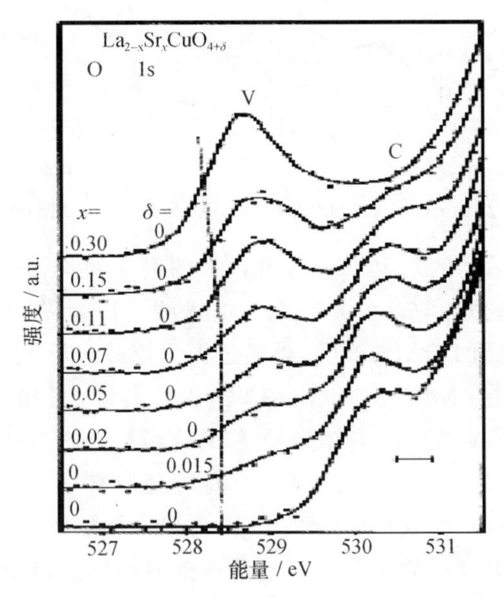

图 3.9 La 系样品的 O1s EELS 谱,$0\leqslant x\leqslant 0.3$,反常的权重转移,虚线是 O1s 阈值. 图中最低的二条谱线为 $x=0$ 时,$\delta\approx 0$ 和 0.015 的情况. 右下角短横表示能量分辨率(0.4 eV). 取自文献[3.43] 图 1

这个结果与无相互作用粒子图像不一致.单粒子图像预言 $\alpha=1$.如前面已指出的,这个谱权重可用 Zhang-Rice 态及 $Cu3d^{10}$(上 Hubbard 带)来说明[3.48~3.50,2.28].在这模型中,$\alpha\approx2$,与实验数据相吻合.

3.2.2　角分辨光电子谱

(1) 关于费米液体.

铜氧化物大量出人意料的电子性质,促使人们时常问这样一个问题:这个电子系统是费米液体吗? ARPES 首先从一个特殊的方面研究并回答这个问题:有费米面存在吗? 如果存在,它包围的体积是多大? 常规费米液体有费米面存在.而且基于微扰论 Luttinger 定理[3.51]证明了,自由电子费米面包围的体积,在有相互作用时仍保持不变.在高温超导铜氧化物样品上 ARPES 直接可测量到 CuO_2 平面相关的色散关系.假设跃迁进入光电子态的电子,保持平行于表面的动量分量 $\boldsymbol{k}_{/\!/}$ 不变的.波矢的关系式可写为

$$\boldsymbol{k}_{/\!/}=[2m(\omega_{\text{in}}-\varepsilon_{N-1,l,\boldsymbol{k}}+\mu_{N-1}-W_{\text{A}})]^{1/2}\sin\theta, \tag{3.6}$$

式中 θ 是出射电子的取向极化角.基于铜氧化物的二维结构特性,当解理面为 CuO_2 平面时,沿 c 轴方向动量 $\boldsymbol{k}_{\perp}$ 通常不再考虑.给定光子能量后,改变出射的欧拉(Euler)角 φ 和 θ,获取足够的数据,就可以绘出平面费米几何.最近高分辨 ARPES 和 ARIPES 已得到了 Y,Bi,Nd 样品的费米面[3.52~3.57].图 3.10[3.52,3.58]给

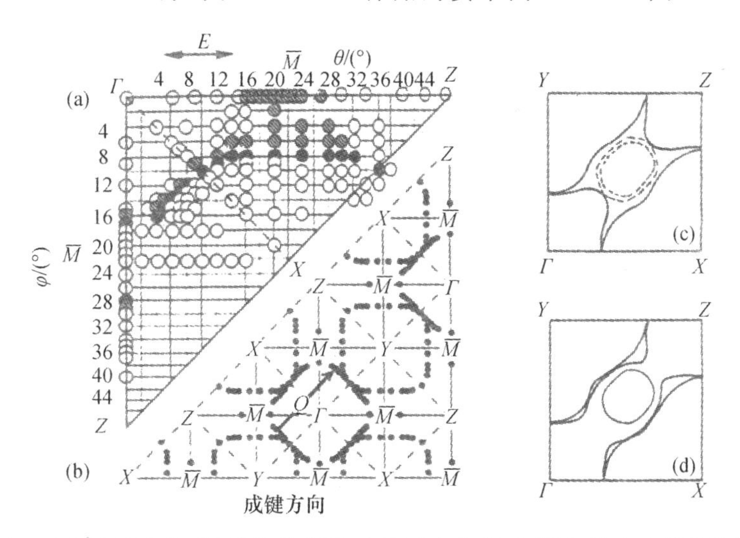

图 3.10　(a) Bi2212 的 ARPES 费米面.实圈对应费米面,即占据-非占据的跨越,圈串指明与费米能不可分辨的能带区域,圈的大小表示分辨率;(b) 按(a)中的实圈,经对称操作得出的实验费米面.$Q\approx(\pi,\pi)$是蜂巢(nesting)状矢量.φ 和 θ 是发射角;(c) 示意 LDA 费米面,不包含 BiO 带(虚线);(d) 包含 BiO 带[3.52,3.58].取自文献[5.52]图 2

出了 Bi 系样品($T_c=79$ K)的测量费米面和 LDA 计算结果的对照[3.58,3.59]. 测量显示的是由两片组成的大费米面,它们对应 Bi2212 样品的两个 CuO_2 的耦合. 大费米面是指它包围的体积正比于空穴数 $1+x$(或电子数 $1-x$),而不是与 x 成比例(此情形称为小费米面). 测量的费米面与 LDA 计算不一致之处是未测到理论预言的 BiO 电子包. 仅当去掉 BiO 带时,才有大致的符合. 另外,费米面处的有效质量明显地大于 LDA 给出的曲率倒数. Bi2212 样品沿 Γ-Y 方向的质量增强因子[3.60,3.61]为 $m(\mathrm{EXP})/m(\mathrm{LDA})\approx 2\sim 5$. 这也是关联效应的反映. 已在 $Bi_2Sr_2Ca_{1-x}Y_xCu_2O_8$ 样品上用 ARPES 对一个能带结构随 x 系统变化的情况作了测量并加以研究[3.62]. 它们完全不能用单电子的刚带漂移理论来说明. ARPES 谱对能量是敏感的,并且低能束缚态随 x 的变化有明显的再分布.

(2) 准粒子寿命.

原则上说,ARPES 和 ARIPES 分别测量的是空穴和粒子区段的单粒子谱函数$A(\boldsymbol{k},\omega)$:

$$A(\boldsymbol{k},\omega)=-(1/\pi)\mathrm{Im}\left[1\Big/\left(\omega-\varepsilon_{\boldsymbol{k}}-\sum(\boldsymbol{k},\omega)\right)\right]. \tag{3.7}$$

因此跨越费米能处的 ARPES 峰的外形,可以用来获取单粒子自能虚部的信息 $\mathrm{Im}\sum(\boldsymbol{k}_F\omega)$. 常规(3D)费米液体理论预言

$$\mathrm{Im}\sum(\boldsymbol{k}_F,\omega)\propto\omega^2,\quad \omega\ll E_F,\quad \omega\gg T. \tag{3.8}$$

在二维情形中,低能区有[3.63]

$$\mathrm{Im}\sum(\boldsymbol{k},\omega)\propto\omega^2\ln|\omega|. \tag{3.9}$$

对 Y 和 Bi 系的谱线线形的分析[3.64~3.66],可以断言沿 Γ-Y 方向有

$$\mathrm{Im}\sum(\boldsymbol{k}_F,\omega)\propto\omega, \tag{3.10}$$

它是线性关系,而不是 ω^2 关系,参见图 3.11[3.62],这与边缘(marginal)费米液体理论中的猜想相一致. 也可以认为是有效的二维行为,因为 $\omega^2\ln|\omega|$ 在一个很宽的能量区域有近似的 ω 展开的线性关系. 上述及各种其他的分析或拟合,都是存在疑问的. 因为 ARPES 数据在费米面处有较大的不确定性,这是由较大的背景引起的. 人们期待改进仪器以有更高的分辨本领.

在本书引言中曾提到,Gomes 研究组[3.67]发现的 T_c 以上温区仍有"超导区"的残存,这是铜氧化物高温超导体的最重要的行为之一,是当时引起物理学界惊呼的两个工作之一. 他们采用 Bi2212 样品(掺杂浓度从欠掺杂到过掺杂:$x=0.12\sim 0.22$)用 STM 测量局域能隙,观测到空间分布的不均匀. 残存区的尺度为 nm 量级,这表明载流子在纳米尺度空间中仍有配对存在. 这是支持实空间配对的直接证据. 发现在 T_c 以上温区仍有纳米量级尺度的"超导区"的残存是与常规超导体的第

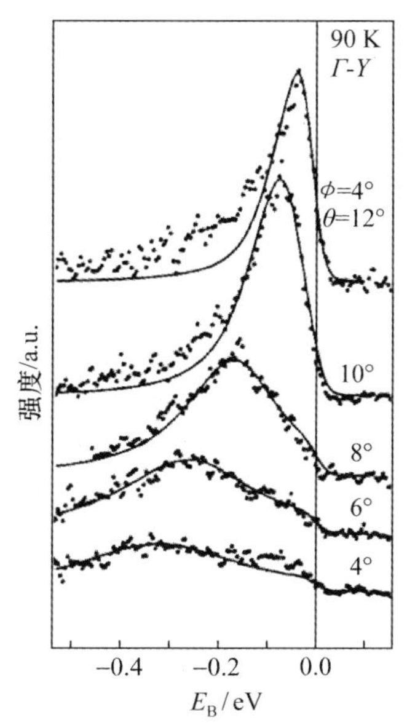

图 3.11　Bi2212 的 ARPES 沿 Γ-Y 方向的线形分析. 实线表示单粒子自能在 MFL 行为假设下的拟合[3.62]. 取自文献[3.65]图 5

一个基本不同.

Gomes 等人在文章摘要中扼要地指出：在常规超导体中，电子配对出现在超导转变温度 T_c，配对与相干同时出现，在态密度中出现能隙 Δ. STM 测量出的这个能隙的空间分布是均匀的. 在高温超导中，在 T_c 以上的一个温度区域，态密度中出现部分能隙(赝隙)，即不完全的能隙. 关键问题是态密度在 T_c 以上温区出现的这个赝隙是否与配对共存，以及非相干配对出现(形成)的温度与什么性质有关？Gomes 等人这里采用晶格跟踪光谱(lattice-tracking spectroscopy)技术，首次报道了在 HTSC 不同掺杂(空穴浓度为 0.12～0.22)、不同 T_c 的 Bi2212 样品中，使用 STM 测量到了隙的空间分布的形成. 测量还在一个很宽的掺杂区(0.16～0.22)发现了在 T_c 以上温区配对能隙成核以及在纳米尺度区域的空间分布. 测量发现了空间分布的不均匀性，同时还发现了一个近似相同的标度关系：$2\Delta/k_B T_p \sim 7.9 \pm 0.5$. 每个配对隙有一个温度 T_p 在局部位置出现. 他们指出，在很低掺杂(≤0.14)区还存在其他的现象(如条纹相)，这些现象以及它们与配对的关联还有待于深入的研究. 此后不久 Gomes 研究组和其他研究组又做了进一步的研究，如不均匀配对相互作用的电子本源[3.68]和纳米尺度邻近效应的研究[3.69]. 其他许多研究组热烈响应，给出了进一步的补充研究，例如研究强关联的证据[3.70]、超导电性与条纹相及结构之间的关系[3.71]等，以及扩展至 Hg 系样品中的氧有序的研究[3.72]，可见 Gomes 工作的重要性. 下面将结合他们给出的几张图，仔细地介绍他们的工作.

发现高温超导二十多年之后,高温超导仍是令人迷惑不解的.在超导体中,没有电阻的电导源于电子配对,以致克服对电流流动的阻碍.尽管人们已较好地理解了常规超导,但是超导电性被限制在较低的温度.一类金属铜氧化物在温度高至150 K时仍然没有电阻,其机理令人迷惑不解.有两篇文章明显地改进了人们对这些奇妙材料的理解.一篇是Doiron-Leyraid的漂亮研究,它描述金属的经典信号:费米面显露在高温超导中(见本书有关章节);另一篇是Gomes观察到从超导态升温到T_c以上温区,电子配对是怎样演进的.随着温度变化出现相变,这个概念是人们熟知的,如固体熔化为液体.相似的熔化过程出现在超导体和磁体中.由高温超导提出的许多"谜"中的一个是在超导态之外的相变如何精确地出现.一个重要的方面是在常规超导和磁相中它们出现在相反的一端.当材料的温度上升到使磁性的宏观结果消失的温度,原子矩并不消失,而只是不再彼此取向.仅在很高的温度,孤立的矩消失.与之相对照,在实际的所有超导体中,导致超导的电子配对在同一个临界温度被打破,宏观的零电阻行为消失(Meissner效应也消失).

但是,HTSC似乎是介于这两种相变行为的极限情形之间.在这样的超导体中配对仍然保持在T_c以上,这已经在许多现象中被推论出来.大部分的探查是对空间平均的,但是在一个局域的尺度上这些配对态当温度升高时如何被打破,仍是未解之谜.在Gomes的奇妙的实验中,人们使用STM探针跟踪HTSC中的配对过程.这是个困难的任务,因为探针尖端的热振动使得很难保持它聚焦在单个原子上.Gomes等人克服了这个困难,并发现超导体中由电子配对产生的局域隙在一个温度下消失.在这个温度下热运动能仅是绝对零度温度的局域能隙的大小的1/4.隙越大,隙持续的温度越高,在许多情形中,这个温度比终止块材超导行为的温度远要高得多.这些测量清晰地意味着HTSC中在T_c以上的至少某些正常态的反常性质是由配对的幸存所导致的.的确,打破它们总是不容易的.关于能隙的测量,通常将隧穿电导峰之间的距离定为$2\Delta_p$.不同测量方法测量的该值$2\Delta_p/k_B T_c$列于表3.1.该表分别列出了最佳掺杂、过掺杂、欠掺杂样品的数据.

表3.1　不同掺杂样品的能隙.取自文献[3.67]

掺杂程度	ARPES	隧穿	Andreev反射	$N(T)$	拉曼散射
最优掺杂					
BSCOO	9	5		6	6
YBCO		8	5	5	
LSCO		7.5	5		5
$HgBa_2CaCu_2O_{6.4}$					5
过掺杂					
BSCOO(60 K)		6～9			6

（续表）

掺杂程度	ARPES	隧穿	Andreev 反射	$N(T)$	拉曼散射
欠掺杂					
BSCOO(80 K)	11～13	12	6.2		
BSCOO(70 K)		14			5
YBCO(60～65 K)		20	4.6	5 4	
LSCO(15 K)			4.5		

不同的测量方法甚至同一种方法，不同研究组的结果也有一定的差异. 我们着重于定性地概念方面.

早在 2007 年之前已有研究组揭示出相位不相干局域配对的证据，可见于文献[3.73]～[3.76]，但是 Gomes 组的结果更加直观和明显. 以下重点介绍 Gomes 组的工作.

对过掺杂样品(OV65，T_c=65 K)于图 3.12(b)中的"×"点处，观察隙随温度的变化(60～86 K)，发现隙保留至 T_c 以上，直到 80 K 附近. "×"点取自空间"残存"的超导区. 颜色的不同表示隙的大小空间不均匀.

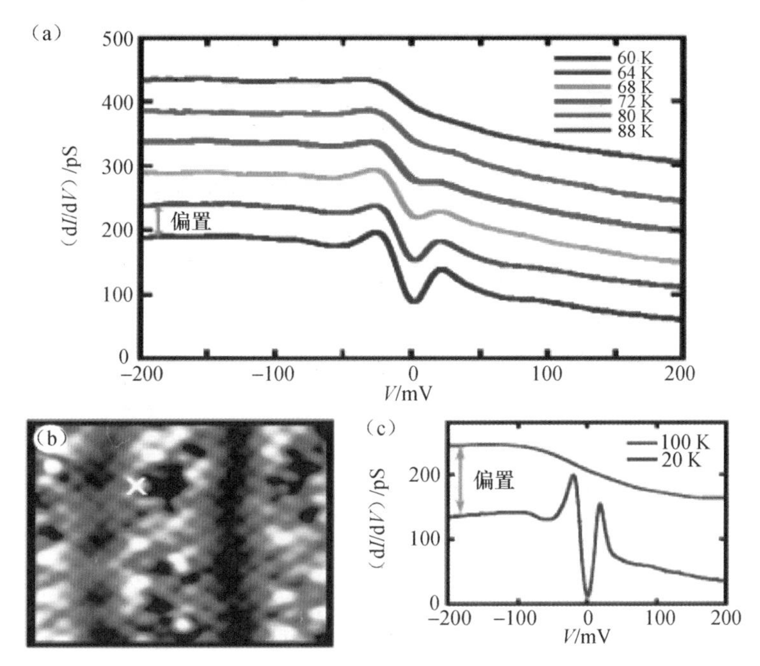

图 3.12　在指定原子位谱随温度的变化以及 dI/dV 随样品偏压的变化. 取自文献[3.67]图 1

T_c 与 T^* 之间的赝隙态低于 T^*，在态密度(density of state，DOS)中有隙出现(参见图 3.12(a))，这已是人们早已广泛关注的课题，各种 ARPES，STM 隧穿实验也已经考察了赝隙和配对形成的关系. 然而，DOS 和赝隙在纳尺度的空间变化虽已有先锋性的工作，但是仍需要进行系统地、原子分辨的 STM 测量，作为掺杂和温度的函数，隙的出现与消失表示着配对态的出现与消失；Gomes 等人使用了特殊设计的可变温、超高真空的 STM 测量了高温超导 $Bi2212_{8+\delta}$ 的 DOS 随温度的变化情况. 这个设备允许在原子尺度的指定位置(小面积)跟踪样品的能隙随温度的变化.

如图 3.13 所示，在 T_c 附近的不同温度下取的谱，样品面积为 300 Å×300 Å. 在每个温度下原子位能隙的值可以从局域的谱测量中提取. 使用的判据是局域的 dI/dV 在 $V+\Delta$ 处有极大值，参见图 3.12 中的数据. 能隙在 1～3 nm 的尺度空间内变化. (d)内插图显示出这个面积的地形图. 对应于图 3.12(a)～(b)中发现给定能隙大小的概率(能隙分布)示于图 3.12(e)中. 图 3.12(f)中实线显示的是概率 $P(<\Delta)$ 小于给定值的积分(见下轴)，没有隙的区域的百分比作为温度的函数(见上轴)，上、下轴的比率取为 $2\Delta/k_B T=7.8$.

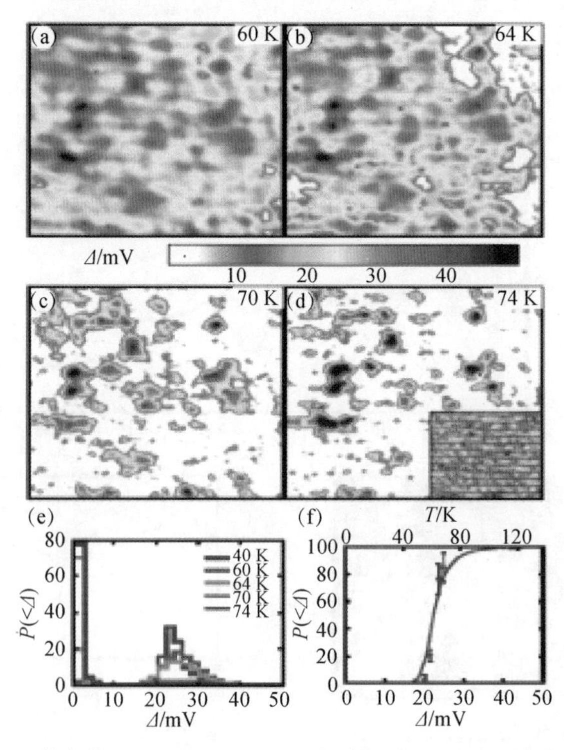

图 3.13 过掺杂样品 OV65(T_c=65 K)能隙的演进. 取自文献[3.67]图 2

作为系统研究的开始，首先对掺杂 0.22 的过掺杂样品进行测量及分析. 这类样品过去已经报道过，赝隙或是很弱或是没有，只观察到与超导相伴着的能隙. 图 3.12 展示的是 OV65 的样品，为过掺杂样品且 $T_c=65$ K，在指定的原子位置"×"处，测量的温度间隔接近 T_c，从这个谱中可以得出两个量：① 确定局域隙的最大值 $\Delta\sim24$ meV；② 估算 T_p. 对应不同掺杂该值约为 72～80 K，在这个温度范围能隙 Δ 不再是可测的.

以过掺杂为例该实验的一般程序如下. 样品在室温、原位解离，而后插入到冷却的显微平台，然后在各种温度点(20～180 K)下测量. 样品 OV65($T_c=65$ K)在同一个位置却不同温度下取得的谱(曲线偏置上移为了清晰)如图 3.12(a)所示. 在不同温度下跟踪同一个位置(偏差在 0.1 Å 以内)进行谱的实验. 图 3.12(b)为样品地形图. 每次测量之间，STM 被稳定在每个温度下 24 小时，在这期间地形图用于定位谱测量的位置，如"×"指示在图 3.12(a)中测量的位置. 图 3.12(c)是在 20 K 和 100 K 时同一个样品(可能不同位置)的典型谱. 在低温下相干峰更明显，在 60 K 以下峰的位置变化不明显，两个峰之间的距离是 24 mV. 在 100 K 已无可见的隙.

超导态时配对相干，当升温跨过 T_c 时，宏观超导电性消失，配对不再相干，注意 $T=64$ K 时非超导区已可见. 继续升温，局域的超导区继续减少但仍然存在，直至很小的原子尺度的面积.

图 3.14 示出最佳掺杂样品——OP93($T_c=93$ K)的测量结果. 图 3.14(a) 取自不同温度的谱(上下偏移是为了清晰). 当提升温度超过 T_c 时，相干峰强度减弱，在正偏压有一个峰保持着. 其中 135 K 示出有隙、无隙的几条曲线，它们取自不同的空间位置. 图 3.14(b)～(d) 用彩色显示能隙大小的空间分布，测量面积是 300 ×300 Å^2，分别取在三个不同的温度点：100 K，120 K 和 140 K，均高出 T_c(93 K). 100 K 时的能隙分布图与 T_c 以下时的能隙分布图差别很小. 120 K 时的分布图已出现明显的无隙区. 140 K 时的分布图只可见少量的有隙区. 图 3.14(e)，(f)为统计分析和比较(详略). 与过掺杂样品有相似的随温度演进的过程. 在 $T>T_c$ 也有幸存的配对. 由图可以看出最佳掺杂样品与过掺杂样品有共同的特征.

下面再回到欠掺杂样品，参见图 3.15. 在欠掺杂区的样品中大隙内有"结构"，大隙的消失类似于欠掺杂和最佳掺杂(未示出)情况. 这里强调了 V 型结构的出现. 图 3.15(a)在远高于 T_c 的温度处的指定位置取有代表性的谱，以便对各种掺杂样品的能隙进行了比较：偏置是为了清晰，上三条是过掺杂和最佳掺杂样品的代表曲线，下两条是欠掺杂样品的代表性曲线，横棒表示偏置谱的零电导阻. 可以看出欠掺杂的曲线有明显的不同，出现明显的 V 字形. 图 3.15(b)为在 20 K(超导态)时对 UD73 样品在不同位置测得的谱. 在较大的隙态内可见"扭折(kinks)"出现在较低能量处(箭头)，内插图给出了 UD73 样品在 20 K 时大能隙和"kinks"能量的分布.

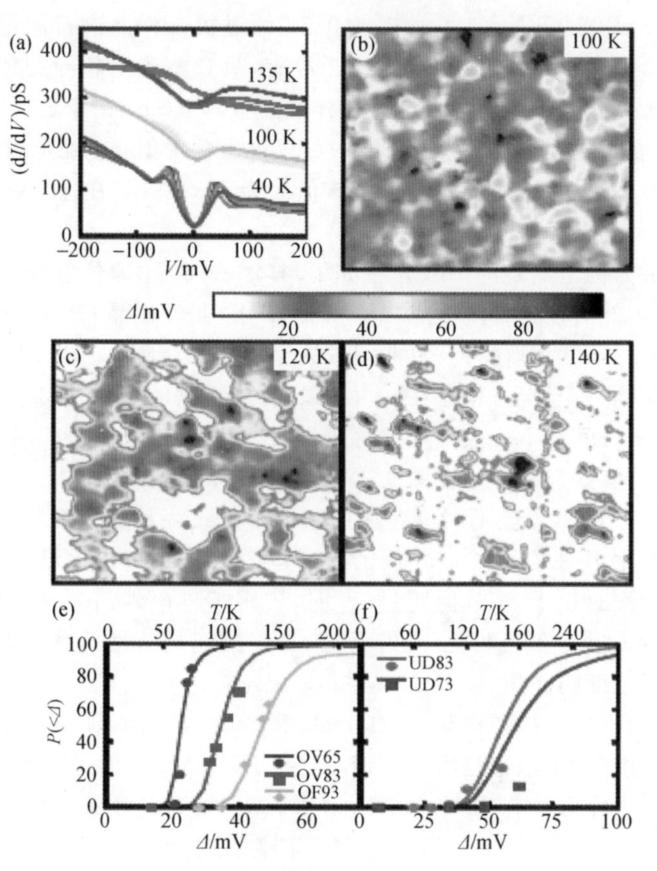

图 3.14 OP93 样品能隙的演进. 取自文献[3.67]图 3

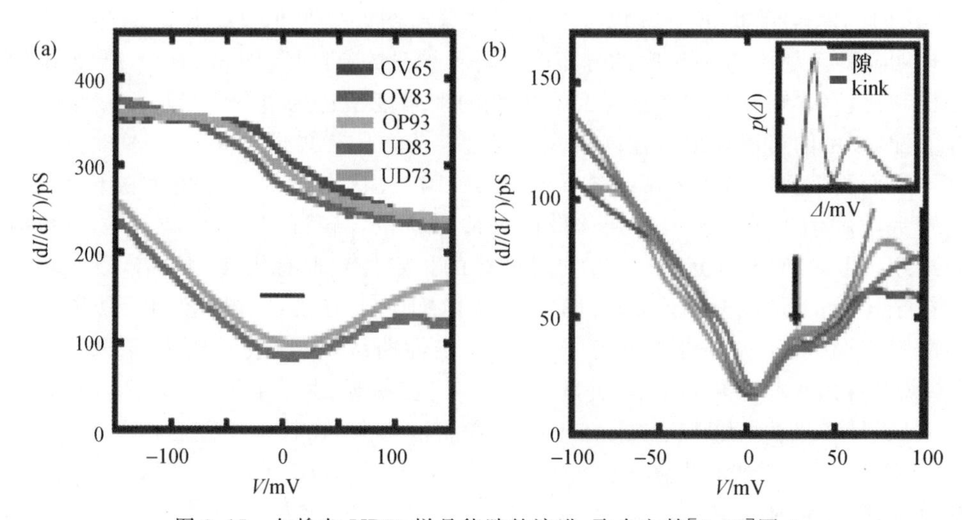

图 3.15 欠掺杂 UD73 样品能隙的演进. 取自文献[3.67]图 4

图 3.16 示出了 Bi2212 样品的示意相图. 能隙分布随掺杂和温度而变化. 测量能隙分布的掺杂和温度用黑色点表示,彩色表示有隙区域的百分比,深蓝表示百分百的有隙面积,$T_{p,max}$曲线表示在这个温度下有隙面积不及 10%,较低的实线表示块超导的 T_c 曲线,彩色柱体表示隙存在区域的百分数(见右上角标尺),有隙覆盖区(%)随掺杂及温度而变化. 请注意:在 T_c 以上仍有覆盖部分,它是从超导区"残存"下来的. 这是与常规超导体最基本的一个差别.

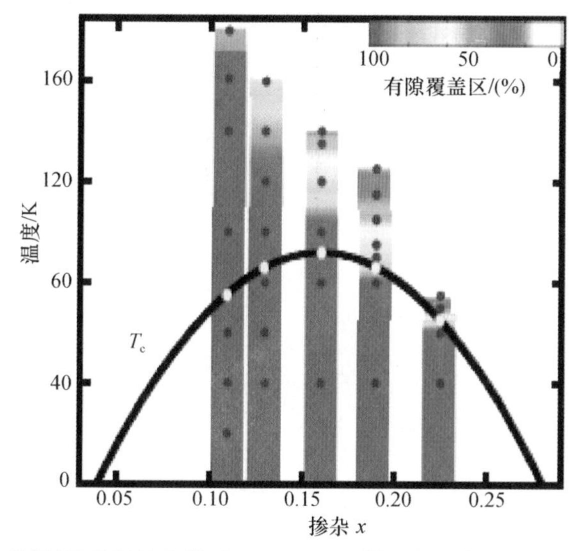

图 3.16 相图示意图(只是超导态附近)——Bi2212 样品的示意相图. 取自文献[3.67]图 5

当温度远低于 T_c,我们看到在最佳掺杂和过掺杂样品中的一个隙伴随着不对称的背景(见图 3.12(a))在隙内的谱线形用 d 波拟合,态密度取了角度平均,这个 d 波态密度是

$$\rho(E,T)=\frac{1}{\pi}\int_0^{\pi}\mathrm{d}\theta\mathrm{Re}\left[\frac{|E'-\mathrm{i}\Gamma(T)|}{\sqrt{(E'-\mathrm{i}\Gamma(T))^2-\Delta(T)^2\cos^2(2\theta)}}\right], \tag{3.11}$$

这里 Γ 是与能量无关的寿命展宽. 在低温时假定 $\Gamma=0$. 微分电导可用下式拟合:

$$\frac{\mathrm{d}I}{\mathrm{d}V}=a\int_{-\infty}^{\infty}\mathrm{d}E\,\frac{\mathrm{d}f(E+V)}{\mathrm{d}V}\rho(E,T)+bV, \tag{3.12}$$

其中 $\rho(E,T)$是 d 波超导体的态密度, $f(E)$是费米分布函数,标度参数 a 是为吻合测量电导的可调参数,b 是为拟合隙内正常态背景的可调参数. 从图 3.12(a) 和(c)中正常态的线形可以发现这样的假设在<60 mV 的区域内是很好的. 以上的五个图及相关的说明是根本上的结果. 以下几个图仅是细节上的补充,可以略过直接跳到后面的小结.

一般而言,在小于 60 mV 的情况下所有的能隙按照上述程序都拟合得很好,参见图 3.17.给定了峰的位置,能隙将不随温度有很大的变化.重要之处是这样的拟合显示出低温谱可以用简单的 d 波隙描述,而没有依赖 $\boldsymbol{k}$ 的矩阵元.有时,例如在大的交叠面积的隧穿结中,为了好的拟合需要依赖 $\boldsymbol{k}$ 的矩阵元.

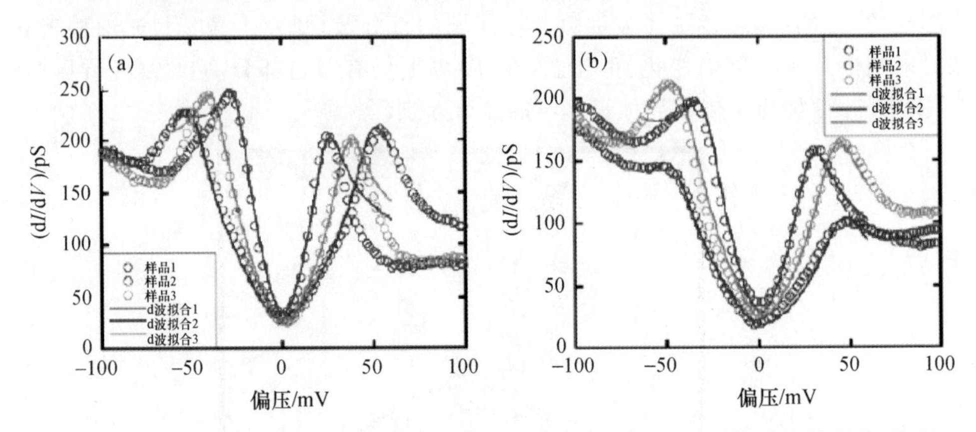

图 3.17 低温隙的 d 波拟合:(a)是过掺杂样品 OV65 在 40 K 下用 d 波的拟合.在每一点用同一个 d 波隙拟合,包括同一背景.图中示出三个不同尺寸的隙及其拟合.在隙内区,吻合得很好,在隙外有偏离;(b) 同样的拟合在 40 K 时最佳掺杂样品 OP93 上实行.取自文献[3.67]图 S1

图 3.18 展示了升温跨过 T_c 时最佳掺杂样品的能隙演进.当温度上升超过 T_c 时,谱在 T_c 附近任何一点平滑地演进,没有不连续的改变.在研究的过掺杂样品 OV65 中,如图 3.13 所示,约有 20%的样品在 T_c 丢失它的能隙而不同于最佳掺杂样品和其他过掺杂样品.例如,过掺杂 T_c=83 K 的样品,仅在 95 K 时才有明显的

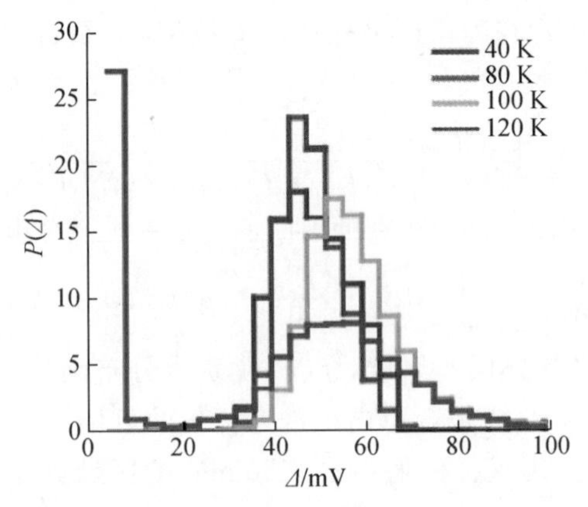

图 3.18 处于 40 K,80 K 两个超导态和 100 K 和 120 K 两个非超导态的最佳掺杂样品的能隙演进,能隙连续地通过 T_c(=93 K),隙保持至 100 K,且在 110~120 K 之间消失.取自文献[3.67]图 S2

概率出现能隙. 对于最佳掺杂样品，如 OP93，当通过 T_c 时，全部样品区域保持有隙. 如图 3.18 所示，在 100 K 时隙的分布与在 80 K 时所见的分布是可以比较的，两个方框图的差别意味着随温度增加谱峰的位置可以漂移. 这样的漂移可能由于热展宽的两个效应：一是当温度升高时，费米分布加宽，电导峰移向高电压；二是当温度升过 T_c 时准粒子寿命展宽(参见文献[3.77]). 这两个效应可以用方程(3.1)模拟. 发现典型的最佳掺杂的、在 $T=0$ 时为 40 mV 的能隙，随温度上升而增加. 随着温度从 80 K 上升到 100 K，费米分布漂移～3 mV. 它连同适度的寿命展宽(5～10 meV)可以解释实际的漂移.

对于不同掺杂水平的隙分布，平均能隙随掺杂按比例减少，参见表 3.2. 图 3.19 示出了五个样品的隙分布方框图. 表 3.2 及图 3.19 均取自文献[3.67].

表 3.2　样品和隙的分布统计

样品	T_c/K	掺杂	Δ_{avg}/mV	$2\Delta/k_B T_p$
OV65	65	0.22	26	7.8±0.3
OV83	88	0.19	38	7.8±0.2
OP93	93	0.16	52	8.1±0.2
UD83	83	0.14	61	7.9±0.6
UD73	73	0.12	66	

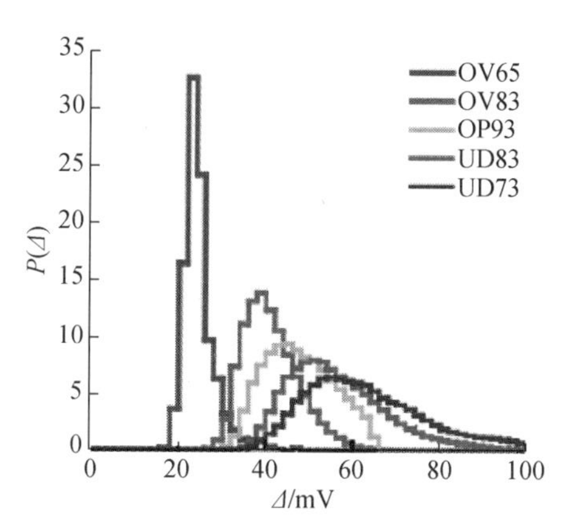

图 3.19　五个样品的能隙分布方框图. 从左至右对应于从过掺杂至欠掺杂. 取自文献[3.67]所研究的五个掺杂水平样品超导态中隙图的分布. 这些分布分别记录于不同温度：OV65 在 40 K；OV83 在 40 K；OP93 在 40 K；UD83 在 50 K；UD73 在 20 K. 取自文献[3.67]图 S3

为了反映能隙的空间变化，图 3.20 给出了沿一条直线(130Å 长)的能隙变化. 图 3.20(a) 显示 OV65 样品在远低于 T_c 的温度(40 K)下，能隙的变化. 相比于 T_c

以上的能隙(图 3.20(b)),超导态能隙相对较均匀.正常态(70 K)在低偏压时能隙明显的不均匀,甚至测不到能隙.

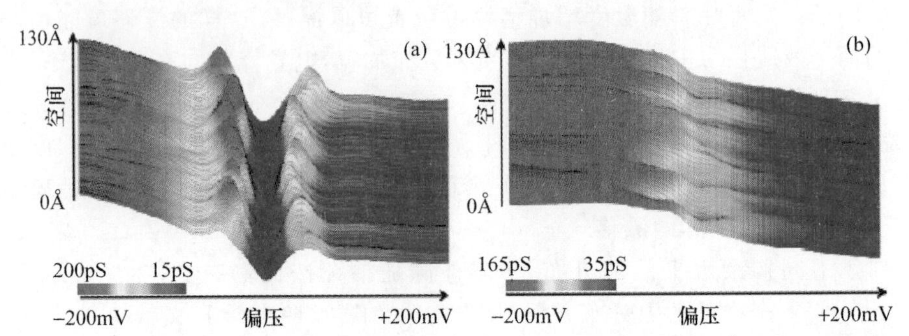

图 3.20 OV65 样品典型的谱.分别于 40 K 和 70 K 时,沿一条 130Å 长的直线取数据.(a) 超导态(40 K)较均匀;(b) 正常态(70 K)不均匀,甚至测不到能隙.取自文献[3.67]图 S4

重欠掺杂样品(如 UD73 样品)在低温时显示出多重隙峰,参见图 3.21.

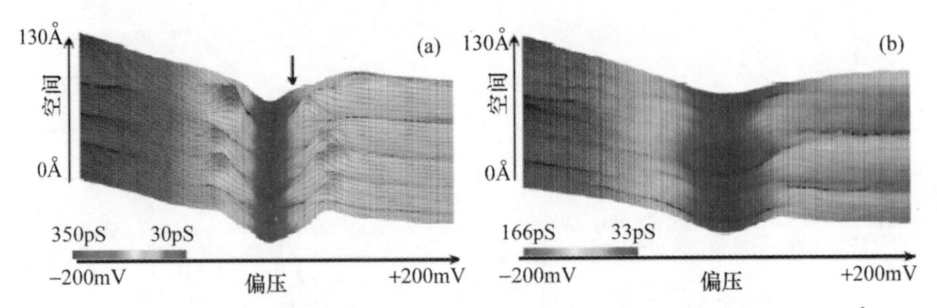

图 3.21 10 UD73 典型谱.在低温(20 K)时观察到谱的多峰结构.沿一条 130 Å 的直线取数据,在 30%的样品中观测到了这些峰,如(a)所示 .当升温至高超过 T_c 时,例如在 80 K ($>T_c=73$ K),较小的隙消失,在谱中仅见一个较大的隙,如(b)所示.取自文献[3.67]图 S6

最佳掺杂样品($T_c=93$ K,OP93)在 40 K 显示了很好演进的相干峰.如图 3.22(a)所示.沿着 130Å 线在 100 K 时,整个样品仍然保持有隙,其空间不均匀隙示于图 3.22(b)中.当温度升至 135 K,样品有明显的部分失去它的隙,参见图 3.22(c).

小结 从以上的介绍中可以看到:随着温度从 T_c 以下升至 T_c 以上,超导区逐渐缩小,直至原子尺度,但超导区仍然幸存.连同超导态内的不均匀性,可以指出配对态应是局域的.其相干长度 ξ 是 nm 量级的.其值通常由下式计算而得:

$$H_{c2}=\varphi_0/2\pi\xi,$$

其中 H_{c2} 是上临界磁场,φ_0 是磁通量子.由于 HTSC 的上临界磁场很高,故相干长度很小,这已是公认的事实.在小费米面的测量中采用高磁场抑制超导电性,这里的原子尺度配对区与公认的事实是完全符合的.相干长度与配对态的波函数范围应是同数量级的.

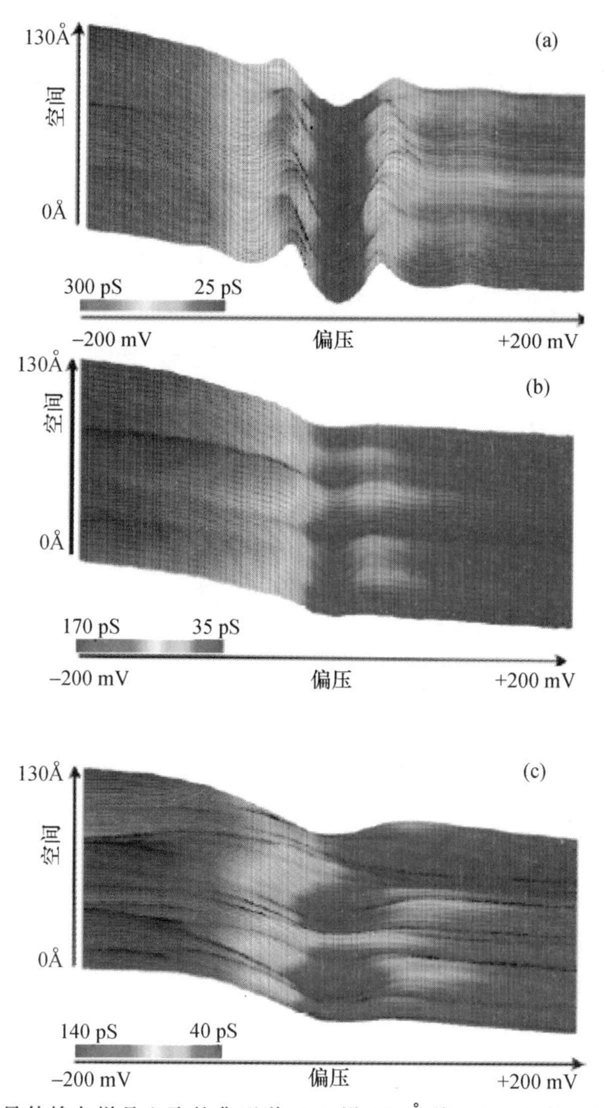

图 3.22 在最佳掺杂样品上取的典型谱.(a) 沿 130Å 线 40 K 温度时超导态中取的谱;(b) 100 K(T_c=93 K)时沿着 130 Å 线超导态取的谱,隙到处存在;(c) 135 K(T_c=93 K)时沿着 130 Å 线取的谱,该谱显示样品无隙区域.取自文献[3.67]图 S5

实空间的局域配对应是 HTSC 的基本属性之一,与常规超导中的库珀(Cooper)配对($\boldsymbol{k}$ 空间配对,ξ 较长)有本质上的不同.连同在 T_c 以上仍有配对,这些与 BCS 机制本质上不同.说到配对,这里做些补充.在 HTSC 刚刚发现没有几个月,测量证实新的超导体行为在宏观测量中像是传统超导体,指示有效电荷 $e^*=2e$(参见文献[3.78]).为了确定局域配对,使用了判据

$$\frac{dI}{dV}(V=0) \geqslant \frac{dI}{dV}(V>0).$$

当 $T>T_p$ 时测量的谱显示了 DOS 中的基本不对称的背景，它们随温度的变化很小，指示配对隙或是不存在或是在这个位置不再相关. 按照这个程序，可以发现图 3.12 中的数据可以用一个关系式表述：

$$2\Delta/k_B T_p \sim 7.7,$$

T_p 是这个隙关闭的温度. 在原子位置上的这个测量不是统计意义的. 建立起的这个程序已扩展至组相似的测量. 使用大面积($\sim 300\times 300$ Å^2)上微观成像测量技术，随着温度的变化配对隙相应的演进可以作统计的考察. 将局域能隙的大小用颜色标出. 这样实验可以使能隙在原子尺度上的变化直接可见. 在 $T<T_c$ 时，参见图 3.13(a)，OV65 样品显示出能隙 Δ 的分布. 随温度的增加，能隙图和相关的方框图显示了快速增加的无隙区，参见图 3.13(a)～(e). 虽然温度在 T_c 附近时能隙局部地消失，这些测量清晰地证实能隙局域地维持在纳米尺度上. 这个原子尺度的区域与电子对的相干长度数量一致的. 它表明超导态是局域配对的相干凝聚.

原子尺度配对成核的详细信息可以由图 3.13(a)～(d)取得. 从图 3.13(a)～(d)中可以得到在给定温度能隙图中有隙区的百分数，构造出方框图，即在给定隙 Δ 大小的情况下给出几率的分布图(参见图 3.13(e)). 没有配对的区域的百分比示于图 3.13(f)中.

图 3.14(a)～(d)中给出的是对最佳掺杂样品 OP93($T_c=93$ K)的测量. 与过掺杂样品相似，当 $T<T_c$ 时，显示出能隙. 也有空间不均匀性的，但是随着温度增加到比 T_c 高出 10 K 时，仍然保持全空间整体有隙的状态，即仍然是配对的. 在 T_c 处的相位相干在此处有缺失，仅仅影响 $V=\pm\Delta$ 处峰的锐度，同时在超导态中的能隙平滑地演进为 T_c 以上测量的能隙. 图 3.14(b)是在 100 K 温度下进行的测量. 高分辨的能隙图在不同温度下的测量(参见图 3.14(b)～(d))显示了能隙的分布在 T_c 附近是基本相同的. 进一步增加温度得到的是能隙不均匀的消失，与 OV65 过掺杂样品的消失相似.

然而，局域配对的猜想对于欠掺杂区似乎失效，出现了更复杂的情形——两个能量尺度. 图 3.15(a)示出了在 T_c 以上温度下测量的有代表性的谱. 针对在高温下配对态的消失，将过掺杂、最佳掺杂和欠掺杂样品的谱作比较. 过掺杂和最佳掺杂有相似的电子-空穴的背景的不对称谱，与它们不同的是欠掺杂样品 UD73 显示出不同的 V 形谱，有很不易确定的能隙，对增加温度也不甚敏感. 图 3.15(b)示出的是 20 K 时的测量，出现典型的低偏压 V 形、“kinks”和高能量的不易确定的隙. 它们的能量值的分布示于内插图中. 大的能量尺度能隙不能简单地与配对相联系. 两个能量尺度的证据已在 ARPES 和 Raman 谱中研究过. 显然，如此的 V 形谱与欠掺杂区强烈的赝隙行为定性地不同于过掺杂和最佳掺杂中的赝隙行为. 如此的不同在 ARPES 中可见. 值得指出:在欠掺杂样品中仅约有 30%样品可见"kinks",而在过掺杂和最佳掺杂中基本未见. 这方面的工作,即关于两个能隙及它们与配对的关系,仍是目前研究的课题,参见本书有关章节.

参考文献

[3.1] Z. X. Shen, et al., Phys. R**253**, 1 (1995); Science **267**, 343 (1995).

[3.2] R. S. Han, et al., Phys. Rev. B**39**, 9200 (1989).

[3.3] N. Nucker, *Physics of High Temperature Superconductors. Springer Series in Solid State Science*, vol. 106 (Berlin, Heidelberg, Springer, 1992).

[3.4] J. W. Allen, et al., Adv. Phys. **35**, 275 (1986).

[3.5] L. C. Davis, J. Appl. Phys. **59**, R25 (1986).

[3.6] Z. X. Shen, et al., Phys. Rev. B**36**, 8414 (1987).

[3.7] J. A. Yarmoff, et al., Phys. Rev. B**36**, 3967 (1987).

[3.8] P. Thiry, et al., Europhys. Lett. **5**, 55 (1988).

[3.9] A. J. Arco, et al., Phys. Rev. B**40**, 2268 (1989).

[3.10] R. Zanoni, et al., Phys. Rev. B**38**, 11832 (1988).

[3.11] R. S. List, et al., Phys. C**159**, 439 (1989).

[3.12] H. Namatame, et al., Phys. Rev. B**14**, 7205 (1990).

[3.13] H. Eskes, et al., Phys. Rev. B**41**, 288 (1990).

[3.14] A. K. McMahan, et al., Phys. Rev. B**38**, 6650 (1989).

[3.15] M. S. Hybertsen, et al., Phys. Rev. B**39**, 9028 (1989).

[3.16] A. Fujimori, et al., Phys. Rev. B**35**, 8814 (1987).

[3.17] N. Nucker, et al., Z. Phys. B**67**, 9 (1987).

[3.18] D. van der Marel, et al., Phys. Rev. B**37**, 5136 (1988).

[3.19] F. Parmigiani, et al., PHys. Rev. B**43**, 3085 (1991).

[3.20] J. Zaanen, et al., Phys. Rev. B**33**, 8060 (1986).

[3.21] J. C. Fuggle, et al., Phys. Rev. B**37**, 123 (1988).

[3.22] E. Antonides, et al., Phys. Rev. B**15**, 4595 (1977).

[3.23] J. Ghijsen, et al., Phys. Rev. B**38**, 11322 (1988).

[3.24] J. Redinger, et al., Phys. Lett. A**124**, 469 (1987).

[3.25] J. Redinger, et al., Phys. Lett. A**124**, 463 (1987).

[3.26] G. A. Sawatzky, et al., Phys. Rev. Lett. **53**, 2339 (1984).

[3.27] B. W. Veal, et al., Phys. C**158**, 276 (1989).

[3.28] O. Gunnarsson, et al., Phys. Rev. B**41**, 4811 (1990).

[3.29] O. Gunnarsson, et al., Phys. Rev. B**42**, 8707 (1990).
[3.30] J. Yu, et al., Phys. Rev. Lett. **58**, 1035 (1987).
[3.31] H. Ohta, et al., Phys, Rev. B**39**, 7354 (1989).
[3.32] A. J. Viescas, et al., Phys. Rev. B**37**, 3738 (1988).
[3.33] B. Reihel, et al., Phys. Rev. B**35**, 8804 (1987).
[3.34] Y. Gao, et al., Phys. Rev. B**36**, 3971 (1987).
[3.35] A. E. Bocquet, et al., Phys. C**169**, 1 (1990).
[3.36] T. J. Wagner, et al., Phys. Rev. B**39**, 2981 (1989).
[3.37] S. Uchida, et al., Phys. Rev. B**43**, 7942 (1991).
[3.38] S. L. Cooper, et al., Phys. Rev. B**47**, 8233 (1993).
[3.39] P. A. P. Lidberg, et al., Appl. Phys. Lett. **53**, 2563 (1988).
[3.40] B. O. Wells, et al., Phys. Rev. Lett. **65**, 3056 (1990).
[3.41] E. Pellegrin, et al., Phys. Rev. B**47**, 3354 (1993).
[3.42] P. Kuiper, et al., Phys. Rev. B**38**, 6483 (1988).
[3.43] H. Romberg, et al., Phys. Rev. B**42**, 8768 (1990).
[3.44] F. J. Himpsel, et al., Phys. Rev. B**38**, 11946 (1988).
[3.45] C. F. J. Flipse, et al., Phys. Rev. B**42**, 1997 (1990).
[3.46] C. T. Chen, et al., Phys. Rev. Lett. **66**, 104 (1991).
[3.47] N. Nucker, et al., Phys. Rev. B**37**, 5158 (1988).
[3.48] H. Eskes, et al., Phys. Rev. Lett. **67**, 1035 (1991).
[3.49] E. Dagotto, et al., Phys. Rev. Lett. **67**, 1918 (1991).
[3.50] P. Horsch, et al., *Proc. NATO Advanced Research Workshop on Dynamics of Magnetic Fluctuations in HTSC* (Plenum Press, New York, 1991).
[3.51] J. M. Luttinger, Phys. Rev. **119**, 1153 (1960); Phys. Rev. **118**, 1417 (1960).
[3.52] D. S. Dessau, et al., Phys. Rev. Lett. **71**, 2781 (1993).
[3.53] J. C. Compuzano, et al., Phys. Rev. Lett. **64**, 2304 (1990).
[3.54] R. Liu, et al., Phys. Rev. B**45**, 5614 (1992).
[3.55] R. Liu, et al., Phys. Rev. B**46**, 11056 (1992).
[3.56] J. G. Tobin, et al., Phys. Rev. B**45**, 5563 (1992).
[3.57] D. M. King, et al., Phys. Rev. Lett. **70**, 3159 (1993).
[3.58] R. O. Anderson, et al., Phys. Rev. Lett. **70**, 3163 (1993).
[3.59] H. Krakauer, et al., Phys. Rev. Lett. **60**, 1665 (1988).
[3.60] R. Manzke, et al., Physical C**162—164**, 1381 (1989).
[3.61] C. G. Olson, et al., Physical C**162—164**, 1697 (1989).

[3.62] T. Takahashi, *Phys. of HTSC*, vol. 106 (Springer, Berlin, Heidelberg, 1992).

[3.63] P. Bloom, Phys. Rev. B**12**, 125 (1975); D. Coffey, et al., Phys. Rev. Lett. **71**, 1043 (1993).

[3.64] J. C. Compuzano, et al., J. Phys. Chem. Solids, **52**, 1411 (1991).

[3.65] C. G. Olson, et al., Phys. Rev. B**42**, 381 (1990).

[3.66] L. Z. Liu, et al., J. Phys. Chem. Solids **52**, 1473 (1991).

[3.67] K. K. Gomes, Nature **447**, 569 (2007).

[3.68] A. N. Pasupathy, Science **320**, 196 (2008).

[3.69] C. V. Perker, Phys. Rev. Lett. **104**, 117001 (2010).

[3.70] N. Jouko, Phys. Rev. B**85**, 214504 (2012).

[3.71] J. H. Wen, Phys. Rev. B**85**, 134512 (2012).

[3.72] T. M. Mendonca, Phys. Rev. B**84**, 094524 (2011).

[3.73] I. Iguchi, Nature **412**, 420 (2001).

[3.74] A. Sugimoto, Phys. Lett. A **77**, 3069 (2000).

[3.75] Z. A. Xu, Nature **406**, 486 (2000).

[3.76] J. Corson, Nature **398**, 221 (1999).

[3.77] M. R. Norman, Phys. Rev. B**57**, R11093 (1998).

[3.78] C. E. Gough, Nature **326**, 85 (1987).

[3.79] H. Li, 物理学报 **59**, 10 (2010).

第四章　自旋关联、磁性及与超导共存

4.1　磁有序与自旋动力学概述

这里将首先介绍母化合物的磁结构，包括：3D 反铁磁长程序、磁化信号以及倾斜(canting)结构．在此基础上将特别重点介绍铜氧化物高温超导材料，它是迄今唯一的准 2D，$s=1/2$ 自旋关联的体系，也是唯一的完全显现 Kramers 超交换的体系．这里将介绍 2D 且自旋 $s=1/2$ 反铁磁典型信号以及其作为带动学科的例证和基础性意义．

关于磁有序及自旋涨落的重要信息主要来自中子散射．早期的粉末样品虽然也提供了共识性的结果，但是直到 20 世纪 90 年代高质量大单晶的制备才真正提供了大量更可靠的信息．

在高温超导材料中，表现强关联特性的磁有序及自旋涨落是高温超导体区别于常规超导体的最重要的特点之一．中子散射、核磁共振(NMR)、μ 介子自旋共振(μ spin resonance，μSR)等测量研究受到了特别的重视，它们有的是宏观平均探测，有的是微观局域探测，包括静态的和动态的(振荡及弛豫)，它们从不同的视角，相互补充，提供了磁有序、自旋涨落及自旋弛豫等的反常行为(参见文献[4.1]～[4.4])，向传统理论提出了严重的挑战，成为研究注目的一个焦点．自旋关联及其涨落在输运性质中的反映，如自旋隙的变化趋势及对其本源的研究，也受到了特别的重视．

大量实验研究表明高温超导体中的电子(空穴)之间的强库仑关联及磁性超交换，可能是导致超导态反常特性及正常态反常特性的重要原因．低能物理现象是由 CuO_2 层的电荷及自旋动力学所主导的．CuO_2 层是高温超导材料家族共有的结构单元．复杂的“蓄电库”单元只是辅助单元，它提供或保证 CuO_2 层的适当载流子浓度．在 CuO_2 平面中电子(空穴)之间的短程库仑强排斥作用，主导着 Cu 自旋的有序现象，并对掺杂控制着的多余电子(空穴)非常敏感，使得这些体系，随着掺杂的增加，从绝缘反铁磁体过渡到反常金属(有时称关联金属)，后者在低温处于超导态，再随着掺杂的增加过渡到过掺杂区的正常金属，此时已不见低温超导态．上述情况概括地表示在图 4.1 所示的相图中．

近年来，特别是进入 20 世纪 90 年代以来，研究的主要进展是实验数据逐步趋向一致，主要是基于样品质量的提高，能制备出大块单晶及好的薄膜，使人们能识别出许多关键的本征的物理性质．将各种实验手段和不同高温超导体材料家族成员的大量结果作比较、对照分析，有助于人们区分出哪些是某类材料特有的性质，

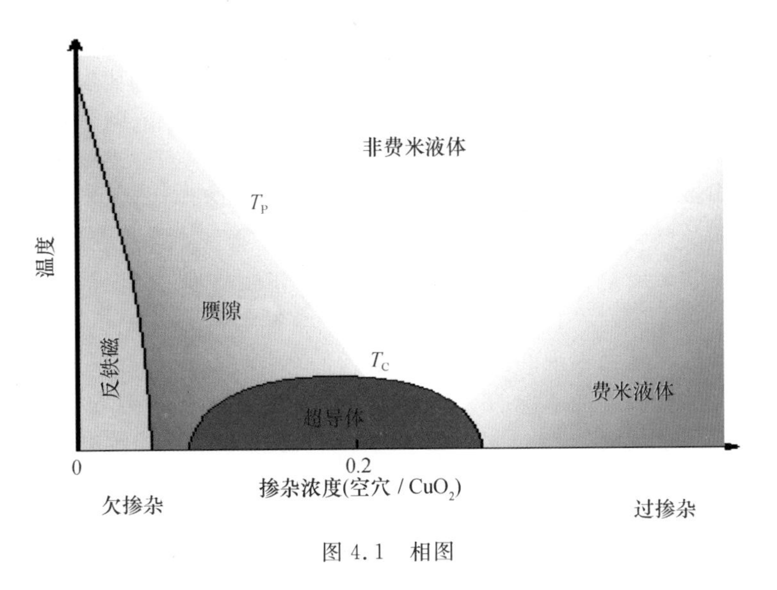

图 4.1　相图

哪些是对所有高温超导材料普适的性质. 例如超导转变温度达 90 K 的所谓无穷层材料的出现,再次清楚地支持这样的认识:"主要的物理性质是由二维 CuO_2 层确定的",这点适用于所有的高温超导铜氧化物. 当然也遗留着一些待解决的问题,例如,超导电性是单个 CuO_2 平面的性质还是本质上是 3D 现象? 这是个极重要的问题,仍有待于解决,但是人们将注意力集中于 CuO_2 平面,似乎抓住了关键.

强库仑相互作用着的电荷(电子或空穴)(以下以空穴型超导铜氧化物为主,采用空穴描述方式,这与采用电子描述方式是完全等价的)的 2D 物理学吸引了大量的理论物理学家;他们做出了卓有成效的理论工作,例如自高温超导体发现以来,第一性原理的计算已给出了微观的一组参数,说明需要正视并处理强电子关联. 磁化率、输运性质的反常的频率依赖,特别是高度各向异性——低维性,似乎都需要新的,至少是修正了的常规理论概念. 可以说近十年,在高温超导研究的带动下,是新概念、新理论及新方法大量涌现的丰产期,思想活跃的程度是历史上罕见的. 但是,应该指出目前尚未获得一个公认的理论框架,它可以统一描述高温超导体的超导态性质,更不用说也包含着的正常态性质了.

主要的难点,或者说困扰人们的主要问题是所有高温超导铜氧化物都有一个与之邻近(组分上)的钙钛矿结构的母化合物,它们是绝缘体,在 CuO_2 层的 Cu^{2+} ($3d^9$)局域磁矩有长程反铁磁序. 如上所述,相图表明改变掺杂空穴的浓度(通过离子置换或增加氧含量),这些母化合物过渡为所谓关联金属. 在这个浓度区域中,反铁磁自旋关联仍然保持着,是一种短程的反铁磁关联,关联的平均范围可用关联长度 ξ_s 来表征. 这种关联是 2D 的. 在下面将要介绍的中子散射实验中,可以看到典型的 2D 响应峰. 较锐的峰形,即峰宽较小,表示自旋波的激发有一定的寿命,在有限的空间范围中传播. 有人据此认为,高温超导铜氧化物是一种掺杂了的磁性(反铁磁)绝缘体.这里强调的是强关联特征.然而,这个图像还必须与另一个重要事实协调起来,这就是关联金属相中有费米面存在.费米面的存在通常被认为是单电子的特征.它的存在已被光电子发射谱、正电子湮灭及德哈斯-范阿尔芬实验无可争辩的证实了,并显露出与能带论计算所预言的费米面十分接近.费米面通常被认为是弱相互作用电子体系的或者说是常规费米液体的主要特征标识之一.因此如何把强关联及弱关联特征统一协调起来,成为困扰物理学家的核心问题.人们思考着、争论着:关联金属是否仍可用常规费米液体描述涉及对关联金属电子态的正确描述.

作为超导机制辅助表现的正常态性质,人们对其在认识上有很大分歧,这必然导致人们在超导机制方面认识的不一致.但是在一点上似乎多数人已取得共识,就是多数人认识到常规电子-声子耦合不再是正常态反常以及导致高温超导电性的仅有原因,甚至也不是主要原因.虽然,电子-声子的作用总是存在的,声子仍然感受到超导凝聚并改变其性质,但是,特别是由于观测到 T_c 以下准粒子寿命的迅速增加,说明正常态中电子-电子散射是主要的散射机制.因为,电子-声子散射若是主要的甚至是仅有的散射,则在 T_c 附近准粒子寿命应是变化不大的,故人们把注意力集中在电子-电子相互作用上.下面我们将重点介绍电子-电子相互作用在磁性中的表现,即在相图中随掺杂增加,相伴随着的磁有序及自旋动力学性质是怎样演变的.

关于磁有序及自旋元激发的研究牵涉的实验手段较多,理论背景也有一定的深度.概述高温超导体的这方面的性质,并勾勒出一个简单的物理图像并不容易.由于这个问题本身的重要性以及它典型地代表了高温超导研究作为一个带动学科的作用,下面我们会适当地作些介绍.另外,主要由于篇幅所限,在以下的介绍中,我们将以 La 系为主,兼及其他铜氧化物,当 Hg1201 样品及实验结构出现后,我们将其作为重要的补充会做较详细的介绍.文中实验手段将以中子散射及核磁共振为主,兼顾其他;主要介绍实验,会涉及一些理论概念.当然,我们将以物理结果为主,免去实验及理论推导的细节.在相图中,实际上早期人们研究最多的区域是 AF 区及最佳掺杂区附近.近十年来已扩展至欠掺杂区和过掺杂区.我们的介绍也会反映出相图中整体演进的这个事实.

4.1.1 几个重要问题(以 La 系为主作介绍)

$La_{2-x}Sr_xCuO_4$ 体系是研究比较多的体系.实验数据既多而且完整.先介绍 La_2CuO_4 中的 3D 长程反铁磁序以及 2D 短程反铁磁关联,然后介绍它们随掺杂的演化,直到过掺杂浓度($x\approx0.30$)区.主要说明从公度到非公度响应的转变,及超导样品中仍保持着短程反铁磁关联的证据,乃至该关联在过掺杂区与超导并行地消失.

在介绍实验之前,有必要先谈谈实验探索手段,这里涉及的有中子散射(neutron scattering,NS),包括弹性的和非弹性的.这些中子散射峰的位置、强度和宽度，它们随动量、能量、温度和掺杂量的演变，以及不同体系家族成员之间的异同等，为我们提供了相当全面丰富的信息，使我们可以获得交换相互作用 J、自旋波速 C、自旋刚度 ρ_s、自旋磁矩 μ、短程自旋关联长度 ξ_s 的数据，还可以告诉我们自旋隙、维度转变及标度律的信息. 其他探测手段给出重要的"补偿"信息. 比如，核磁共振、μ 介子自旋共振等局域探测手段，从动量求和(积分强度)的角度，χ 从静态的角度，拉曼和红外从动量转移近为零的直接跃迁等方面给出了互补的更完整的信息.

图 4.2 示出反铁磁绝缘体 La_2CuO_4 的晶体结构和磁结构. 氧上的箭头表示在正交相中的转动方向.

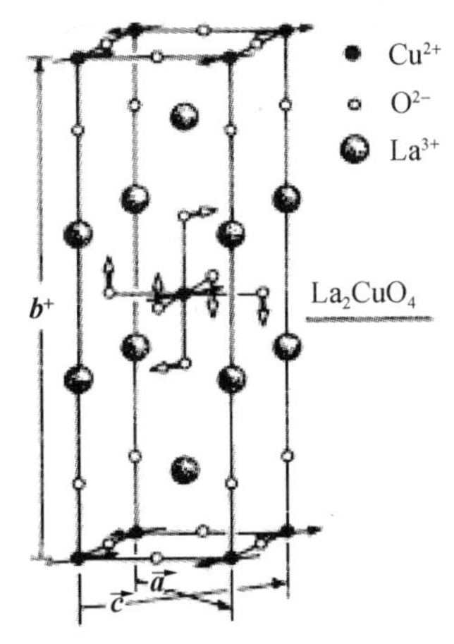

图 4.2　反铁磁绝缘体 La_2CuO_4 的晶体结构和磁结构. 取自文献[4.3]图 1. 易磁化方向不包含在自发磁化理论(如海森伯模型)中

相图(参见图 4.1)中 AF 区反铁磁奈耳温度 T_N 线的最大值，表明 La_2CuO_4 在 $T_N \approx 300\,K$ 附近出现 3D 长程反铁磁有序，D. Vaknin 等人[4.5]在高温超导铜氧化物刚刚发现不久，利用中子粉末衍射观测到了磁有序. 倒格子空间的 3D 特征峰(100)，(011)，(120)，(031)的出现及认真的模拟拟合，给出了如图 4.2，4.3 所示的磁结构图. 图中给出的点阵常数 $a=0.5339\,nm$，$b=1.3100\,nm$，$c=0.5422\,nm$，其中 a，c 表示 CuO_2 层内的晶格周期性. 近邻自旋反铁磁排列，构成 3D 的长程序，自旋指向与 c 平行或反平行. Cu 自旋矩的大小定量给出 $\mu=0.48\pm0.15\,\mu B$(在 11 K 时)，与自旋 1/2 的自由 Cu^{2+} 离子的自旋矩估值 $1.14\,\mu B$ 相距甚远. 观测到的值较低，很可能来自于量子零点振动，因为用 $s=1/2$ 的 2D 最近邻海森伯模型，计入量子零点振动，即可将数值 1.14 减少至 0.68. A. Svane 等人[4.7]计入自相互作用修正，给出 0.47 的结果. 他们的工作，连同他们对 3d 过渡族单氧化物 MnO，FeO，CoO，NiO 电子结构的研究，提出的一个描述电子局域化态的方案，推动了至今二十多年来关联金属和绝缘体电子结构的研究.

图 4.2 示出的磁结构，是在四方-正交(T－O)相变的基础上出现的，它伴随着

CuO 八面体的转动,这一相变已使单胞扩大一倍,与磁单胞完全重合. 理论上为突出磁结构,在 CuO_2 二维平面内,常用(三维)磁有序出现前的四方格子表示. 与磁有序出现相伴的磁单胞扩大,用倒格子空间出现附加峰来表示. 图 4.3 给出了实空间及倒格子空间的这种变化. 图 4.3 给出的是 3D 结构的 2D 投影图. 实圆表示原有的核散射峰,空圈表示正交结构的超晶格峰,三角形表示的是磁散射峰,其中实三角表示的是沿自旋 s 方向相关的峰,空三角表示的是垂直于自旋 s 所在平面的相关峰.

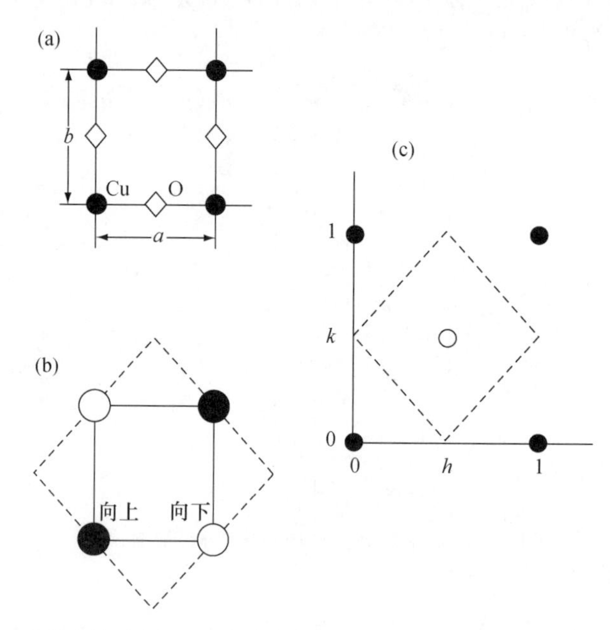

图 4.3 磁有序的倒易点阵. (a) 为实空间 CuO_2 平面,实圈代表 Cu,棱形代表 O; (b) 表明有反铁磁序时,附加的对称性表现为布里渊区(BZ)扩大了一倍,实圈表示自旋向上,空圈表示自旋向下; (c) 在 BZ 中实圈表示晶体对称峰,空圈表示磁峰. 磁峰的出现表示长程反铁磁序. 这个峰的劈裂——非公度劈裂将是介绍的重点(见后). 取自文献 [4.56]图 6.1

图 4.2 中示出的磁结构图只是粗略的,并不是真实的,仔细地说,磁结构还应包含有倾斜成角效应[4.8]. 这在磁场诱导的磁转变现象中得到了证实. 倾斜成角是指 $T<T_N$ 时,在图 4.2 所示的磁结构图的基础上,还存在一个垂直于 CuO_2 的铁磁矩分量,对于每个铜离子为$(2.1\pm0.2)\times10^{-3}$ μB,在同一个 CuO_2 层中的各个 Cu 的自旋有相同的倾斜成角矩,不同的 CuO_2 层的倾斜成角取向是无序的. 在图 4.2 所示的磁结构图中只需把每一 CuO_2 层的自旋取向,都附加上一个相同的垂直于 CuO_2 面的铁磁小分量即可. 当在外部施加强磁场时(例如沿 b 轴方向施加 5T 的磁场),倾斜成角取向变为有序的,即每一个 CuO_2 层的铁磁分量均沿 b 轴方向. 图 4.2中的体心原子(Cu 离子)的自旋从平行于 c 轴,变为反平行于 c 轴.

上述的复杂结构,已被 T. Thio 用修正了的海森伯(Heisenberg)模型,即加入各向异性作用项的海森伯模型[4.9,4.10]，给予了定量的说明，并给出了交换作用 J 的各分量值. 它们采用的哈密顿量形式是

$$\boldsymbol{H} = \sum_{\langle i,i+\delta\rangle} \boldsymbol{S}_i \cdot \boldsymbol{J}_{nn} \cdot \boldsymbol{S}_{i+\delta}, \tag{4.1}$$

其中

$$\begin{cases} \boldsymbol{J}_{nn} = \begin{bmatrix} J^{aa} & 0 & 0 \\ 0 & J^{bb} & J^{bc} \\ 0 & -J^{bc} & J^{cc} \end{bmatrix}, \\ |J^{cc}| > |J^{aa}| > |J^{bb}|, \\ J^{bc} \approx J^{nn}\varphi_0, \end{cases} \tag{4.2}$$

式中 φ_0 表示近邻位上晶场分裂能级间的交叠. 将上式展开后包含着的反对称交换项 $J^{bc}(\boldsymbol{S}_i^b\boldsymbol{S}_{i+\delta}^c - \boldsymbol{S}_i^c\boldsymbol{S}_{i+\delta}^b)$ 导致每层内自旋均匀倾斜，倾斜角 $\theta = J^{bc}/2J^{nn}$，这里 $J^{nn} = (1/3)(J^{aa}+J^{bb}+J^{cc})$. 哈密顿量中的 $\langle\rangle$ 表示只考虑最近邻的求和，i 和 $i+\delta$ 表示格点及其最近邻的格点. $J^{cc}-J^{aa}$ 反映 CuO_2 层内的不对称，它是个小量，它与 J^{bc} 的共同作用使得自旋不再平行于 c 轴，而是在垂直于 CuO_2 面方向，有偏离 c 轴方向的一个小分量. 相邻 CuO_2 层的铁磁矩是沿垂直 CuO_2 面方向反铁磁排列的. 在外场作用下可以出现反铁磁向弱铁磁的转变，成为沿此方向的宏观弱铁磁体. 当场能与层间交换能相等时，将出现转变.

根据较详细的平均场理论，他们也能计算很宽范围的磁性质，包括 NS，χ 等. 从这个计算及相关实验中获得的参数值是

$$\begin{cases} J^{nn} = 116\,\text{meV}, \quad J^{bc} = 0.55\,\text{meV}, \\ J^{cc} - J^{aa} = 0.004\,\text{meV}, \\ J_{\perp} = 0.002\,\text{meV}, \end{cases} \tag{4.3}$$

式中 $J_{\perp}$ 表示层间反铁磁耦合强度，由反铁磁向弱铁磁转变的磁场值得到. 这里我们得到了一个重要的关系式，即 CuO_2 层内交换作用的主值 $J=J^{nn}$、层间反铁磁耦合 $J_{\perp}$ 与 3D 反铁磁温度 T_N(300 K，28 meV)有如下关系：

$$J^{nn} \gg k_B T_N \gg J_{\perp}. \tag{4.4}$$

实验观测到的 3D 反铁磁长程有序，即在 $T \approx T_N$ 附近的情形，与通常的各向同性反铁磁体的情形不同. 各向同性反铁磁体中 T_N 就表示反铁磁耦合强度，当 $T > T_N$ 时，体系处在顺磁态；当 $T \leqslant T_N$ 时，出现 3D 反铁磁长程有序. 它们是各向同性的，面内耦合与面间耦合是相等的. 在 La_2CuO_4 中发生的情况就不同了，3D 反铁磁的出现是在 2D 反铁磁已具有相当规模的条件下，具体地说就是 CuO_2 层内短程相干长度已达 20～30 nm 的量级，层间的弱耦合(小于 5 个量级!)就实现了 3D 的长程反铁磁序. 早期对于自旋磁化率曲线 χ 的迷惑与误解，就是由于未了解这个 2D→3D 跨越的特性造成的，这个问题由后来的中子散射等实验及严谨的 2D 海森伯模型理论分析给予了圆满的解决. 这一工作使人们坚信：$T=0$ 时，$s=1/2$ 的 2D

量子海森伯反铁磁(quantum Heisenberg antiferromagnitism,QHAF)有自旋长程有序存在.虽然至今尚无严格的解析证明.

图4.4[4.6]示出了体(静)磁化率的温度变化情形,已扣除了芯的贡献等因素,可以认为反映了自旋磁化率的贡献.240 K的峰对应着该样品的 T_N, $T<T_N$ 时是3D反铁磁序.这曲线不具备各向同性——海森伯反铁磁的一般特征.如前所述,必须引入各向异性(Dzyaloshinskii-Moriya,D-M)项,才能给出较好的拟合.严格地说要从体磁化率 χ_{bulk} 获得自旋的贡献 χ_{spin},需要扣除许多贡献

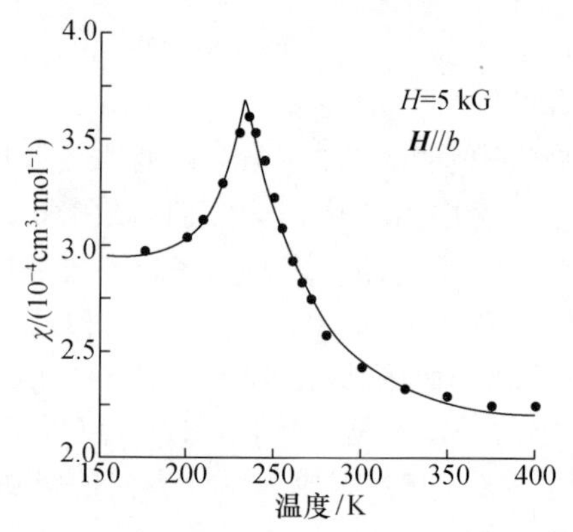

图4.4　典型的反铁磁随温度变化曲线.取自文献[4.8]图3.峰处对应于奈尔温度 T_N,高温部分不是顺磁态,对应于2D反铁磁关联态并计入了倾斜成角效应.实点是实验点(扣除了芯磁化率).实线是理论拟合.

$$\chi_{bulk}=\chi_{spin}+\chi_{core}+\chi_{VanVleck}+\chi_{Landaudiamag}+\chi_{impur}, \tag{4.5}$$

式中 χ_{impur} 是样品中磁性离子(杂质)的贡献,主要是稀土离子,服从居里-外斯定律,将此项扣除比较容易;χ_{core} 是来自闭壳离子的拉莫尔(Larmor)抗磁(如 La^{3+} 离子、O^{2-} 离子及 Cu^{2+} 离子的闭壳层|Ar|的贡献);至于 $\chi_{VanVleck}$ 项,除非有近基态的激发能级存在,通常是二级小项,小几个量级;χ_{spin} 及 $\chi_{Landaudiamag}$ 均源自非闭壳的阶电子及导电子.计算表明,Landau抗磁磁化率为泡利(Pauli)顺磁磁化率的1/6左右,是个小量.再考虑到过渡金属元素的轨道淬灭,非闭壳的外层部分的贡献主要来自于自旋,因而可以从体磁化率 χ_{bulk} 中提取出 χ_{spin} 这一主要贡献.因为需要扣除的贡献项较多,难免引入较大的误差,定量的特征往往不能作为主要的依据.但定性的特征仍然能给出重要的信息,如上述的3D反铁磁尖峰,以及掺杂成为金属后的非费米液体行为,$\chi(T)$ 不再如费米液体理论预言的那样保持为常数,而是随温度下降而下降,这是向费米液体理论的重要挑战之一.

关于磁有序及自旋涨落的重要信息主要来自中子散射.直到20世纪90年代制备出高质量大单晶后,中子散射才为我们提供了大量的可靠的信息.

人们知道,外层价电子及传导电子的各种双粒子关联函数是材料的最基本性

质，这些函数大都有简单的定义，但除了一个外均很难对其直接测量，或至多是在一定的限制条件下比如长波极限下是可测的. 上述这个例外就是磁关联函数，它可以通过中子散射而直接测量，而被选中来研究磁有序及自旋动力学的实验方法也恰是中子散射. 在众多的实验工具中中子散射是独特的，因为只有它能（至少是原则上）确定自旋结构因子的全频率、全动量空间、全温区的依赖关系.

中子是不带电荷的一种基本粒子，它满足常规的色散关系 $E=\hbar^2\boldsymbol{k}^2/2m_n$，$m_n$ 为中子质量，$m_n=1.84\times10^3 m_e$，m_e 为电子质量. 例如，能量为 5 meV 的中子，相应的波长为 0.405 nm，飞行速度为 976 m/s. 这样的中子能够看到晶格的周期及磁有序的周期，在适当的动量守恒及能量守恒条件下，可以与自旋体系相互作用，吸收或放出自旋元激发磁波子，从而可以测量到自旋系统的响应函数——双粒子自旋关联函数. 严谨的理论已经给出了中子散射强度 I 正比于散射横截面$\partial^2\sigma/\partial n_f\partial\omega_f$，散射横截面与自旋结构因子 $S^{\alpha\beta}(\boldsymbol{q},\omega)$ 有直接的关系，而自旋结构因子是由双粒子自旋关联函数定义的，是双粒子自旋关联函数的时空傅氏变换，即

$$I\propto\frac{\partial^2\sigma}{\partial n_f\partial\omega_f}\propto\frac{\boldsymbol{k}_f}{\boldsymbol{k}_i}\sum_{\alpha\beta}(\delta_{\alpha\beta}-\hat{q}_\alpha\hat{q}_\beta)S^{\alpha\beta}(\boldsymbol{q},\omega),\tag{4.6}$$

$$S^{\alpha\beta}(\boldsymbol{q},\omega)=\frac{1}{\pi}\int_{-\infty}^{\infty}\mathrm{d}t\mathrm{e}^{\mathrm{i}\omega t}\sum_{\boldsymbol{R}}\mathrm{e}^{\mathrm{i}\boldsymbol{q}\boldsymbol{R}}<S_0^\alpha(0)S_{\boldsymbol{R}}^\beta(t)>,\tag{4.7}$$

式中 $\boldsymbol{k}_i$，$\boldsymbol{k}_f$ 分别表示中子入射和出射动量；$\delta_{\alpha\beta}-\hat{q}_\alpha\hat{q}_\beta$ 是确定有序自旋取向的因子；α,β 是自旋分量；$\hat{q}=\boldsymbol{q}/|q|$，$\boldsymbol{q}$ 是动量转移；$\hbar\omega$ 是能量转移（即分别表示磁波子的动量和能量）；(4.6)式中未写出的部分（预因子），除常数外还有与自旋相关的原子形状因子及德拜-沃勒（Debye-Waller）因子. 根据涨落耗散理论，自旋结构因子可以表示为两部分之和

$$S^{\alpha\beta}(\boldsymbol{q},\omega)=\frac{1}{\pi}[n(\omega)+1]\chi''_{\alpha\beta}(\boldsymbol{q},\omega)S^{\alpha\beta}(\boldsymbol{q})\delta(\omega),\tag{4.8}$$

式中右边第一项是静态的（无穷长时间的）双自旋关联部分，来自于自旋平衡自旋位形的贡献，是与中子弹性散射相关的项；右边第二项是动态的贡献（可以是振荡的也可以是弛豫的贡献），是非弹性散射相关的项；$n(\omega)$ 是玻色-爱因斯坦（Bose-Einsten）函数；$\chi''_{\alpha\beta}(\boldsymbol{q},\omega)$（上标“″”表示虚部）中的 α,β 表示其分量，这个动力学响应 $\chi''(\boldsymbol{q},\omega)$ 源自激发，这些激发可以是有序磁体中的自旋流，也可以是费米液体中的电子空穴对等等，允许范围很广的各类激发. 这些激发可以被写为满足布洛赫-海森伯（Bloch-Heisenberg）运动方程的自旋自由度的平均，也可以被写为系统量子本征态的连接态密度（joint density of state，JDOS）. 当经典的论证适用时前者是有效的，当经典论证不适用时后者是有效的. 铁磁体中的自旋波和稀土离子的晶场激发分别是两种情形的典型例子.

对于一个量子系统，在 $T=0$ 时，本征态记为 $|j\rangle$，本征能量为 E_j，基态是 $|0\rangle$，

$$\chi_{\alpha\beta}(\boldsymbol{q},\omega)=\sum_{j}\frac{\langle 0\mid S_{q}^{\alpha}\mid j\rangle\langle j\mid S_{q}^{\beta}\mid o\rangle}{E_{j}-E_{0}-\hbar\omega+\mathrm{i}\varepsilon},\tag{4.9}$$

S_q 是对应 $\boldsymbol{q}$ 的自旋密度算符,因为矩阵元出现在方程中,中子散射可以给出激发态波函数以及它们的能谱的信息. 还有一些与 $\chi(\boldsymbol{q},\omega)$的积分形式相关的测量,有时也是很有用的. 比如

$$\begin{aligned}\widetilde{S}_{q}&=\int\mathrm{d}\omega[n(\omega)+1]\chi''(\boldsymbol{q},\omega)=\int\mathrm{d}\omega S(\boldsymbol{q},\omega)\\&=\sum_{ij}(\langle S_{i}(0)S_{j}(0)\rangle\exp[\mathrm{i}\boldsymbol{q}(\boldsymbol{r}_{i}-\boldsymbol{r}_{j})],\end{aligned}\tag{4.10}$$

这是等时关联函数,即在典型瞬间($t=0$)的磁化图形的傅氏变换,是与(4.8)式中右边第一项相关的量. 又如

$$\chi''(\omega)=\int\chi''(\boldsymbol{q},\omega)\mathrm{d}q^{3}=\sum_{i}[1+n(\omega)]\int\mathrm{d}t\langle S_{i}(t)S_{i}(0)\rangle\exp(\mathrm{i}\omega t),\tag{4.11}$$

是局域矩响应函数,就是说是系统典型位置处的响应函数. 公式可以直接比较中子散射结果以及 μSR,NMR 等的局域探察的数据. 例如,核自旋点阵弛豫实验,测量的是弛豫率

$$1/T_{1}\approx[1+n(\omega_{0})]\chi_{0}''(\omega_{0}),$$

共振频率 $\omega_0/2\pi=10^7$ Hz$=4.14\times10^{-5}$ meV,远小于非弹性中子散射中的能量转移量级 0.1～1 meV. 又如柯西(Cauchy)公式中

$$\chi(\boldsymbol{q},\omega)=\frac{1}{2\pi\mathrm{i}}\int\frac{\chi(\boldsymbol{q},\omega')}{(\omega-\omega')}\mathrm{d}\omega',\tag{4.12}$$

可以据此用中子散射数据来计算 $\chi(\boldsymbol{q},\omega)$的实部. 其中特别是零频响应

$$\chi'(\boldsymbol{q},0)=\frac{1}{2\pi}\int\frac{\mathrm{d}\omega}{\omega}\chi''(\boldsymbol{q},\omega)\tag{4.13}$$

是体磁化率在长波极限情形所测量的,对一个经典系统,k_BT 远远大于系统的任何一个典型能量,有

$$\chi'(\boldsymbol{q},0)=\hbar(k_{\mathrm{B}}T)^{-1}\widetilde{S}_{q}.\tag{4.14}$$

作了上述简单的理论准备之后,可以得出中子散射的强度或者横截面,也可以得出静态以及动力学磁化率 $\chi''(\boldsymbol{q},\omega)$的信息. 这个磁化率的虚部常包含在大多数理论以及许多导出量之中. 微观理论给出的 $\chi''(\boldsymbol{q},\omega)$表达式可以与中子散射的结果进行比较,以检验理论模型的正确性. 总之,$\chi''(\boldsymbol{q},\omega)$成为理论与实验之间的主要桥梁,因而,从中子散射实验上令人信服的获取信息是至关重要的. La_2CuO_4 大的高质量单晶的中子散射结果清楚地告诉我们许多十分重要的信息,例如,3D 静态反铁磁有序、2D 的短程自旋动力学关联、非弹性的动力学响应的公度、峰宽给出的关联长度随温度的变化以及自旋隙等等.

图 4.5[4.3]示出的是测量中采用的几何配置关系. 调节测量系统使得出射的中

子保持与 CuO_2 平面垂直，即 $\boldsymbol{k}_f // \boldsymbol{b}^*$. 转移给晶体的动量保持在 CuO_2 平面内，用 q_{2D}^* 表示. 实圆表示的是观察到的磁布拉格峰的位置（如(100)，(011)，(120)），空圈表示的是核散射峰的位置. 入射中子能量 $E_i = 13.7$ meV.

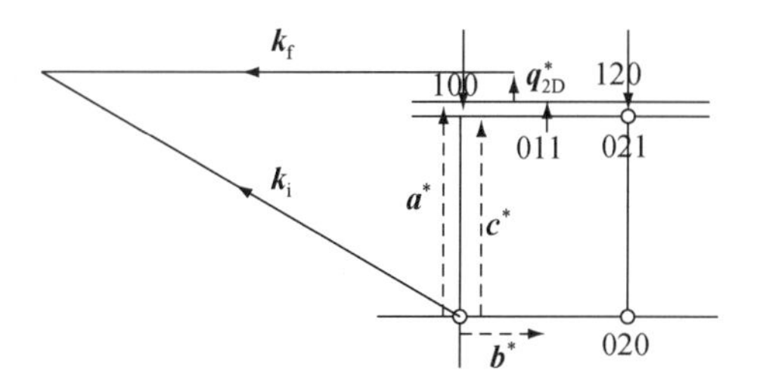

图 4.5　中子散射测量中采用的几何配置. 取自文献[4.3]图 10

图 4.6，图 4.7 和图 4.8 均取自文献[4.3]. 图 4.6(a)示出的是在 200 K ($T_N = 195$ K)下测量的 3D 磁峰(100)，沿垂直于 c 轴方向扫描的结果，为了研究反铁磁有序问题，测量设置在能量转移 $\omega = 0$ 处，图中两条曲线分别表示三轴谱仪和双轴谱仪的测量结果，纵轴表示的是测量 90s 中累积的接收中子计数，三轴谱仪的结果略低，因为多加了石墨分析器的附加通量损失. 图 4.6(b)示出的是在 200 K 下测量的 2D 磁散射峰. 平行于 $\boldsymbol{b}^*$ 的动量分量取为 0.59(此处对应于最强的峰，参见图 4.7(a)). 这个非典型的 3D 峰，恰是 2D 峰的代表，常称为二维棒(2D-rods). 在 200K 下既能观察到 3D 峰，又能观测到 2D 峰，表示出在相变点附近的涨落行为. 详细的温度变化示于图 4.8 中，对应着 3D-2D 峰的此长彼消.

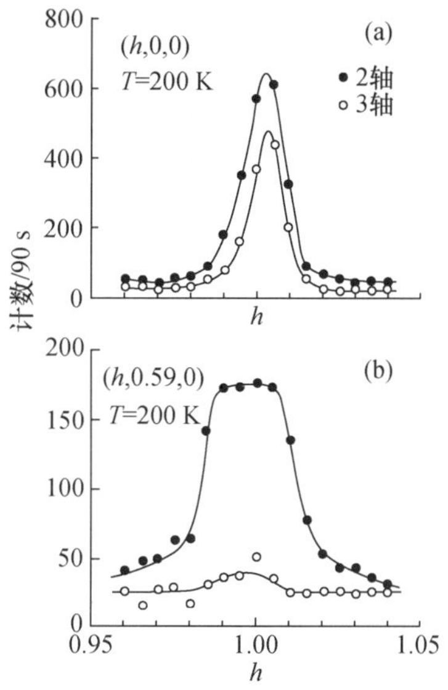

图 4.6　(a)和(b)分别表示经过三维(100)峰和二维棒的双轴及三轴扫描. 取自文献[4.3]图 11

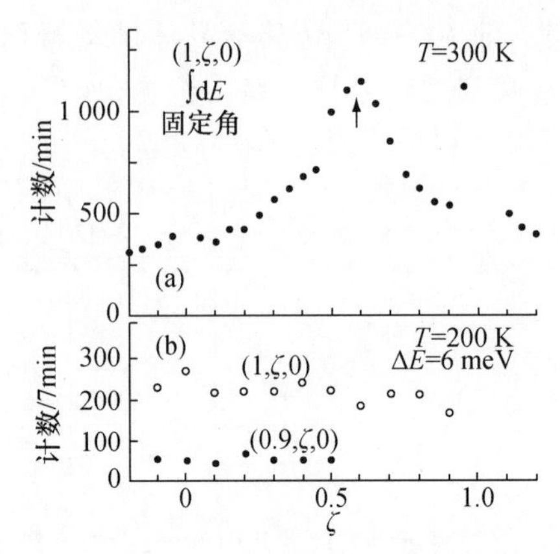

图 4.7 (a)表示沿$(1,\zeta,0)$棒扫描,$T=300$ K;(b)表示沿 $\boldsymbol{b}^*$ 扫描,能量转移为 6 meV. 取自文献[4.3]图 12

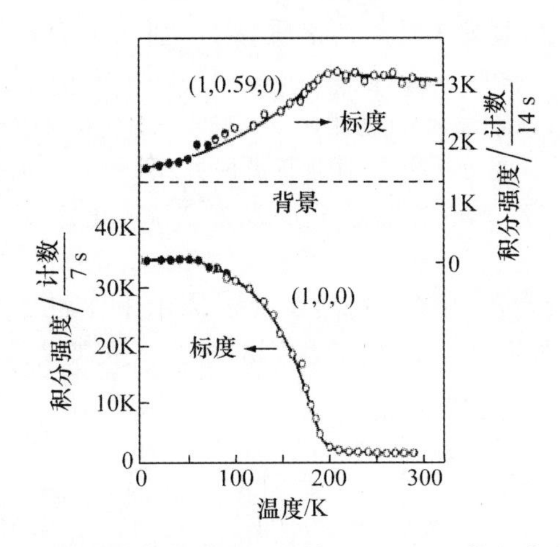

图 4.8 三维(100)反铁磁布拉格峰和二维棒(1,0.59,0)的积分强度随温度的变化. 取自文献[4.3]图 13

当温度很高于 T_N 时,3D 峰基本上不可见. 在 T_N 以下,2D 峰逐渐减弱. 图 4.7(b)是在固定的能量转移(6 meV)下,沿 $\boldsymbol{b}^*$ 方向扫描的结果(改变 ζ). 明显的散射出现在$(1,\zeta,0)$各位置,同时$(0.9,\zeta,0)$即偏离开二维棒时,散射强度只有背景的水平. 如理论预言的,在固定能量 $E=6$ meV,沿$(1,\zeta,0)$的散射,扣除几何因子后,应是与 ζ 无关的. 实验证实这些动力学自旋涨落具有纯 2D 特征. 用 $s=1/2$的最近邻 2D 方点阵 QHAF 的哈密顿量来描述这个绝缘磁体,它可以给出有序态中的非弹性自旋波激发谱,即自旋波的色散关系是

$$\hbar\omega_0(q_xq_y) = J\{4-[\cos(q_xa_0)+\cos(q_ya_0)]^2\}^{1/2}. \tag{4.11}$$

此方程的特性是对反铁磁波矢量的小的偏离，并且有

$$|\delta q| = [(\mathrm{d}q_x)^2 + (\mathrm{d}q_y)^2]^{1/2},$$

能量线性趋于零，线性斜率是自旋波速，即

$$C = \sqrt{2}Ja_0/\hbar. \tag{4.12}$$

将在一个磁布拉格点附近的上述自旋波的色散关系绘出应是一个锥形，锥形的张角由自旋波速 C 确定，参见图 4.9(a). 这种以布拉格峰为中心的自旋波响应，通常称为公度的响应. 由于张角太小，在分辨率较小时，无法用热中子散射来分辨. 在测量技术改进后，图 4.10 给出分辨了的色散关系.

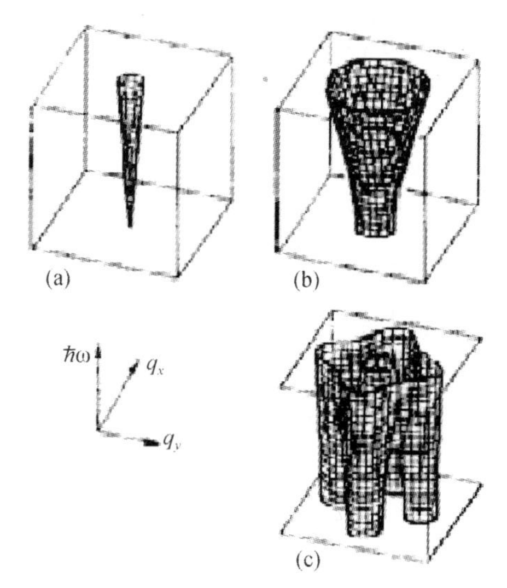

图 4.9　$La_{2-x}Sr_xCuO_4$ 磁化率虚部随组分 x 的演变：(a) 纯 La_2CuO_4 中自旋波的极点；(b) $La_{1.85}Sr_{0.05}CuO_4$ 中的过阻尼公度涨落；(c) 超导样品 $La_{1.86}Sr_{0.14}CuO_4$ 中的非公度涨落. 取自文献[4.11]图 6

与反铁磁峰相比，图 4.10(b)的 100 meV 的峰对应的动量值是 $\pm 1\ \mathrm{nm}^{-1}$，给出的自旋波速 $C=\omega/|\boldsymbol{q}|=0.1\ \mathrm{eV}\cdot\mathrm{nm}/\hbar$，这个自旋波速的值是“直读”图 4.10[4.12]而得到的，与更精细的分析散射横截面所得的值相去不远，这个精细分析的结果给出在 296 K(样品的 $T_N\approx 325$ K)时的自旋波速是

$$C = \begin{cases} (0.075 \pm 0.003)\mathrm{eV}\cdot\mathrm{nm}/\hbar & (296\ \mathrm{K}), \\ (0.085 \pm 0.003)\mathrm{eV}\cdot\mathrm{nm}/\hbar & (5\ \mathrm{K}). \end{cases} \tag{4.13}$$

在通常感兴趣的能量范围，自旋波是传播模，因为自旋关联长度 ξ_s 远大于自旋波长：

$$\xi_s > C/\omega. \tag{4.14}$$

前面已经指出，在 T_N 附近，ξ_s 可达几十纳米. 从上面看出，实验值与理论值吻合很好，在这里我们再就 $s=1/2$ 的二维 QHAF 理论问题作些补充.

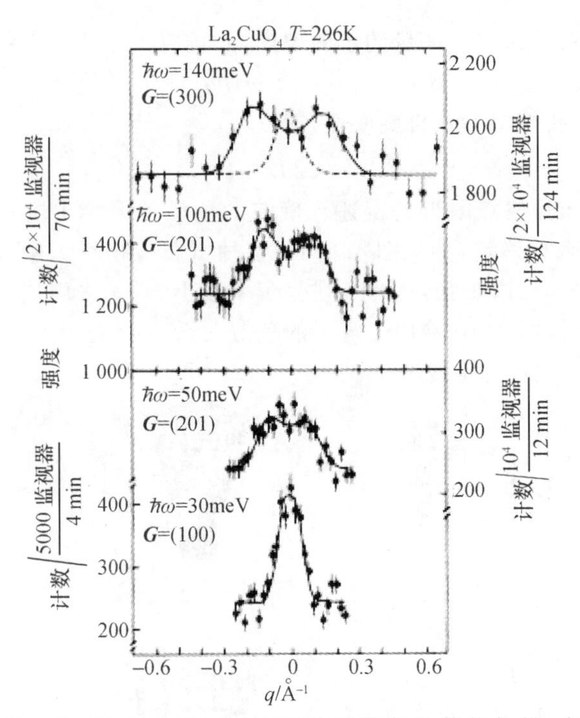

图 4.10 室温(296 K)纯 La_2CuO_4 中自旋波散射的等能扫描. 自上而下(a) $\hbar\omega=140$ meV,(300);(b) $\hbar\omega=100$ meV,(201);(c) $\hbar\omega=50$ meV,(201);(d) $\hbar\omega=30$ meV,(100). 取自文献[4.12]图 4

QHAF 问题自现代量子力学及统计力学问世以来就是一个研究的课题,几十年来人们取得了很大的进展,在这里不再详述. 其中 2D 问题,从 20 世纪 50 年代初期开始逐渐发展成自旋波理论[4.13,4.14],适用于大自旋的反铁磁基态. 自旋波理论基于两个基本假设:① 在 $T=0$ 时存在长程有序;② 在经典奈耳(Neel)态附近的量子涨落的幅值是小的,这些就是所谓的自旋波近似条件. 因为这个理论是采用 $1/(Z_s)$的幂展开形式,Z 是配位数,理论的适用性取决于系统的自旋及维度,60 年代 P. C. Hohenberg[4.15] 和 N. D. Mermin[4.16] 证明在 2D 及 2D 以下系统中热涨落阻止了 $T=0$ 时的长程有序的存在(严格说是在有连续对称变换的系统中). 然而,2D QHAF 基态($T=0$)的情形仍是不清楚的. 已有大量的理论工作研究了 $s=1/2$ 的 2D 体系,该体系可能诱发足够大的量子涨落,甚至在 $T=0$ 时也可能使系统无序化. 例如 70 年代,P. W. Anderson[4.17] 曾预言量子无序的存在,在当时,从实验上不可能分辨出自然界是否存在 $s=1/2$ 的 2D QHAF 系统. 经过许多研究工作,人们发现 K_2NiF_4(四方点阵,$s=1$)的情形可以看做最近邻 2D 四方点阵 QHAF 的最好的实例[4.18]. 接着人们对这个材料进行了认真的研究,包括中子散射的广泛测量和分析[4.19~4.21]. 理论上也证明了自旋 $s\geqslant1$ 的自旋最近邻 2D QHAF 系统存在有序的基态（证明对于四方点阵（square lattice，SL）及六角点阵情况成立）[4.22～4.24]. 然而一直没有关于 $s=1/2$ 的严格证明，但是似乎有某些实验的“外在”证据证明 $s=1/2$ 在 $T=0$ 时有长程有序，这就是自高温超导问世以来近些年研究中包含着的重要进展. 在实验和理论的相互帮助下，人们已经对静态及动态的低温性质有了较完善的理解. 详细地说，1986 年 La 系铜氧化物超导体发现后不久，中子散射实验很快就证实了 La_2CuO_4 是第一个被实验上认知的 $s=1/2$ 的 2D SLQHAF 的实例[4.5,4.6]. 在这些实验的激励下，Chakravarty，Halperin，Nelson（CHN）在 1988 年和 1989 年发表了他们的标度理论[4.25,4.26]. 这个理论对 2D SLQHAF 的（包含任何的 $s=1/2$）自旋系统预言了关联长度及静态结构因子峰强度的温度依赖关系. 接下来又有人扩充了这个理论，给出了动力学结构因子，并利用二维量子非线性 σ 模型（2D QN-Lσmodel）[4.27] 计算出低温关联长度的精确表达式，这个预言已被一组在 La_2CuO_4 样品上精心安排的较精确的实验所证实[4.28,4.29]（参见图 4.11，4.12）. 只是在高温区误差较大. 这个理论也在 K_2NiF_4 这个 $s=1$ 的系统上被发现，它可以很好地描述关联长度及峰强度（详略）. 特别值得指出的是，$Sr_2CuO_2Cl_2$ 是比 La_2CuO_4 更理想的一个 $s=1/2$ 2D SLQHAF 系统，因为它保持四方结构直至很低的温度，CuO_2 层之间的距离更大（1. 5591 nm）；还有 $Sr_2CuO_2Cl_2$ 很难被掺杂，多余载流子对 CuO_2 层磁性的影响被大大减少，从而提供的数据允许人们与上述理论进行最直接的比较，结果表明相干长度数据与理论值极好的吻合，

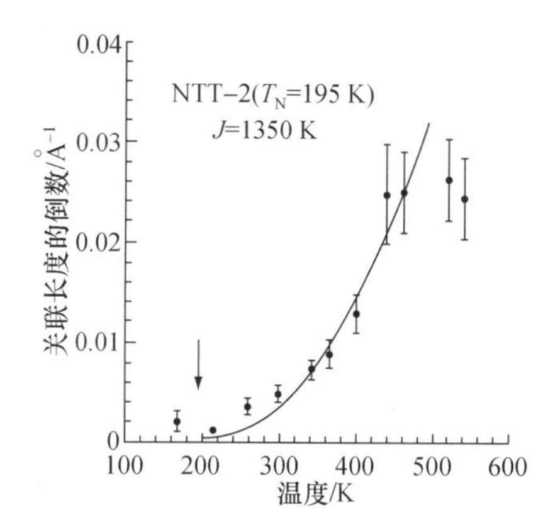

图 4.11　自旋关联长度倒数 ξ_s^{-1} 随温度的变化（La_2CuO_4）. 实验数据的分析：点为实验数据，实线为模型计算. 纵轴为关联长度的倒数. 本图数据取自 Endoh[4.5] 在 La_2CuO_4 单晶上的中子散射实验，$T_N=195$ K，曲线模拟取交换关联能为 $J=1350$ K. 模拟曲线方法请见文献[4.25]～[4.27]. 取自文献[4.54]图 23

值得一提的是，NMR 实验[4.30] 提示的 $T>600$ K 应有重整化经典区向量子临界行为 $\xi_s \approx 1/T$ 的跨越. 中子散射实验未见此跨越. 这说明理论需要进一步的改进

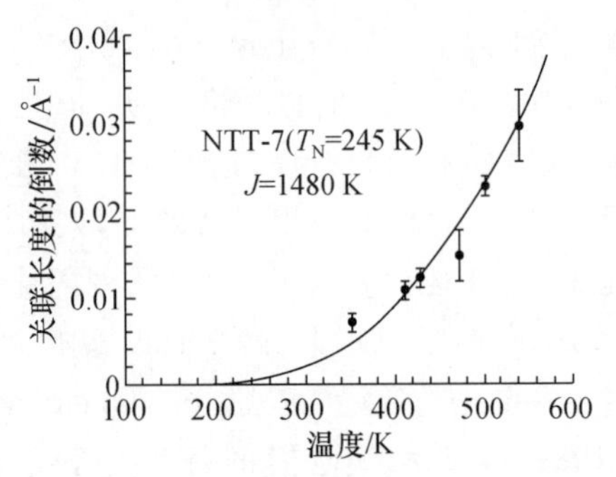

图 4.12 Yamada[4.28]的 La_2CuO_4 单晶结果，$T_N=245$ K,实线模拟取 $J=1480$ K.纵轴为反铁磁关联长度的倒数,关联长度趋于无穷.模拟曲线方法请见文献[4.25]～[4.27].取自文献[4.54]图 24

或完善.

总之,我们介绍了母化合物 3D 反铁磁体长程有序的磁结构.Cu 自旋方向基本位于 CuO_2 面内,与面内长轴 c 平行或反平行(还有一个铁磁小倾角,沿垂直 CuO_2 面方向);Cu 自旋矩数值是 $0.48\pm0.15\ \mu B$.用各向异性海森伯模型拟合出交换相互作用,从而给出了 $J_{\parallel}\gg k_B T_N\gg J_{\perp}$ 的重要关系,它反映出 La_2CuO_4 是从 2D 向 3D 有序地跨越,在 T_N 以上仍存在着强的短程自旋关联,关联长度仍有数十纳米的量级.本节在稍详细地介绍了中子散射方法后,介绍了 La_2CuO_4 的散射峰的 3D 及 2D 特征的温度变化,以及动力学的公度特征:自旋波拟合的自旋刚度和自旋波速的量级.凸显出了唯一的准 2D 且 $s=1/2$ 自旋关联的体系和唯一的完全显现克拉默斯超交换的体系.附带地介绍了在高温超导研究带动下 $s=1/2$ 的 2D QHAF 实验及理论研究的重大进展,突出显示了高温超导领域的研究作为凝聚态相关领域的带动学科的地位.

下面我们就转入掺杂 $La_{2-x}Sr_xCuO_4(x\neq0)$体系的研究.

4.2 超导区超导磁性共存

在前面图 4.3 NS 中子实验的简介中提到,随着掺杂进入超导区,布里渊区(Brillouin zone,BZ)中的磁性峰将出现非公度劈裂.这里我们重点介绍它.在相图中非公度峰随掺杂的演进、与超导共存以及与超导在过掺杂区并行消失的行为,是高温超导铜氧化物家族的特有行为.它反映了相分离和反铁磁关联区的存在——二维短程反铁磁有序区的存在是家族的特有现象.它是克拉默斯超交换氧上空穴的动力学作用的反应.以下将逐步介绍与它们相关的实验及概念,这个峰的劈裂——非公度劈裂将是介绍的重点.

铜氧化物超导体的中子散射研究工作大部分集中在 LSCO 和 YBCO 上.简单

的理由是它们已能制备出大单晶，它们的结果有典型的代表意义. 在相当一段时间内，表现出这两种材料的磁谱是不同的，且研究的重点也不同. LSCO 主要集中研究低能（<20 meV）非公度散射[4.31]，而 YBCO 注意力集中于公度散射——“41 meV”的共振峰[4.32]. 当温度低于 T_c 时，它出现在强度测量中，在 Bi2212 和 Tl2201 中也观测得到. 在 LSCO 中没有观测到磁激发的强的温度依赖，这个事实向人们提出：磁激发在铜氧化物高温超导电性中扮演着角色吗？其实人们对 Y 中的非公度磁激发已经清晰地研究了一段时间了，相似于 LSCO 中的低能非公度磁激发，被 Mook 在 Y6.6 样品中观察到[4.33]. 这个非公度色散本征地指向共振能量，由 Arai 在 Y6.7 中[4.34]和 Bourges 在 Y6.85 中[4.35]证实. 后来的测量建立起了普遍的图像，参见文献[4.36]，[4.37]和[4.38]. 图 4.13 示出这个测量的结果. 能量为公度激发能量 E_r. 图中也示出固定激发能量的磁散射随 q 的变化. $E<E_r$ 时在孪晶上的测量给出四度对称的强度图形，最大值在非公度波矢处——从公度 $\boldsymbol{q}_{AF}$ 处沿（100）和（010）方向移开. $E>E_r$ 时也被推断为是四度对称结构[4.36]，在 Y6.6 样品上与低能相比转动了 45°.

图 4.14 直接示出 LSCO 和欠掺杂 Y_{6+x} 测量的比较，能量已用超交换 J（参见表 4.1）标度. 在最低能量自旋激发出现非公度 2D Bragg 峰.

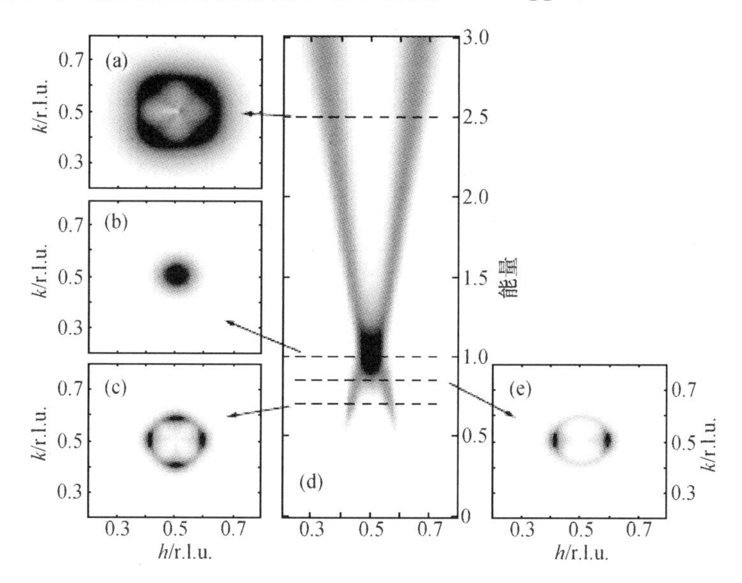

图 4.13　Y_{6+x} 超导态，$T \ll T_c$ 时中子色散测量的 $\chi''(\boldsymbol{q},\omega)$.（a），（b），（c）表示在孪晶上倒易空间公度峰 $\boldsymbol{q}_{AF}$ 附近的散射分布，其能量由（d）中虚线所示.（d）沿 $\boldsymbol{q}=(h,1/2,L)$ χ'' 随能量的变化（归一化至鞍点能量，与掺杂有关）.（a）～（d）取自文献[4.36]和[4.39].（e）退孪晶样品上的非各向同性散射分布，由 Y6.85 退孪晶单畴样品推断而得[4.40]

表 4.1 一些中子散射结果的汇集

铜氧化物	T_N/K	$m_{Cu}^{①}/\mu_B$	J/meV	晶体对称形式	层数/晶胞
La_2CuO_4	325(2)	0.60(5)	146(4)	O②	1
$Sr_2CuO_2Cl_2$	256(2)	0.34(4)	125(6)	T③	1
$Ca_2CuO_2Cl_2$	247(5)	0.25(10)		T	1
Nd_2CuO_4	276(1)	0.46(5)	155(3)	T	1
Pr_2CuO_4	284(1)	0.40(2)	130(13)	T	1
$YBa_2Cu_3O_{6.1}$	410(1)	0.55(3)	106(7)	T	2
$TiBa_2YCu_2O_7$	>350	0.52(8)		T	2
$Ca_{0.85}Sr_{0.15}CuO_2$	537(5)	0.51(5)		T	∞

① m_{Cu}是 $T \ll T_N$ 时每个 Cu 原子的平均有序矩;② "O"表示正交晶体对称;③ "T"表示四方晶体对称. J 为超交换能(已做了修正,详略).

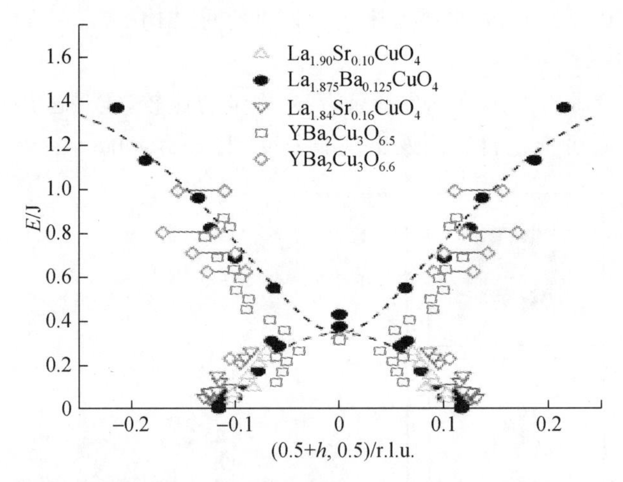

图 4.14 LSCO 与欠掺杂 Y_{6+x}样品沿 $\boldsymbol{q}_{2D}(0.5+h, 0.5)$测量结果的比较. 数据取自文献[4.41],[4.42],[4.36]和[4.39]

在图 4.14 中,中子散射在表征铜氧化物高温超导反铁磁相互作用和关联的特性及强度上扮演着重要角色. 图 4.14 中显示的相似结果令人吃惊. 它提示磁激发谱可能在铜氧化物高温超导体中是普适的. 图中未包括 Y_{6+x}的最佳掺杂结果. 对于最佳掺杂 Y_{6+x} 样品,测量的色散激发被限制在较窄的能量窗口,见图 4.15[4.36~4.38]. 定性上与低掺杂的结果有明显的相似性. 磁激发的各向异性要在退孪晶样品上测量,需要有充分大体积的退孪晶,才能成功地实行非弹性中子测量(详略).

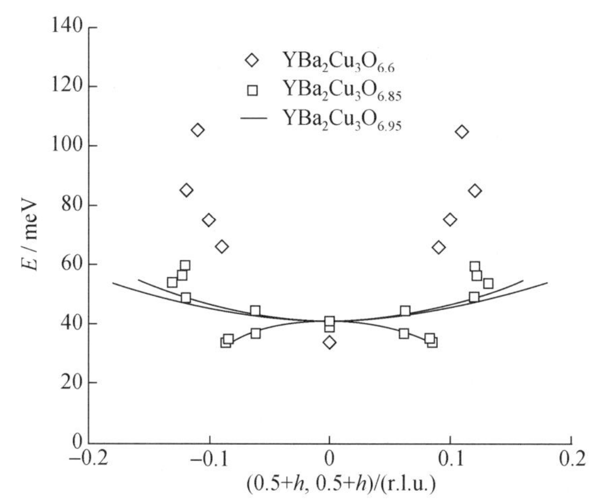

图 4.15　$x=0.6, 0.85$ 和 0.95 时 Y_{6+x} 样品，沿 $\boldsymbol{q}_{2D}=(0.5+h, 0.5+h)$ 超导态测量色散的比较，数据分别取自文献[4.36]～[4.38]

磁激发随温度的变化最剧烈的变化是自旋隙在低温超导态中的被打开，见图 4.16，该图是取自文献[4.41]在 LSCO 上的结果. 图中实心符号对应于 $T<T_c$，空心符号对应于 $T>T_c$ 情况下的测量. 可清晰地看出超导态下能隙的打开，随着温度的变化谱权重重新分布. 近最佳掺杂 Y 样品也有相似的情形，只是情况稍复杂些.

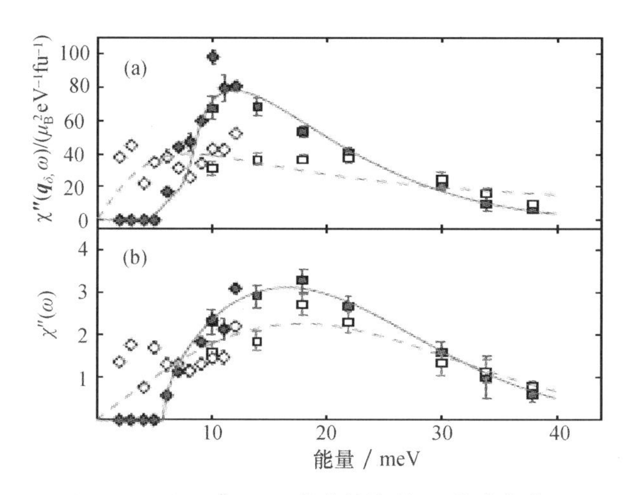

图 4.16　(a) LSCO，$x=0.16$，$\chi''(\boldsymbol{q}_\delta, \omega)$ 拟合的峰强. $\boldsymbol{q}_\delta$ 是峰的位置；(b) 是局域磁化率 $\chi''(\omega)$. 实心符号对应于 $T<T_c$，空心符号对应于 $T>T_c$ 情况下的测量. 结果中还包括了时间飞行谱仪（实方）和三轴测量（棱形）的数据. 数据取自文献[4.41]

外磁场下谱权重的重新转入自旋隙[4.43,4.44]. 人们分别在 Y 和 La 样品上发现有谱权重向隙内的转移，最早是 Lake[4.45] 观测到的. 从自旋隙可以建立起磁激发与

T_c 的关系，参见图 4.17.图中示出几个近最佳掺杂样品自旋隙能与 T_c 的关系.这个趋势是表明磁激发与超导电性的灵敏关系的又一例证.

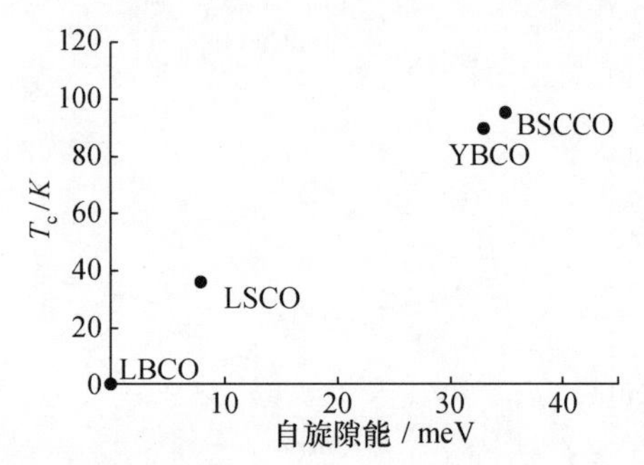

图 4.17 近最佳掺杂样品自旋隙能 Δ_s 与 T_c 的关联：LSCO($x=0.16$)，LBCO($x=0.125$)，Y6.85，Bi2212 的数据分别取自文献[4.41]，[4.35]，[4.46]，和[4.47]

上面提供的结果表明可能存在着普适的磁激发谱.当进入超导态，磁激发谱出现能隙，谱权重重新分布.这个隙的能量与 T_c 有关联.人们对磁激发在铜氧化物高温超导电性配对机制中扮演的角色目前尚未取得共识.尽管如此，中子散射在表征铜氧化物高温超导反铁磁相互作用以及关联的特性和强度上扮演的重要角色是不言而喻的.

关于公度峰劈裂成非公度峰的较早报道可见于文献[4.48]，在 LSCO 的 $x=0.15$的高质量单晶中，作者用中子散射研究了磁激发，如图 4.18 所示.还应该提到 Yamada 在 LSCO 上的非公度劈裂的工作[4.31]，参见图 4.19，4.20 和 4.21，它们分别取自文献[4.31]图 4，7 和 10.

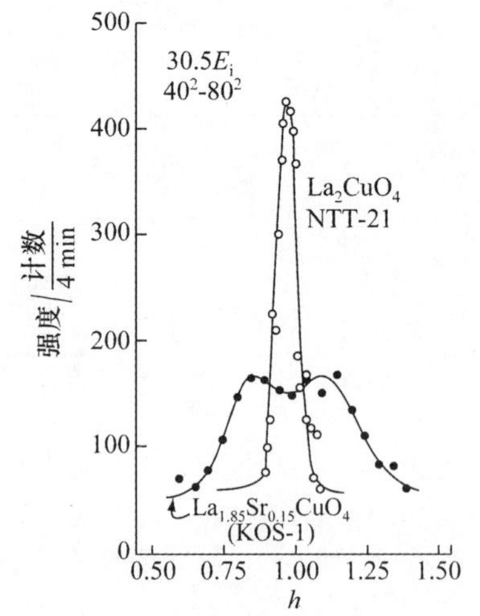

图 4.18 非弹性中子散射中两个样品的观测结果的比较，一个是公度磁峰，一个是非公度双峰.取自文献[4.48]图 2

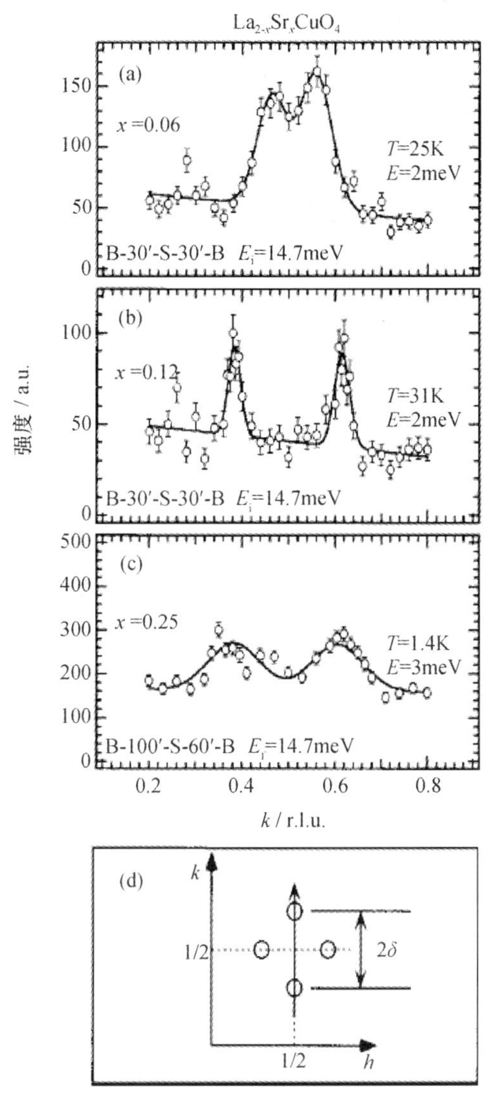

图 4.19 LSCO 欠掺杂样品的非公度劈裂随不同组分的演进. 取自文献[4.31]图 4

4.2.1 过掺杂样品的特殊结果——磁响应信号与 T_c 并行趋于零

人们在铜氧化物高温超导电性研究的前十多年,注意力集中在最佳掺杂和欠掺杂区,集中在 T_c 增长时伴随的现象,而忽视了 T_c 消失时伴随着的信息. 在这个过掺杂区,人们未预想到会发现令人吃惊的信息:磁激发与超导电性并行地趋于零. 该信息更进一步地揭示出磁激发与铜氧化物高温超导电性的密切关联——依存与共生(共灭).

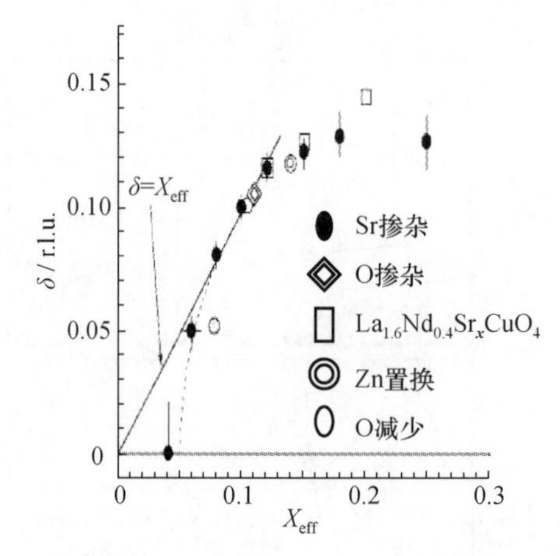

图 4. 20 非公度劈裂随掺杂的演进：$\delta \sim x \sim T_c$ 取自文献[4.31]图 7

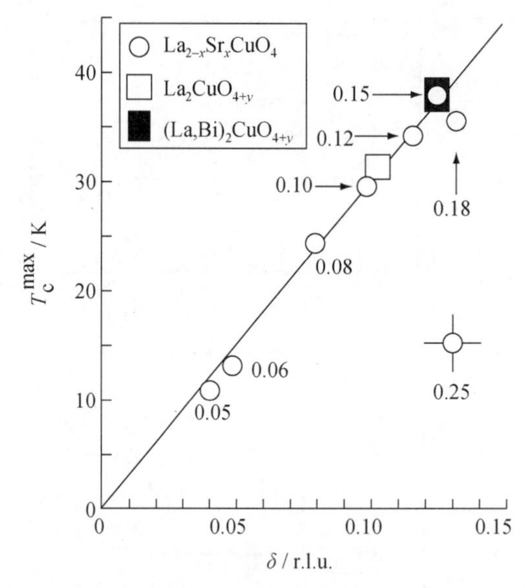

图 4.21 非公度劈裂 δ 与 T_c 的关联作为一个例证，显示出 LSCO 样品上非公度劈裂与超导电性的关联. 取自文献[4.31]图 10

Wakimoto 研究组在 LSCO 几个过掺杂样品上的研究结果如图 4.22 和 4.23 所示[4.49]. 这些结果表明磁信号与 T_c 的共生与依存. 磁信号反映 CuO_2 平面内准 2D 反铁磁序的相干区大小. 随 O 掺杂的增加，剩余的纯反铁磁关联区缩小. 在0.19 附近有突变，反铁磁关联区整体塌缩. 在过掺杂区，残余的反铁磁关联区与 T_c 一起趋于零，与之相伴的是小费米面过渡到大费米面. 这是高温超导相图包含着的一个最基本的重要事实.

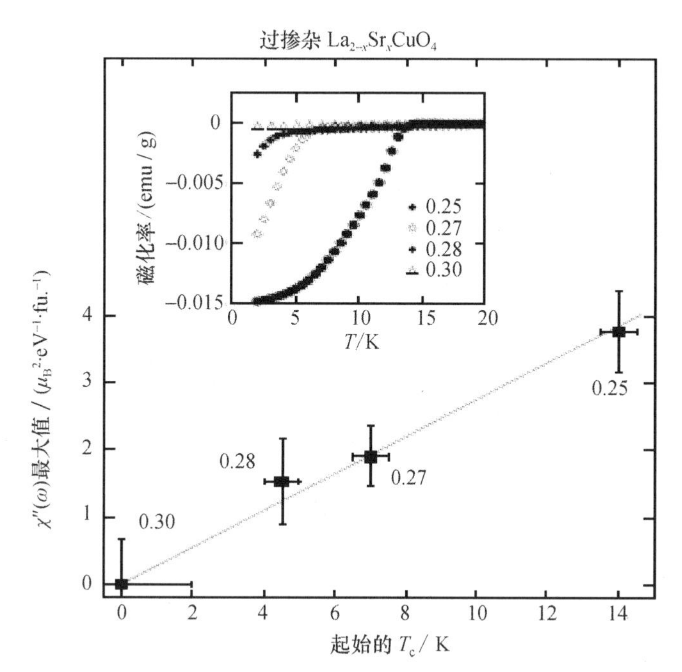

图 4.22　$T=8$ K 时 LSCO 样品中 $\chi''(\omega)$ 随起始 T_c 的变化，实线是最小二乘法拟合的线性函数. 内插图示出零场冷却后在 10Oe 磁场中测得的磁化率. 实验取了四个样品：$x=0.25$，0.27，0.28，0.30. 可明显地看出磁信号与 T_c 并行趋于零. 取自文献[4.49]图 1

Wakimoto 研究组进一步作了补充研究[4.50]. LSCO 过掺杂样品没有"赝隙"的干扰，磁响应主要源自未配对的 Cu^{2+} 离子. 磁激发是 2D 的. 与欠掺杂及最佳掺杂样品相比较，自旋激发有很大的衰减，且与 T_c 并行趋于零. 以下仅示出结果，参见图 4.24～4.28，本文不再做仔细的说明.

Lipscombe 研究组[4.51] $T_c=26$ K 时在过掺杂 LSCO 样品($x=0.22$)，中施行非弹性中子散射，其中集体磁激发能量范围为 0～160 meV，反铁磁交换耦合持续进入相图过掺杂区. 文中作者概述出：人们广泛地相信"HTSC 的出现是相关于自旋自由度的"，参见图 4.27.

Chang 研究组和 Haug 研究组也给出相似的结果，在 LSCO[4.52] 和 $YBa_2Cu_3O_{6.45}$ 无孪单晶样品[4.53]中，他们研究了磁场增强非公度磁有序及自旋涨落与相分离，所给出的磁场增强非公度磁有序如图 4.28，4.29 所示.

作者们"关于不支持 Anderson 猜想的分析"在这里就不赘述.

值得在这里补充的是，对 HTSC 未掺杂($x=0$)样品曾进行过的仔细研究，前面文中已经介绍，发现这个自旋 1/2 的反铁磁绝缘相在奈尔温度(T_N)以上保持 2D 反铁磁关联，而不是向顺磁态转变，而具有这个特性的铜氧化物高温超导母化合物是迄今为止发现的唯一的家族. 而且随着掺杂的增加，仍保持着平面上的 2D 反铁

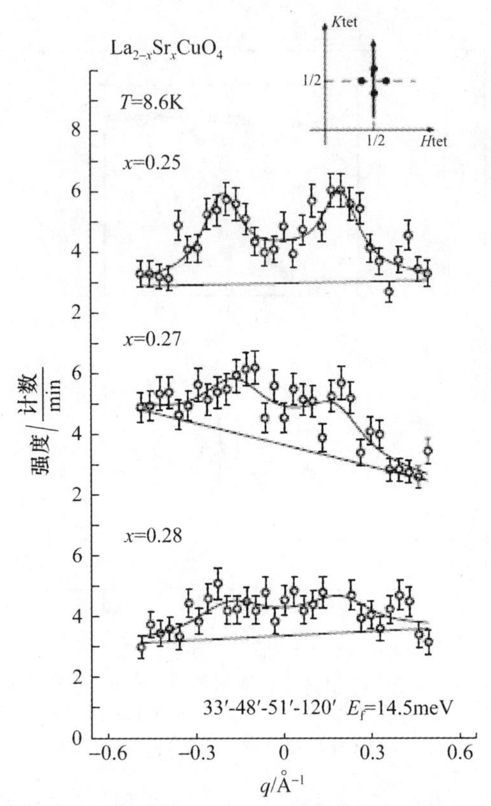

图 4.23　$T=8.6\,\mathrm{K}$($T=8\,\mathrm{K}$ 最大值附近)时,三个样品的非公度峰外形. 取自文献[4.49]图 2

磁区,与掺入的空穴共存,形成条纹相有序. 这些行为伴随着电子之间的克拉默斯超交换,人们称之为迄今为止的唯一的准 2D、$s=1/2$ 自旋关联的体系,唯一的完全显现克拉默斯超交换的体系. 其实克拉默斯超交换作为基本的电子间相互作用势是 HTSC 体系的基本特征. 关于磁有序及自旋涨落的重要信息主要来自于中子散射. 早期的粉末样品虽也提供了共识的结果,但是直到 20 世纪 90 年代制备出高质量的大单晶后人们才得到大量的更可靠的信息. 人们期待了解在这个"唯一"特性与铜氧化物高温超导这个"唯一"之间有什么内在联系,从前者通过掺杂达到后者,有什么"基因"在联系着.

人们知道著名的 Mermin 定理已证明,非零温度下,1D,2D 体系中没有任何有序的存在. 但是在 $T=0$ 时情形将会怎样? 对于 $T=0$, $s\geqslant 1$ 情况反铁磁长程序基态存在有严格证明. K_2NiF_4 是 $s=1$ 体系,中子测量结果为 2D 反铁磁结构,也是钙钛矿晶体结构. 但是一直遗留着一个待回答的问题:对 $s=1/2$ 系统而言,反铁磁长程序基态($T=0$)存在吗? 这个问题在 HTSC 发现之前是不清楚的,并且曾有大量的理论工作证明其是"不存在的".

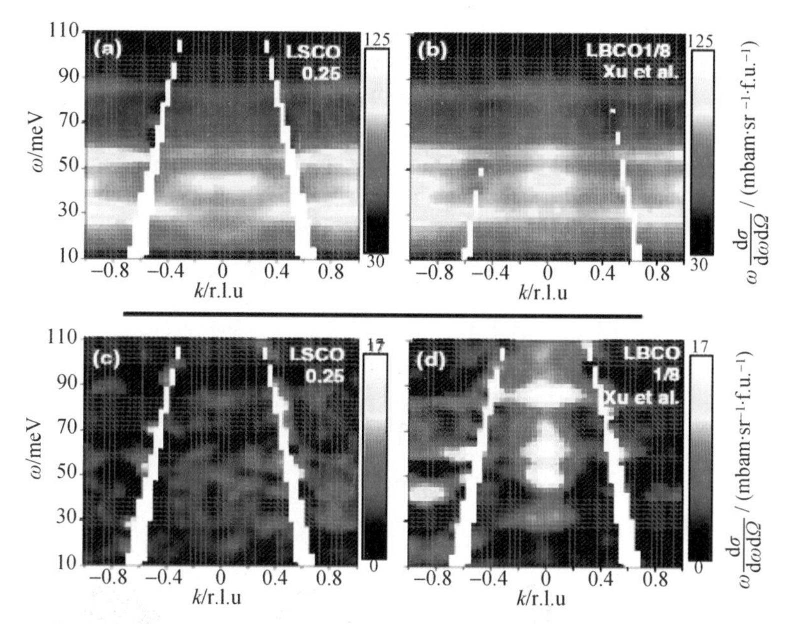

图 4.24　散射横截面的强度图(未示出 $x=0.30$ 时的数据). 取自文献[4.50]图 1

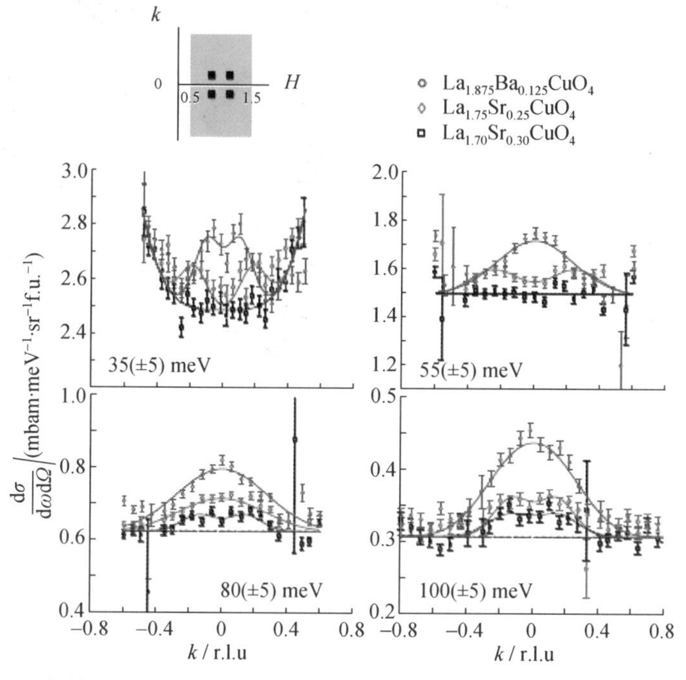

图 4.25　三个样品劈裂峰在四个能量下的比较. 取自文献[4.50]图 2

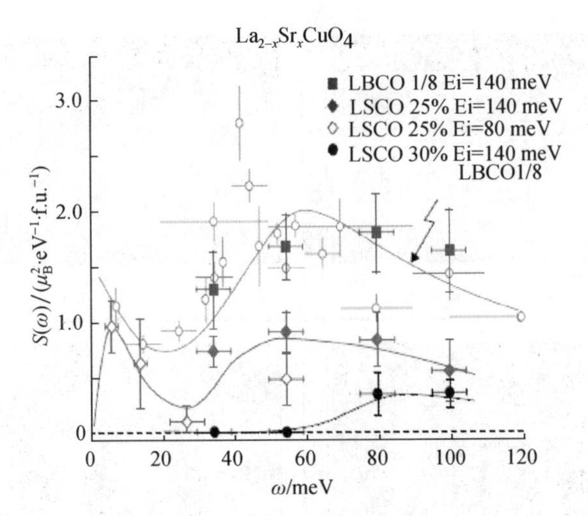

图 4.26　导出的动力学结构因子随中子能量的变化情况. 取自文献[4.50]图 3

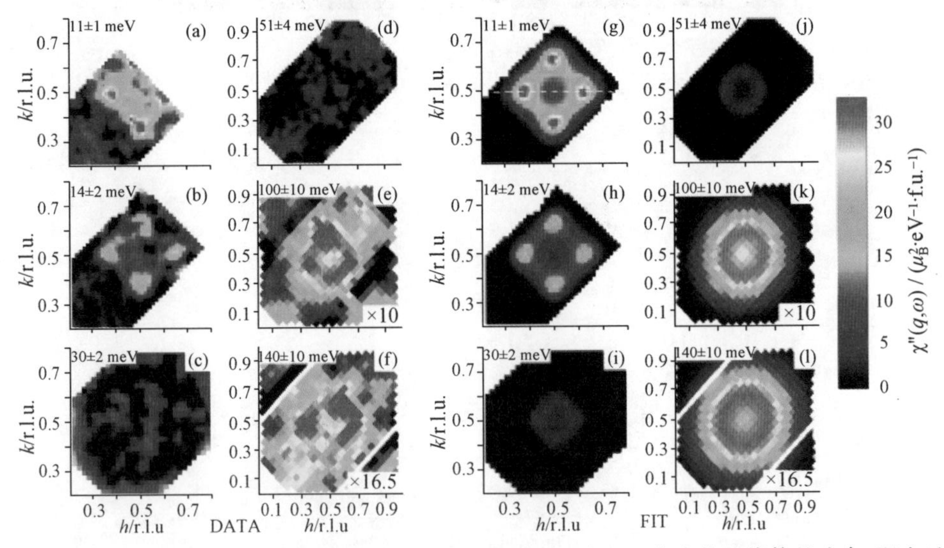

图 4.27　非公度峰反铁磁自旋关联在超导样品中必定是母化合物绝缘体的残余，即在过渡到相图中非超导、FL 弱关联区前的“残余”. 取自文献[4.51]图 2

HTSC 给出了第一个这样的系统：母化合物有 2D s=1/2 反铁磁 $T=0$ 长程有序，参见图 4.11 和 4.12. 在此前，K_2NiF_4 是人们观察到真实 2D $s=1$ 反铁磁的第一个系统，参见图 4.30[4.55].

对于高温超导铜氧化物中的反铁磁关联，它是 3D 和 2D 的 $s=1/2$ 反铁磁关联，随掺杂增加它从绝缘体转变到金属态及超导态，人们对其中丰富的磁性表现给予了极大的关注，有大量的文章，包括短程关联反铁磁与金属性的关系、量子临界

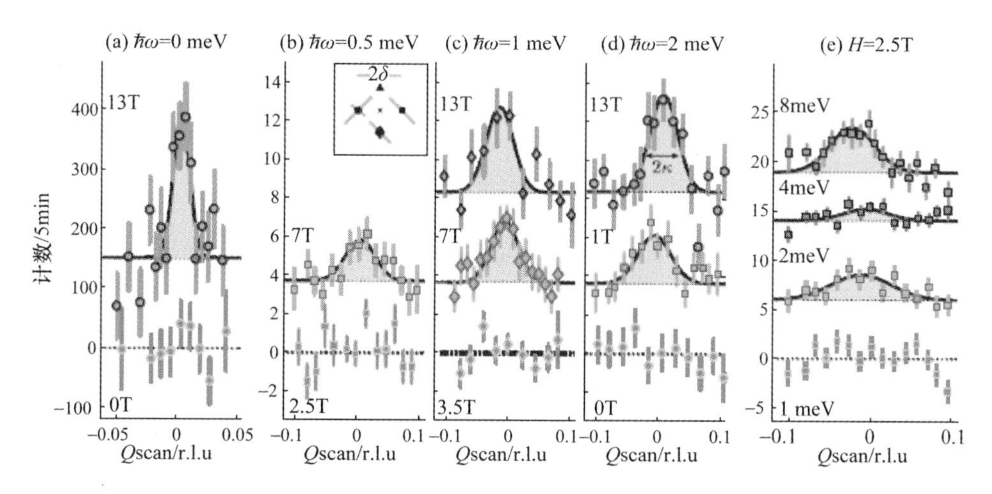

图 4.28 用中子弹性和非弹性散射研究非欠掺杂 $La_{1.855}Sr_{0.145}CuO_4$ 样品在非公度峰附近的扫描，$\delta \sim 0.13$(见(b)内插图). 注意(d)中 0 T 时无激发(在能隙中)，1 T 时有激发，13 T 时增强→自旋涨落变为静态相分离——条纹相被稳定！取自文献[4.52]图 1

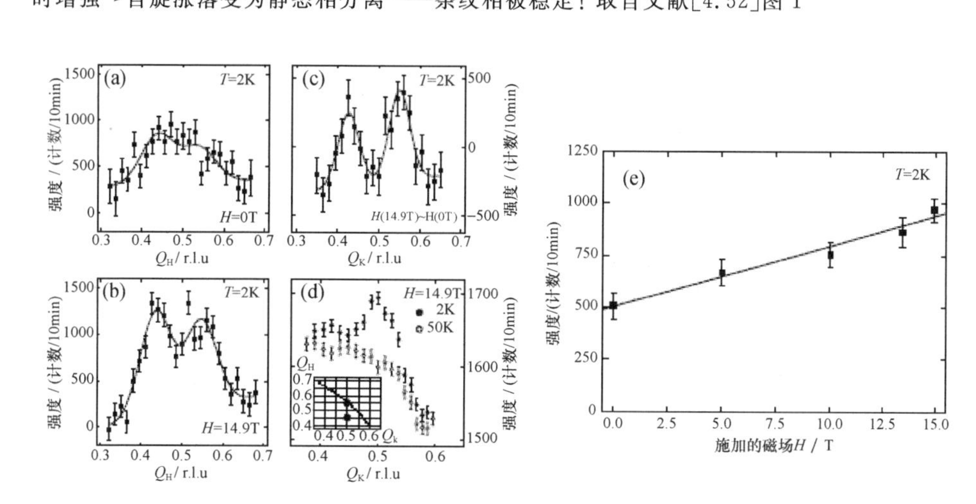

图 4.29 用中子散射研究欠掺杂样品静态和动态的自旋关联. $YBa_2Cu_3O_{6.45}$ 样品在磁场高至 15T 时，低温非公度磁有序强烈地增强. 左图：不同磁场和不同温度的比较. 右图：峰强度随磁场的变化，0～15T 时接近增加一倍. 取自文献[4.53]图 1 和 2

行为、Bogoliubov 准粒子行为、条纹相和磁激发与超导共存、棋盘结构、反节点态与退相干、小费米面电子包的争论、空穴强烈减少的电子激发谱、赝隙相预配对的证据、磁场诱导自旋有序峰的增强等内容，这里不再一一详述.

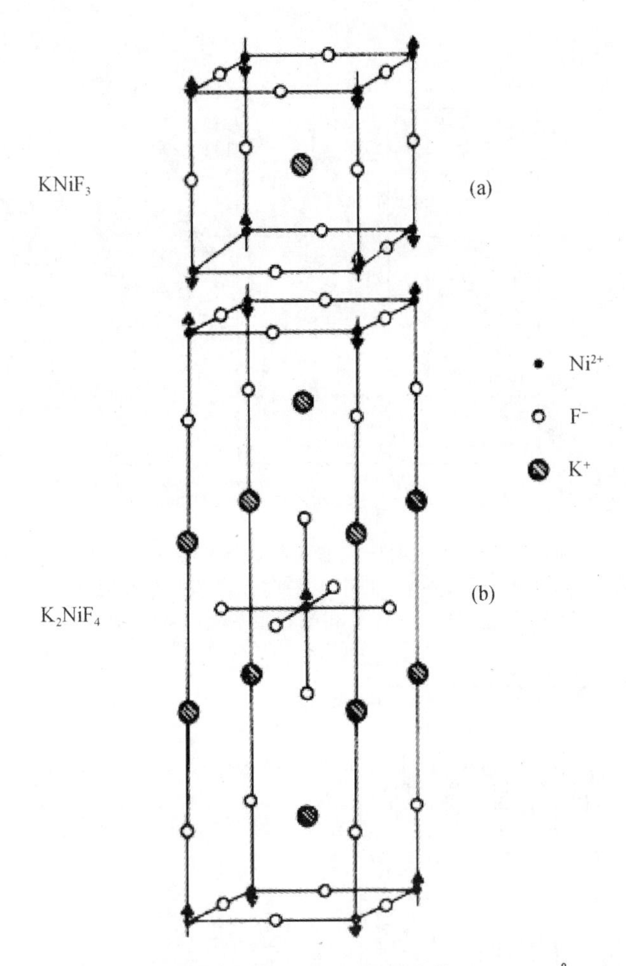

图 4.30 (a)是 $KNiF_3$ 立方钙钛矿结构,室温晶格常数 $a=4.006$Å, 3D $s=1$ 反铁磁绝缘体.箭头表示 Ni 自旋取向.(b)是 K_2NiF_4 钙钛矿结构,室温晶格常数 $a=4.006$Å, $c=13.076$Å,每个 NiF 层间插入两个 KF 层.它是 2D $s=1$ 反铁磁绝缘体,箭头表示 Ni 自旋取向,也是 d 电子超交换作用的体系.取自文献[4.55]图 1

参考文献

[4.1] F. Kamp, Phys. Rep. **249**, 219 (1994).

[4.2] G. Shirane, Phys. B**197**, 158 (1994).

[4.3] B. J. Birgeneau, *Physical Properties of High Temperature Superconductors*, vol. 1(World Scientific, Singapore, 1989).

[4.4] G. Aeppli, Unpublished.
[4.5] Y. Endoh, Phys. Rev. B**37**, 7443 (1988).
[4.6] D. Vaknin, Phys. Rev. Lett. **58**, 2802 (1987).
[4.7] A. Svane, Phys. Rev. Lett. **68**, 1900 (1992).
[4.8] T. T. Thio, Phys. Rev. B**38**, 905 (1988).
[4.9] I. Dzyaloshinskii, J. Phys. Chem. Solids **4**, 241 (1958).
[4.10] T. Moriya, Phys. Rev. **120**, 91 (1960).
[4.11] S. M. Hayden, *Phase Separation in Cuprate Superconductors* (World Scientific, 1992).
[4.12] S. M. Hayden, Phys. Rev. B**42**, 10220 (1990).
[4.13] P. W. Anderson, Phys. Rev. **86**, 694 (1952).
[4.14] R. Kubo, Phys. Rev. **87**, 568 (1952).
[4.15] P. C. Hohenberg, Phys. Rev. **158**, 383 (1967).
[4.16] N. D. Mermin, Phys. Rev. Lett. **17**, 1133 (1966).
[4.17] P. W. Anderson, Mater. Res. Bull. **8**, 153 (1973).
[4.18] L. J. de Jongh, Adv. Phys. **23**, 1 (1974).
[4.19] J. Skalyo Jr., Phys. Rev. Lett. **23**, 1394 (1969).
[4.20] R. J. Bergeneau, Phys. Rev. B**3**, 1736 (1971).
[4.21] R. J. Bergeneau, Phys. Rev. B**16**, 280 (1977).
[4.22] E. J. Nevel, Phys. Lett. A**114**, 331 (1986).
[4.23] I. Affleck, Commun. Math. Phys. **115**, 477 (1988).
[4.24] I. Affleck, Phys. Rev. B**38**, 745 (1988).
[4.25] S. Chakravarty, Phys. Rev. Lett. **60**, 1057 (1988).
[4.26] S. Chakravarty, Phys. Rev. B**39**, 2344 (1989).
[4.27] P. Hasenfratz, Phys. Lett. B**268**, 231 (1991).
[4.28] K. Yamada, Phys. Rev. B**40**, 4557 (1989).
[4.29] B. Keimer, Phys. Rev. B**46**, 14034 (1992).
[4.30] T. Imai, Phys. Rev. Lett. **71**, 1254 (1993).
[4.31] K. Yamada, Phys. Rev. B**57**, 6165 (1998).
[4.32] Y. Sidis, Phys. Status. Solids B**241**, 1204 (2004).
[4.33] H. A. Mook, Nature **395**, 580 (1998).
[4.34] M. Arai, Phys. Rev. Lett. **83**, 608 (1999).
[4.35] P. Bourges, Science **288**, 1234 (2000).
[4.36] S. M. Hayden, Nature **429**, 531 (2004).

[4.37] Pailhes S. , Phys. Rev. Lett. **93**(2004)167001.
[4.38] Reznik D. , Phys. Rev. Lett. **93**(2004)207003.
[4.39] Stock C. , Phys. Rev. B**71**(2005)024522).
[4.40] Hinkov V. ,Nature**430**, 650 (2004).
[4.41] N. B. Christensen, Phys. Rev. Lett. **93**, 147002 (2004).
[4.42] J. M. Tranquada, Nature **429**, 534 (2004).
[4.43] P. Dai, Nature **406**, 965 (2000).
[4.44] J. M. Tranquada, Phys. Rev. B**69**, 174507 (2004).
[4.45] B. Lake, Science **291**, 1759 (2001).
[4.46] H. F. Fong, Nature **398**, 588 (1999).
[4.47] M. Fujita, Phys. Rev. B**70**, 104517 (2004).
[4.48] G. Shirane, Phys. Rev. Lett. **63**, 330 (1989).
[4.49] S. Wakimoto, Phys. Rev. Lett. **92**, 217004 (2004).
[4.50] S. Wakimoto, Phys. Rev. Lett. **98**, 247003 (2007).
[4.51] O. J. Lipscombe, Phys. Rev. Lett. **99**, 067002 (2007).
[4.52] J. Chang, Phys. Rev. Lett. **102**, 177006 (2009).
[4.53] D. Haug, Phys. Rev. Lett. **103**, 017001 (2009).
[4.54] E. Manousakis, Rev. Mod. Phys. **63**, 1 (1991).
[4.55] M. E. Lines, Phys. Rev. **164**, 736 (1967).
[4.56] J. R. Schrieffer, J. S. Brooks, *Handbook of High Temperature Superconductivity: Theory and Experiment* (Springer, 2007).

第五章　空穴态、电荷转移隙和正常态反常以及费米面的特征

反铁磁绝缘隙是电荷转移隙，这一点人们已取得共识，虽然时常有人称其为莫特绝缘体，这种说法易造成混淆，使人们忽视了氧元素扮演的重要角色. 它与Zhang-Rice的工作有关，这一工作将三带或两分量模型简化为有效的单带模型. 其实Zhang-Rice态在有自旋极化(反铁磁)的背景下是不稳定的. 铜氧化物高温超导机制理论应该建立在两分量模型即三带模型的基础之上，虽然它的进一步展开是困难的，但是这是不应回避的，二十多年来单带模型进展受阻也是证明. 强调反铁磁绝缘体母化合物中的能隙是电荷转移隙，主要是因为要强调超交换相互作用. 其实，在母化合物中是克拉默斯超交换，这已是人们早有的共识. 但是许多人忽视它在掺杂过程中的演进——演进出全相图，忽视了这个家族是显现克拉默斯超交换演进的第一个实现体系，掺杂空穴进入氧位，弱化了超交换，直至反铁磁关联完全消失，进入过掺杂区的费米液体(FL)态. 克拉默斯超交换及其演进是相图及其相关现象背后相互作用的本质核心. 下面将要展现有关的证据.

5.1 引　言

在高温超导电性发现的激励下，后3d过渡金属氧化物的电子结构成为了当前凝聚态物理学领域中一个最为广泛研究的课题. 这里，我们试图概述已取得的进展及我们正面临的问题. 重点强调最新的围绕费米面问题的研究结果. 对于高温超导体，正常态似乎存在着确定的费米面，虽然在有些区域有许多奇异的现象，如有一定程度的“蜂巢状”，有很平的“鞍点”区，有正常态能隙，有与费米面相关的奇异元激发和同时存在的另一类集体激发，有超导能隙的各向异性及谱权重的再分布等等. 可以预期，这些现象对低能激发相关性质是很有影响的. 高分辨的角分辨光电子谱在这里扮演了重要的角色. 虽然与其他谱仪相比，它的分辨率不是高的. 但是，它的优点在于直接地给出谱随动量的分布，并对杂质不甚敏感. 这些奇特的能力使人们能用它来获得相图中很宽的载流子浓度区，很宽温度区域的全布里渊区的信息. 近几年，光电子谱的分辨率已有了很大的提高. 获得的数据既证实了费米面的存在，也证实了关联效应的存在. 角分辨光电子谱对于高温超导体而言扮演着

常规超导体中的隧道实验那样重要的角色.

大部分角分辨光电子谱(ARPES)实验的焦点是研究费米面和较低能量的元激发,因为它们对于系统的物理性质来说是最重要的.从实验技术角度来说,这类研究是相当困难的.要观察相关的能量,需要很高的能量分辨率.为了得到必要的统计,需要较高的记数率.另外的困难是样品结构复杂且易碎.为此,这方面的研究进展主要是伴随着发展ARPES仪器及改进样品质量.高温超导体发现后的最初几年,ARPES实验的初步信息是观察到了"能带",它们色散则指向费米面而后又跨越费米面,正如在一般金属中所观察到的那样.虽然实验数据与能带论计算结果有明显的不同,但实验数据清楚地指明了费米面所在位置的跨越点,而这与能带论计算的预言十分接近.铜氧化物超导体服从Luttinger定理,这个事实已被广泛地接受,即费米面包围的体积不因关联作用而改变.它是费米液体的一个必要条件.它对高温超导理论模型是一个很强的限制.在这些较早的研究之后,许多实验工作花费在绘制出各种铜氧化物超导体的费米面的细节和近费米能的能带结构上.就在测量费米面与能带计算有了初步符合的同时,它们间的差异也是足够明显的.作为能带计算的"对立面"的费米面的信息已积累了许多,包含许多定性的趋势,使人们开始能自信地表述出电子结构与系统物理性质的关系.例如最惊人的一点是存在很平的能带,即在很大的$\boldsymbol{k}$空间区域仅有很小的能量色散.对于P型超导材料,这个区域与费米能较近.在N型超导体中这个平带在费米能以下大约300 meV处.

5.1.1 铜氧化物超导体布里渊区高对称点的符号

在开始讨论之前,先要介绍表示$\boldsymbol{k}$空间高对称点的符号.由于铜氧化物超导体家族成员在结构上有稍许的差别,每个成员的布里渊区(BZ)需不同的标记,这些差别往往造成数据解释上的某种混淆.了解符号的最简单的方式是以CuO平面为参照物.

图5.1(a)示出的是单CuO_2平面的BZ, Cu—O键方向平行于底边.Γ点是BZ中心.M点是角$(\pi/a,\pi/a)$,$X(Y)$是图中方形边的中点,坐标为$(\pm\pi/a,0)$或$(0,\pm\pi/a)$. Γ-$X(Y)$方向是沿Cu—O键的方向.Γ-M方向与Cu—O键成45°角.图5.1(b)给出的是实际材料LaSrCuO和NdCeCuO的BZ(但已相对地简化了).取向安排也是Cu—O键平行底边,但是可以发现,符号已改变.X和Y在角上,G_1是边的中点.我们可以将这个改变考虑成一对一的对应:$\Gamma\to\Gamma$,$M\to X(Y)$,$X(Y)\to G_1$.由于材料又是三维的,BZ也是三维的,Z点可以沿垂直于CuO_2平面方向上移Γ而达到.由于这些材料是准二维的,将Γ和Z点视为等价是个好的近似.对Bi2212,Y1237高对称点情况,最一般的符号示于图5.1(c)和(d)中(更复杂的表示方案可以计入三维性和正交性,在有的文献中也使用).图中也同样的安排,使

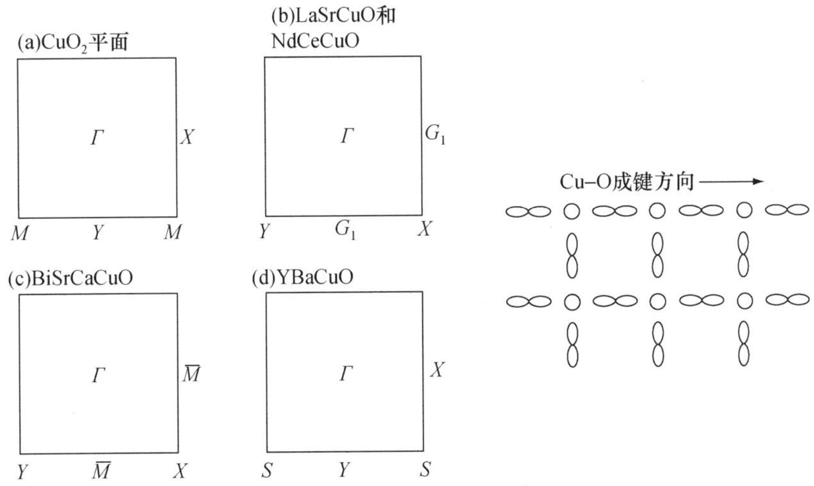

图 5.1 布里渊区的符号:(a) CuO_2 平面; (b) LaSrCuO,NdCeCuO; (c) BiSrCaCuO; (d) YBaCuO. 在上述各情形下 CuO_2 中的 Cu—O 键均沿水平方向. 取自文献[5.47]图 4.13

Cu—O 键平行于底边. 对于 Bi2212 而言,对应的变换是 $\Gamma\to\Gamma$, $M\to X(Y)$ 和 $X(Y)\to\overline{M}$. 对于 Y123 而言,对应的变换为: $\Gamma\to\Gamma$, $M\to S$, $X(Y)\to X(Y)$.

5.1.2 铜氧化物超导体电子结构的计算结果

这里简要介绍一些计算结果,包括第一性原理能带计算及简单的紧束缚计算. 主要集中在那些对理解数据必要的信息上. 更全面的结果请参见有关文献[5.1]. 先来谈谈 CuO_2 平面的紧束缚计算. 这是对于铜氧化物人们可以作出来的最简单的 $\boldsymbol{k}$ 依赖近似. 最主要的耦合项是来自最近邻的 Cud 态和 Op 态的 σ 成键耦合. 最高的能带有 x^2-y^2 对称性,参见图 5.2. 半满 CuO_2 平面电子结构的紧束缚计算,仅包含最近邻 CuO 相互作用[5.2],在 $\overline{M}$ 达到它的最大时,在 X 点有个鞍点[5.2]. 这个鞍点给出了态密度中的范霍夫奇异性,参见图 5.2(d),图中 $n(E)$ 为每单胞的态数. 当掺杂量为零时,x^2-y^2 带是半满的,费米能位于范霍夫奇异位置上. 费米面是一个方形的,由图 5.2(a)中的虚线示出. 这个模型以及能带理论计算,都预言未掺杂的母化合物是金属性的基态. 事实上,这个未掺杂的母化合物是 Mott-Hubbard 类型的反铁磁绝缘体,它的绝缘特性是由很强的在位(on site)库仑作用造成的. 这个简单模型的失效已在前面讨论过了. 无论是空穴型还是电子型的,掺杂均可导致高 T_c 出现. 对于最佳组分掺杂材料的费米面,用这些最简单的方法计算给出了令人吃惊的结果,能大致预言实验测量的费米面. 虽然这模型在半满即未掺杂情形是完全失效的. 我们可以想象,掺杂过程可升高或压低费米能. 这将导致电子型超导体费米面的膨胀(成为以 M 点为中心),空穴型超导体费米面的收缩(成为以 Γ 点为中心). 更逼真些,在模型中包含 O—O 耦合项,可使费米面稍加变形,参见

图 5.3[5.3].

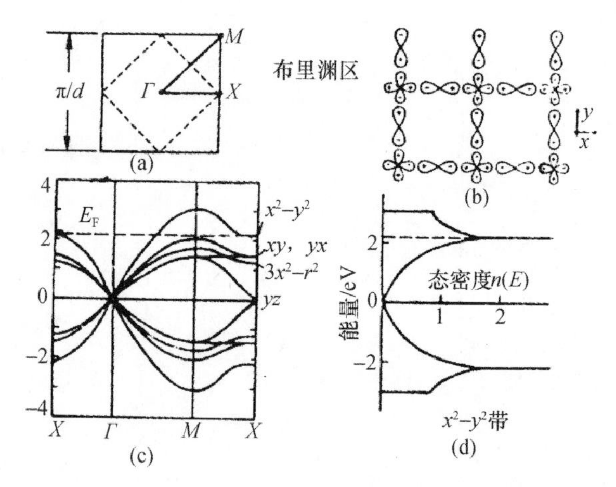

图 5.2 半满 CuO_2 平面电子结构的紧束缚计算,仅包含最近邻 CuO 相互作用.取自文献[5.2]图 18.8

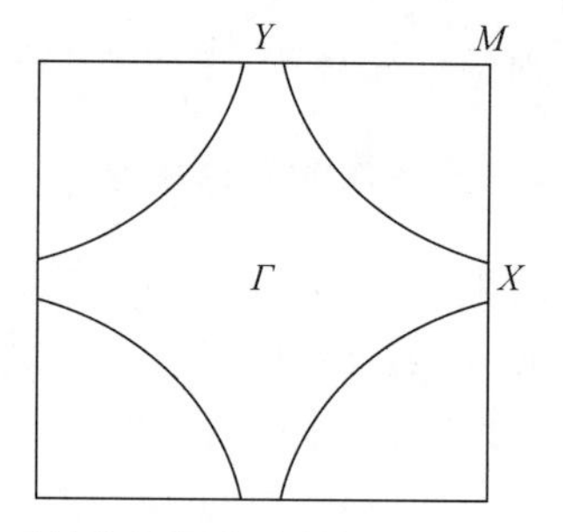

图 5.3 半满 CuO_2 平面电子结构的紧束缚计算,包含了次近邻耦合效应.取自文献[5.3]图 2

这个计算的主要结果是将半满情形的费米面从范霍夫奇异点移开.加入适量的相反类型的掺杂,可以将费米面再移回去.图 5.4 给出了 NdCeCuO 的费米面和带结构[5.4].这个化合物的费米面计算是最简单的,由 X 点附近的空穴包组成.在这个意义下,它是适于实验研究的一个好系统.我们看到一大捆"通心粉"状的能带,处在0.5～6.5 eV 的能量区域.这些带主要成分是 Cu3d 和 O2p.能带的数目多,是由于单胞很大而 BZ 很小,许多能带被折叠进 BZ 中.对这整个区域,将角积分光电子谱测到的态密度与计算的态密度作比较是困难的.因为我们不能指望做到跟踪任一个能带的色散.但是,我们可以看到有一些能带从大捆"通心粉"中分裂出来,并跨越费米能级.这些能带是人们最感兴趣的,因为它们将主导大多数物理性质的行为.因此,这又是幸运的,它们从"大捆"中分裂出来,使人们可以单独地分辨它们.对于 Y1237,Bi2212 这些更复杂的化合物的研究,这就尤为重要了.

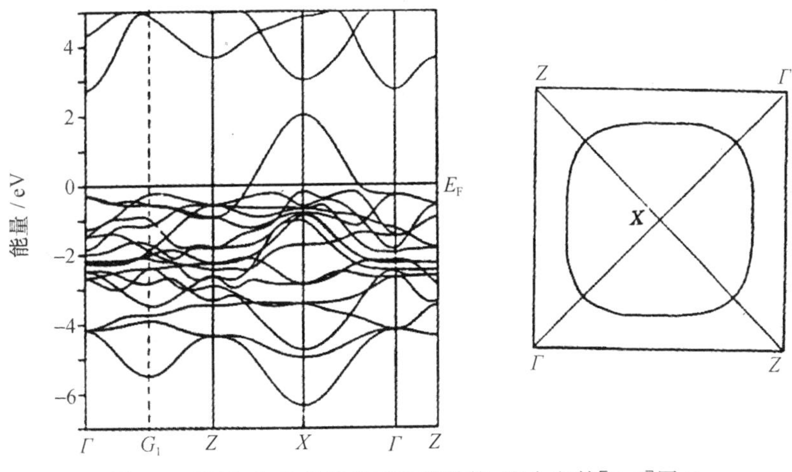

图 5.4　NdCeCuO 的费米面和带结构. 取自文献[5.4]图 2

图 5.5[5.5]给出的是 Bi2212 局域密度泛函近似(LDA)的能带计算结果. 这个能带比 NdCeCuO 的能带要复杂得多. 首先,由于每个单胞有两个 CuO_2 平面. 当不存在面间耦合时,将出现两重简并 x^2-y^2 带,费米面将与单个 CuO_2 平面情形相同. 也有人预言两个平面间的耦合,使两重简并的能带分裂开. 这个耦合的矩阵元,沿 Γ-$X(Y)$对称方向(与 Cu—O 键成 45°角)很小,因此,在那里能带保持简并. 偏离开这个 Γ-$X(Y)$方向,耦合矩阵元不再很小,能带和费米面均有分裂,产生出更复杂的费米面. 图 5.6 给出了 Bi2212 的计算费米面,以及沿 Γ-$\overline{M}$-Z 方向的能带结构. 正如下面将要讨论的,图中包含的 BiO 平面的贡献使得带结构和费米面复杂化了.

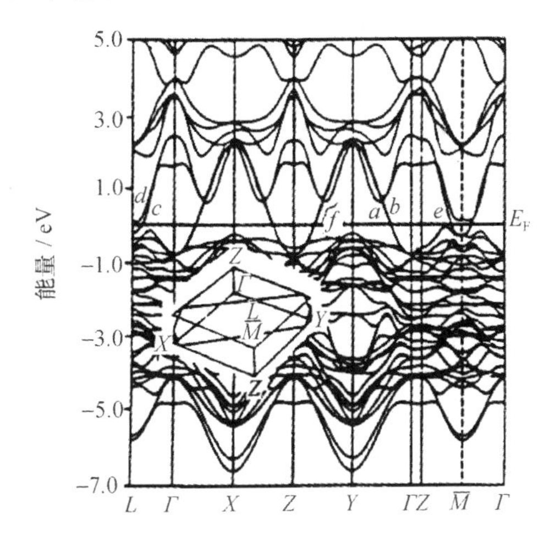

图 5.5　Bi2212 电子结构和费米面的 LDA 计算. 取自文献[5.5]图 1

图 5.6[5.5]显示的结果是忽略了 Bi—O 带和 Cu—O 带之间的相互作用而得到的. 在图 5.5 所示的计算中,一组 $\mathrm{Bip}_{x,y}$—$\mathrm{O}_2\mathrm{p}_{x,y}$(pp$\sigma$)态下沉到费米能级以下,形成一个 $\overline{M}$(及 L)点附近的电子包(占据态). 由于 Bi—O 和 Cu—O 能带的相互作用(抗交叉作用),仅有一个 Bi—O 带跨越费米能级,并且方向从 Γ 点指向 $\overline{M}$ 点的 Cu—O 带被推开,未能跨越费米能级,正如在无相互作用情形中那样. 我们注意到,这个相互作用意味着 Bi—O 和 Cu—O 平面间一定程度的杂化,故继续称为 Bi—O 或 Cu—O 带,严格地说是不恰当的. 然而为了简化,我们保留这些称谓.

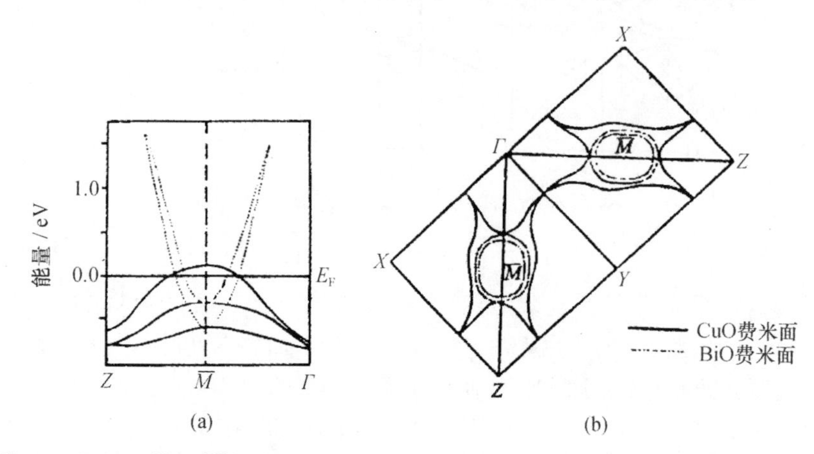

图 5.6 Bi2212 沿 Γ-$\overline{M}$-Z 方向的电子结构和费米面的 LDA 计算,计算中忽略了 BiO 面和 $\mathrm{CuO_2}$ 面之间的相互作用. 取自文献[5.5]图 5 和 6

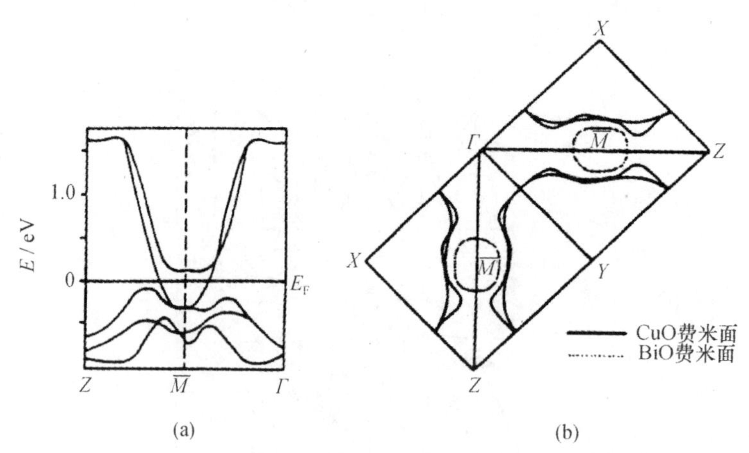

图 5.7 示意地画出了 $\overline{M}$ 点附近的带结构及费米面. 取自文献[5.47]图 4.19

图 5.6 与图 5.7 中的费米面的主要差别是以 $\overline{M}$ 为中心的 Bi—O 电子包存在与否,并且 Cu—O 驱动的费米面在两图中是很不相同的. 在包含 Bi—O 和 Cu—O

耦合的计算中，两个 CuO_2 带都是以 $X(Y)$ 点为中心的，而在忽略耦合的计算中有一个 CuO_2 带是以 Γ 点为中心的. 图 5.7[5.6]示意地给出了 Y1237 的能带结构和费米面.

这个计算计入了由于第三维的色散导致的轮廓不清. 对 Y1237 已有几个研究组作出能带计算. 一般说来，这些计算结果是很相似的. 费米面主要是由 x^2-y^2 反键态确定的. 沿 Γ-S 方向和 X-S 方向都有三个能带跨越费米能，它们有相似的拓扑. 主要的不同之处是，沿 Γ-Y 方向的链驱动的能带，有的计算给出有费米面跨越，有的计算则没有. 目前尚未见 Bi2201 的第一性原理能带计算，仅有紧束缚能带计算. 预期它与 Bi2212 的能带结构之间应有某种相似性.

5.1.3　二维性

铜氧化物超导体是具有高度二维特性的. 这个二维性反映在各种物理性质的各向异性中. 对能带结构的影响很小，甚至没有沿 k_z 方向的色散. 成功地使用 ARPES 来研究铜氧化物超导体这个特性可使问题大大简化. 在实施 ARPES 的过程中，当电子从样品中逃逸时，仅平行于晶体表面的动量分量 $k_{/\!/}$ 是守恒的，这样在实验中就可以被完全确定. 垂直表面分量 $k_\perp$ 在通过样品真空界面时是不守恒的，

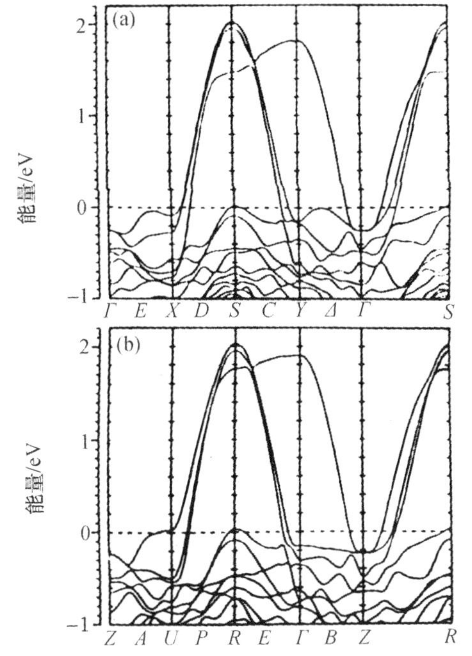

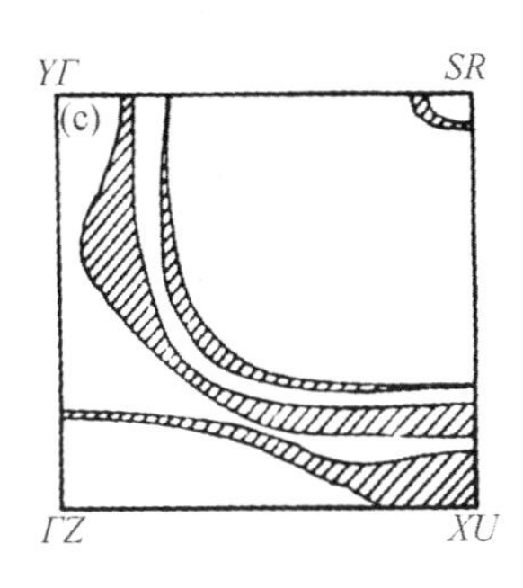

图 5.8　Y1237 的能带结构和费米面的 LDA 计算. (a) $k_z=0$；(b) $k_z=\pi/c$；(c) 费米面，跨越位置处的阴影区指示费米面的 k_z 抹平效应. 取自文献[5.6]图 1 和 3

这样就不能被完全确定.这个问题时常在分析三维样品时产生混淆.然而,对于二维材料而言这就不成为问题,因为 $k_{\perp}$ 不确定性的影响并不很严重.因此,二维材料的实验相对来说更直接了.对于大部分实验可以忽略第三维.也有不能忽略的情形,例如在光电子发射线形的详细研究中,沿 k_z 方向终态带的色散将附加额外的展宽.

5.1.4 从光电子谱确定费米面的规则和方法

因为这一章主要是介绍使用光电子谱确定费米面这方面的结果,所以这里再谈谈从光电子谱确定费米面的一些规则及方法.理想地说,费米面是 $\boldsymbol{k}$ 空间中的一个拓扑表面,在这个表面处能带跨越费米能.如果准粒子能够较好地确定,如果没有由于诸如弹性和非弹性散射效应的附加复杂化的话,那么确定费米面的程序是很确定的,如图 5.9 中所示意的.为了简化,这里我们不考虑准粒子的非相干部分.

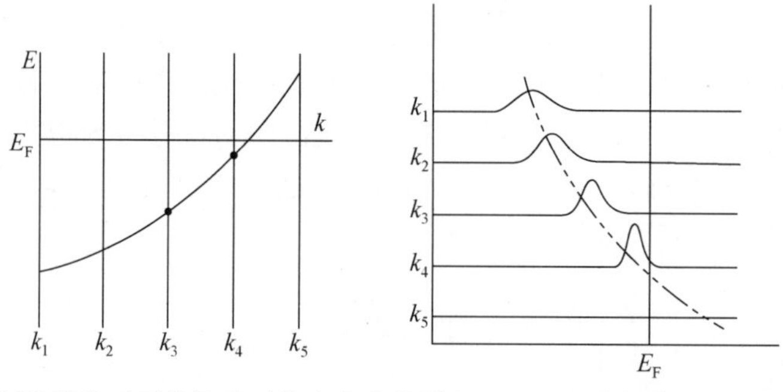

图 5.9 BCS 能隙对于常数的正常态密度的影响.(a) $\boldsymbol{k}$ 积分的结果;(b) 分辨的结果.取自文献[5.47]图 2.5

当人们改变发射角因而改变 $\boldsymbol{k}$ 的数值时,准粒子峰将随能量改变而色散.当准粒子峰接近费米能级时,由于逐渐增加着的寿命,准粒子峰变得更尖锐,直到 $\boldsymbol{k}=\boldsymbol{k}_{\mathrm{F}}$,它成为 δ 函数峰(对应于无限长寿命).当光发射仅测量占据态密度(即移走电子的谱)时,在这个峰通过 E_{F} 后,准粒子峰从光电子谱中消失.从光电子谱峰跨越费米能级处对应的发射角,人们可以确定 $\boldsymbol{k}_{\mathrm{F}}$ 和费米面的信息.实际上,确定跨越点比上述示意的理想情形要更困难得多.除了能量和动量的有限分辨率及统计的信噪比等这些明显的问题外,光电子的热展宽弹性和/或非弹性散射以及可能的非平坦表面贡献等效应,都是有影响的.这些机制将对跨越位置附加不确定性.另外,还会存在多个能带,每个能带贡献一个峰,此外还有非相干谱.上述情况,更由于我们目前尚未有对于激发线形的实际理论解释,而使问题更加复杂,并且那些努力试图排除上述展宽效应的工作也受到很大的妨碍.因此,从实验上确定费米面跨越点并不总是很确定和直截了当的,有时是十分“主观的”.另一方面,如果数据是很好的,且跨越也极其清晰和明显,那么定性的规则可以很有效地用来确定费米面跨越. 通常，可靠地确定费米面跨越点的定性规则如下所述. 首先，准粒子峰与背景必须可清晰地分辨开来. 当峰十分接近 E_F 时，它将被费米函数截断. 当准粒子能量为 E_F 时，这个峰的权重将是原始权重的近似一半，谱的前沿将在其中点或稍高处被费米能截断. 这意味着谱的最强部位将不再对应准粒子能量，这是又一个在拣选费米面跨越时增加复杂性的因素. 由于这个理由，有些研究者在实际操作时，将一个较宽区域上的峰的色散关系外推到 E_F. 这个外推的结果应与强度调制和前沿能量位置法确定的结果是一致的. 最后，还要配合在 BZ 中取许多不同的路径，以及使用多种光子能量和偏振. 这样我们就可以得到实际趋势和一致性的结果. 除了上面提到的应注意的问题外，还应该强调的是，用 ARPES 确定费米面不是一个随意的过程. 事实上，大部分的实验结果明显是彼此一致的，特别是当样品质量及统计过程得到改善后更是如此. 上面提到一些问题，只是要人们知道，包含在数据解释中是有误差的. 我们在各种样品上测取数据及讨论时要注意这些问题.

5.2 光电子谱的实验结果

5.2.1 $Bi_2Sr_2CaCu_2O_{8+\delta}$的结果

第一个也是最广泛地用于 ARPES 研究的铜氧化物超导体是 Bi2212 ($Bi_2Sr_2CaCu_2O_{8+\delta}$)材料. 这主要是因为它的解理面质量高，并且在真空中十分稳定. Bi2212 表面很理想，连接相邻 BiO 平面的是弱范德瓦耳斯(van der Waals)键，它们从这里被解理. 由于它的这个优越性，当其他铜氧化物超导体的超导隙尚未被清晰地观测到时，光电子谱首先在它上面获得了极好的有价值的结果. 另外，它的表面已用诸如低能电子衍射(low energy electron diffraction, LEED)等表面结构谱准确地确定了.

第一个报道 Bi2212 的 ARPES 结果的是 Takahashi 等人. 他们的分辨率和统计处理均是很差的. 尽管如此，是他们提供了色散峰跨越费米面的第一个实验证据. 第一个使用先进的高分辨率且进行好的统计处理的光电子谱实验是由奥尔森(Olson)做的. 他们的工作代表了这个领域中的一个实际突破，即实际地打开了铜氧化物超导体近费米能(低能激发)的研究领域. 因为这些低能激发对于理解物理性质是极端重要的. 这里将集中介绍近费米面的高分辨光电子谱研究，虽然有时也会涉及全价带的研究.

图 5.10 给出的是著名的 Olson 数据，是沿着 Γ-Y 高对称方向的平行线给出的. 实验数据是在很低温度下解理并保持温度在稍高于超导转变温度的单晶上收集的. 能量和动量的分辨率大约为 32 meV 和 2°(对应于 Γ-Y 长度的 10%). 图中曲线由下向上代表从近 Γ 点沿 Γ-Y 的平行线指向较大的 $\boldsymbol{k}$ 值. 可以看见一个

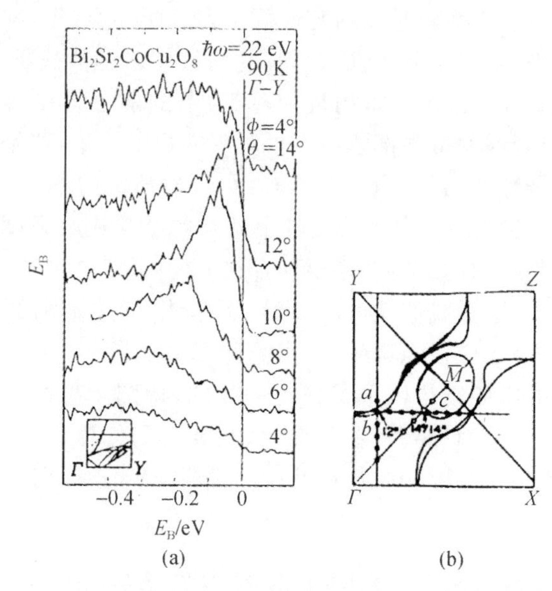

图 5.10 (a) Bi2212 正常态沿平行 Γ-Y 方向的 ARPES 数据,见(b)图中的路径"a";(b) Bi2212 的 BZ 中各个路径的位置(取自文献[5.13]图 1 和 2),并示出计算的费米面作为参考(取自文献[5.47]图 4.21)

Γ 点附近且中心在近 350 meV 的很宽的峰. 当我们向 Y 点移动时,这个峰向低束缚能方向色散. 当这个峰接近 E_F 时,锐化并且数值上长,反映了准粒子寿命的增加. 发射角 θ 在 12°至 14°之间时峰消失,指示的是费米面跨越. 左下角内插图给出的是实验确定的色散关系 E_k 与计算能带之间的比较. 可以看到实验的和理论的费米能级跨越近似地在同一位置上,反映 $\boldsymbol{k}$ 空间这个区域中,理论的和实验的费米面有相似的拓扑. 然而,实验的色散率仅是理论计算的一半左右,意味着实验确定的有效质量是理论确定的能带质量的两倍. 在上述数据给出令人心服的结果的同时,应该注意的是存在着不同的报道,他们给出的解释不同. Takahashi 等人提出在 Γ-Y 高对称方向有两个跨越点,一个近似在 Γ-Y 全长的 20%~30%处,另一个在 50%处[5.7,5.8]. 在 Manzke 等人[5.9]报道的结果中有效质量与 Olson 研究组的相似,但是跨越位置十分不同. Mante 等人[5.46]也给出了室温下的结果,得到有些不同的跨越位置和更大的有效质量(约为 4). H. Wu 等人[5.10]报道了偏离高对称方向的数据,它是与能带计算不一致的. 表观上对这些不同的最可能的解释是它们源自不同的样品质量,特别是表面均匀性及平整度的不同. 如何确定哪个代表"真实"的结果? 首先,人们应寻求其他组的"重现". 最近 Dessau 等人提供了很详细的研究,结果与图 5.10 中 Olson 的结果一致[5.11,5.12]. 其次,峰的锐度(峰与背景之比)和跨越的锐度可以用来作为指标,评判数据的好坏. 因为,高质量和均匀表面的峰及跨越都更尖锐. Olson 和 Dessau 的数据比起其他数据来，有更尖锐的峰和跨越，有较高的峰/背景比. 他们也有较好的统计，使得实际的峰较容易地被看到. Olson 取了许多不同的路径，还特别地针对理论预言的以 $\overline{M}$ 点为中心的 BiO 包是否存在的问题作了研究. 他们的数据示于图 5.11 中.

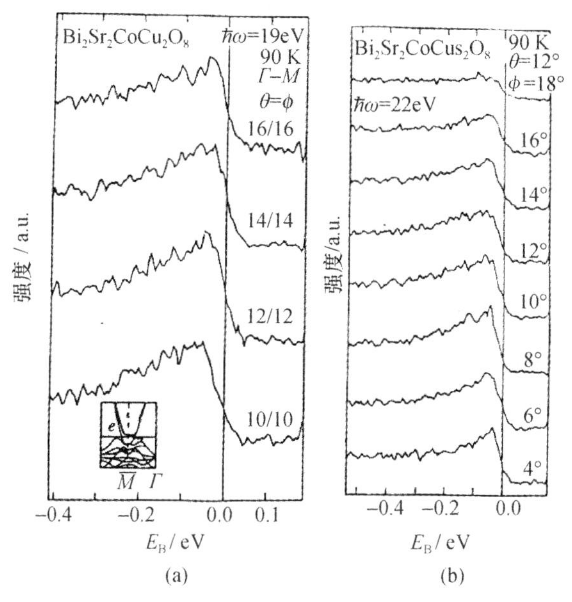

图 5.11　Bi2212BZ 中的两个路径，见图 5.10 中路径“*b*”和“*c*”. 取自文献[5.13]图 3,4

这是一个很难的课题，因为理论还预言在那里有彼此靠近的许多能带，如图 5.5 或 5.11(a)内插图所示，他们不能给出确定的回答. 但是，Olson 等人感到他们的数据似乎提示 BiO 包是存在的. Well 等人[5.14]沿着一条很不同的道路来研究 BiO 包问题，即氧淬火样品中 T_c 较低. 他们工作的优点是：① Bi2212 解理的最外表面是 BiO 面；② 光电子谱是表面敏感的探针，探测深度约为 1 nm 或更少些，这样就意味着基本上全部的 BiO 信号来自最靠外的 BiO 面(还依赖于实验中使用的光子能量).

图 5.12[5.14]给出的是沿 Γ-X 和 Γ-$\overline{M}$ 方向的近费米能级跨越的光电子谱，且分别给出了在表面沉积 Au 亚单层前后的结果. 细线对应沉积 Au 前的结果，粗线是沉积后的结果(选择 Au 是为了避免任何严重的化学反应效应). 可以看到近费米能且沿 Γ-$\overline{M}$ 方向的峰受 Au 沉积影响很大，而沿 Γ-X 方向基本上是未受影响的. Well 等人认为这意味着沿 Γ-$\overline{M}$ 方向的态比起沿 Γ-X 方向的态有更多的表面成分，即 BiO 成分. 这个结果与能带计算预言在 $\overline{M}$ 点附近有 BiO 包是一致的. 分隔开的 BiO 费米面片，在角光电子谱实验上未观察到. 这是由实验精度不够造成的，近来已分辨出另一类元激发. 这个问题留待后面再介绍. Wells 还注意到，近 Γ-$\overline{M}$ 带

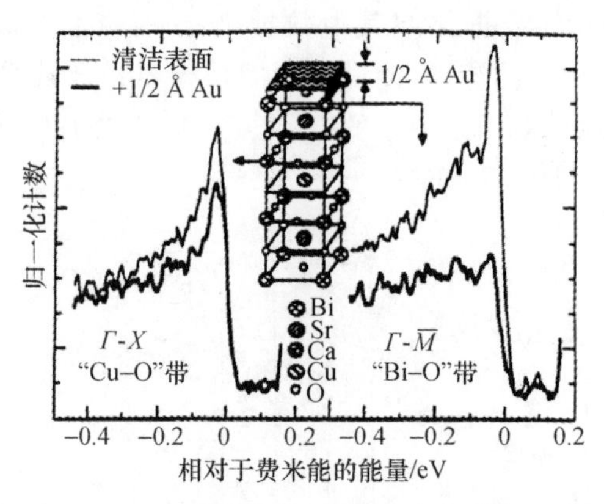

图 5.12　Bi2212 表面态的研究. 取自文献[5.14]图 2

非常敏感于氧的含量. 他们发现在低氧含量样品中,沿 $\Gamma\text{-}\overline{M}$ 的能带离开了费米能级. Dessau 等人的工作发现了一些令人感兴趣的结果,是在高质量单晶上作高记数率高分辨率得到的. 在这个单晶上坚持了一周时间的数据采集,没有发现可检测到的"污染". 这使得他们可以绘制出费米面的细节. 使用的光子能量是 20.5 eV. 样品保持在 100 K 温度下,高于超导转变温度 T_c(=84 K). 他们选择了一些 $\boldsymbol{k}$ 空间的路径,参见图 5.13. 图 5.13(a)示出的是沿 $\Gamma\text{-}X$ 方向的结果. 与 Olson 的结果很相似,他们也观察到了色散的准粒子峰,位于无色散的背景之上,这个背景一直扩展到费米能级. 这里主要强调的是准粒子峰,在发射角 $\theta/\phi=10/10$ 附近观察到了跨越费米能,在图 5.14 中用实心圆表示(无色散背景将在后面讨论). 图 5.13(b)~(e)是沿 BZ 其他方向路径的结果,它们是一些一般的非高对称方向,如内插图所指示的. 图 5.13(b)是沿 $\Gamma\text{-}M$ 方向,即 BZ 对角方向,显示了一个峰,其色散指向 E_F 并在 E_F 附近(发射角超过 $\theta/\phi=15/0$),这个峰被"削"掉. 因为这个峰没有显示出强的强度调制,它保持着这个强度直到 E_F 附近,故不能识别出跨越费米面. 人们可以推断出的信息仅是有一个能带处于费米能附近的一个区域内,可能在 ±30~50 meV 之内,在图 5.14(a)中用斜条纹圆圈表示. 图 5.13(c)示出的是沿 $\overline{M}\text{-}X$ 的结果. 在 $\theta/\phi=20/0$ 时,近费米能的峰基本上保持不变,直到 $\theta/\varphi=20/8$ 时才发生明显的减少,表明跨越费米面. 如我们在图 5.14(a)中所见到的,在 BZ 的一个很大区域,有许多斜条纹圈和黑圈. 图 5.13(e)示出了沿 $\Gamma\text{-}\overline{M}$ 方向的一组数据,取了不同的发射角 ϕ. 令人吃惊的是这一组数据显示了清晰的跨越费米面. 然而图 5.13(b)中是取了结晶学等价的方向,但未见跨越费米面. 为了确定它的原因,将样品旋转 90°,保持入射光方向不变,重取数据. 与未旋转的数据比较表明,失去对称性是由于伴随着光子偏振方向(相对于电子发射方向)的矩阵元不同,并不是晶体对称性自身的破缺. 偏振效应是有用的工具,能帮助我们确定能带结构及理解准粒子激发线形的细节.

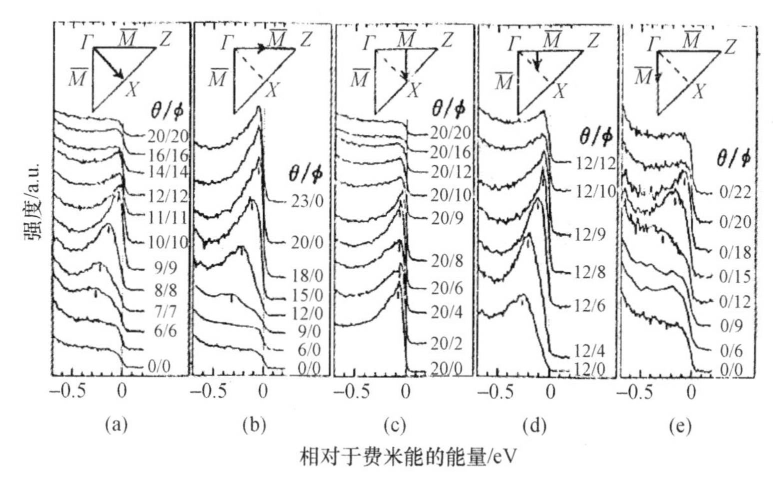

图 5.13 Bi2212 在 100 K 温度下沿 BZ 中几个不同路径的结果,在 $\boldsymbol{k}$ 空间中精确位置示于图 5.14 (a) 中. 取自文献[5.11]图 1

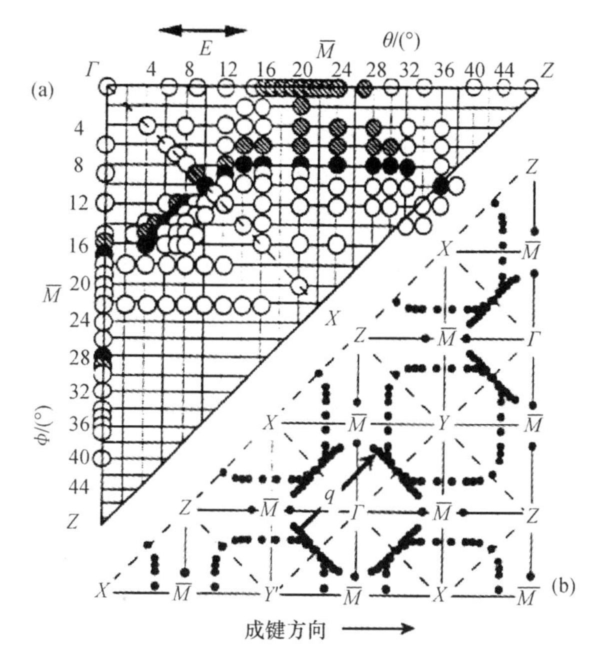

图 5.14 (a) 概述 Dessau 等人 Bi2212 的结果. 每个空心圆表示谱峰的位置. 圆圈的大小表示动量分辨率. 实心圆指示费米面的跨越位置. 阴影圆表示与费米面不可分辨的区域. (b) 实验获得的费米面图,是将(a)中的实心圆绕高对称方向反射而得到的. 箭头表示蜂巢状矢量 $\boldsymbol{Q}$ 近似为(π,π). 取自文献[5.11]图 2

图 5.14(b)给出了实验确定的 Bi2212 费米面,它是将图 5.13(a)中的跨越点,经对称延续而得到的.这个费米面明白地告诉我们有蜂巢状矢量,见图中箭头所示接近(π,π),它可以帮助我们理解动力学磁化率$\chi(q,\omega)$测量到的近(π,π)处的强尖锐峰.还有另外的蜂巢状矢量,它不是(π,π),而且旋转了 45°. 5.5 节中将给出其与其他铜氧化物的蜂巢状矢量的比较,以及与费米面别的性质的比较.图 5.5 和 5.7 中的 Bi2212 能带计算结果与这里的实验费米面并不很相符.除了有关 BiO 包的分歧,即实验上很难肯定 BiO 包的存在,计算与实验的主要差别是两个 CuO_2 平面对应的两个费米面片,其中一片费米面理论计算和实验是一致的,全是包围着 X 点的,另一片费米面理论预言的也是包围 X 点,实验观测到的却是包围 Γ 点.然而,Massida 等人的计算却与实验符合得相对好些,在计算中他们人为地忽略了 BiO 态与 CuO_2 态之间的相互作用,最可能是因为 BiO 带整体保持在费米能以上,因而只对观测到的 CuO_2 带有弱的干扰.这个想法是与隧道实验吻合的.隧道实验发现 BiO 平面是非金属性的[5.15,5.16].这个想法也与量子化学计算相一致,后者发现 BiO 势可以由于偏离化学计量比和 BiO 平面的超结构而升高.当然,并不排除还有一定程度的 BiO-CuO_2 间的杂化.未观测到 BiO 包,表观上与图 5.12 给出的 Wells 的结果相矛盾.应该说,Dessau 等人的研究是更完全些的.同时,重要的是如何理解这种表观上的不一致.首先,是使用的样品不同, Wells 的样品有多余的氧,使 BiO 平面更加"金属化".其次,在 Wells 的结果中,Au 原子渗入表面,使得在 Γ 和 $\overline{M}$ 之间的费米面跨越漂移到 $\overline{M}$ 和 X 之间,而使得沿 Γ-$\overline{M}$ 的峰消失. Dessau 等人实验给出的 E-$\boldsymbol{k}$ 色散关系示于图 5.15 中.圆圈表示沿高对称方向的数据点,曲线表示对色散关系的理论解释.在纵轴的这个尺度下,近 $\overline{M}$ 的数据点全都出现在费米能处.两个分辨出的费米面片,分别来自单胞内两个 CuO_2 平面的奇偶组合.一个在 Γ 和 $\overline{M}$ 之间跨越费米面,另一个在 $\overline{M}$ 和 X 之间跨越费米面,参见图 5.14 所示的实心圆.一般来说,这些能带是非简并的,沿 Γ-X 方向的分裂较小或是零,图中无法分辨,与 LDA 计算一致.图 5.15 示意出在点附近的鞍点行为:能带显示出沿 Γ-$\overline{M}$-Γ 方向有极大值,沿 X-$\overline{M}$-Y 方向又显示了极小值.如图 5.2 所示,预期在 BZ 的这个位置有鞍点,忽略展宽效应,将导致态密度的奇异行为.这个行为通常称为范霍夫奇异性.它将对系统的物理性质有广泛的影响. Dessau 等人对数据的解释并不是唯一的. Anderson 已提出一种解释,他不要求单胞内的耦合,而是依赖于"实际"的和"幽灵"(ghost)的费米面片.在他的理论中,电子的激发是荷电玻色子(空穴子)和自旋玻色子(自旋子)的复合.在一维情形中,电子算符在费米能处将建立动量为 $2k_F$ 的空穴子和 $-k_F$ 的自旋子.在 2D 情形下,空穴子和自旋子的动量不需要共线,所以一个电子可以产生空穴子-自旋子对,它们的动量与"实际"的费米面不同.这就是 Anderson 称为"幽灵"的费米面.图 5.16 给出了为了得到"幽灵"的费米面的

构造法[5.17]. 图中绘出了在 k_F 的自旋子费米面、在 $2k_F$ 的空穴子费米面以及在空穴子费米面每一点上的自旋子费米面的 $-k_F$ 部分. 困难在于估算非共线的空穴子-自旋子对的权重因子. 使用这种理论的构造法，Bi2212 费米面的初级随机点图和有利于共线的权重因子，绘于图 5.17 中.

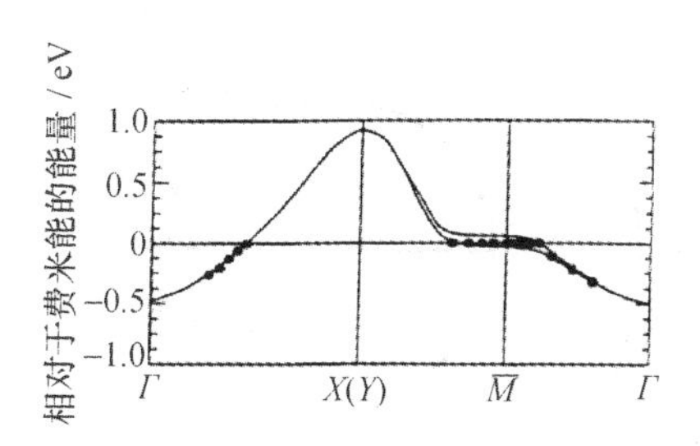

图 5.15　Bi2212 几个高对称方向的 E-$\boldsymbol{k}$ 关系的实验结果(实心圆)[5.10]，细线表示理论计算结果[5.5]. 取自文献[5.11]图 3

在图 5.16 的图像中，“实际”的费米面包围着 Γ 点，由于在点 $\overline{M}$ 的严重的弯曲，这个区域显示了明显的“幽灵化”. 它解释了 Dessau 观测的在点 $\overline{M}$ 附近的平坦能带. 在 Dessau 的解释中归之为跨越费米面的 $\overline{M}$-X 间强度的陡峭下落，在 Anderson的图像中是出现在 BZ 的 X 点的空穴子谱中准范霍夫奇异性的结果. 需要更多的工作来识别不同的理论解释. 一个重要的实验应该是能肯定地证实在一个谱中两个 CuO_2 带中的每一个都清晰地存在. 按照 Anderson 的意见，这种情况是不存在的. “不存在”上述情况，是对 Anderson 理论核心即二维禁闭的最有力的

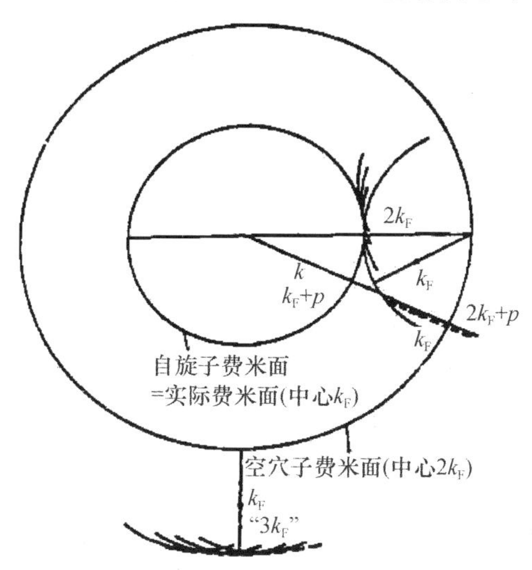

图 5.16　Anderson 的 RVB 理论中生成“实际”的和“幽灵”的费米面的构造法. 取自文献[5.47]图 4.27

支持. Dessau 等人感到他们尚没有确定地观测到这两个分开着的能带,可能是由于偏振函数的选择定则的强效应导致的. 这个效应在图 5.13 和 5.14 中已有表现. 另外他们还指出,作为能量函数的准粒子峰的迅速展宽和弱化,是使两个峰表现为一个峰的原因. 对于近费米面的能带结构和费米面的进一步的更多研究,比如各种偏振及各种光子能量的研究,对于回答上述的这个很基本的问题是很重要的. 相对于费米面的偏离计算而言,费米能附近的电子结构的实验结果与理论计算的偏离更大,见图 5.15. 图 5.5 中显示的 CuO_2 能带,与实验能带相比有更大的色散和更大的能量分裂. 这些差别可能意味着决定重整化的关联效应在 $\overline{M}$ 点附近比沿 Γ-$X(Y)$ 方向上更大些,在 Γ-$X(Y)$ 方向上观测到的质量增强因子是 2(相对于 LDA 计算结果). 事实上,关联效应是如此之强,以至于准粒子概念可能已不再适宜. 在费米能附近的 $\boldsymbol{k}$ 空间的一个很宽的区域,存在有很平坦的能带,它被认为是非费米液体行为的标志. Dessau 数据中的另一个重要信息是 $N(E_F)$,即费米能级处的态密度. 这个信息之所以可以获得,是因为在整个 BZ 上有较清晰的色散关系. 从准粒子峰的色散关系(忽略背景),估算 $N(E_F)$是这样进行的:图 5.14(a)中的加条圆圈近似占据了 BZ 的 20%,并且能带取在±40 meV 的范围内. 给出的这个区域中 $N(E_F)$的平均值为每个铜离子 5/eV. 这个值是相当大的. LDA 计算值为每个铜离子 1~2/eV. 其他的实验给出的结果也是较大的,如:磁化率测量给出的是 7,热力学测量给出的是 5.8. 与此相矛盾的是人们通常的预期,人们认为在高温超导体中应是低载流子浓度,可从高电阻率、霍尔系数及化学分析推导而得的. 这个表观的歧离,主要是因为平坦能带的低电子迁移率导致的,故而对电阻率及霍尔系数没有明

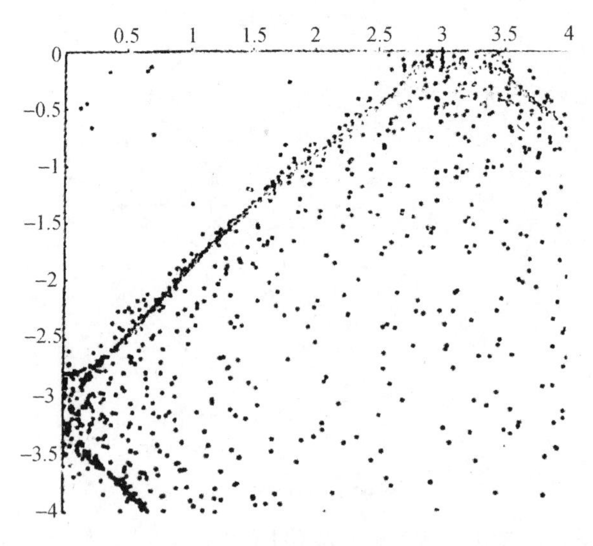

图 5.17 Anderson 的 RVB 理论中 Bi2212 费米面的随机点图. 取自文献[5.47]图 4.28

显的贡献(注意,两个费米面片也会导致霍尔系数的相消效应.另外,随温度的变化也与费米面的弯曲有关,这也是一个原因)[5.18].近来由于分辨率的进一步改进,光电子谱线形分析又给出了关于两种元激发的有价值的结果.也是在 $\overline{M}$ 点附近,有另一种集体激发[5.19].

5.2.2　$Bi_2Sr_{1.9}Pr_{0.1}CuO_{6+\delta}$的结果

Ratner 等人[5.20]和 King 等人[5.21]在掺 Pr 的 Bi2201(T_c=10 K)单晶上取到了高分辨光电子谱的数据,它是 Bi 系家族中具有单 CuO_2 平面的系统.它具有许多 Bi2212 系统的优点,如 BiO 平面间的弱耦合使得易于解理出高质量的解理面.掺入 Pr 是为了帮助稳定晶体结构.共振光电子谱实验指明 Pr4f 态并未扩展到费米能附近,估计它们在电性上是不重要的,这是与它的置换位置(Sr)相一致的.

图 5.18 示出 Bi2212 单晶沿 Γ-X 方向和沿 Γ-$\overline{M}$ 方向的数据,光子能量为 21.2 eV[5.21].其基本行为相似于 Dessau 的 Bi2212 结果,沿 Γ-X 有清晰的费米面跨越,在 $\overline{M}$ 点附近的近费米能处有很平坦的能带.King 等人也取得了全 BZ 的数据,他们确定的数据点示于图 5.19 中.仅能看到一片费米面,这是因为每单胞仅一个 CuO_2 平面.费米面很接近 $\overline{M}$ 点(π/a,0)与图 5.18(b)中显示的相一致,即在 $\overline{M}$ 点附近的态很接近费米能,在 $\overline{M}$ 点附近也没有见到 BiO 包.最后,费米面很平的部分,表明有很强的蜂巢状.King 等人沿高对称方向的 E-$\boldsymbol{k}$ 关系,示于图5.20中.可清晰地看见点 $\overline{M}$ 附近的近费米能的平坦能带.由于这些样品的 T_c 较低,这些数据不支持将平坦能带或范霍夫奇异性与高 T_c 相对应的想法.

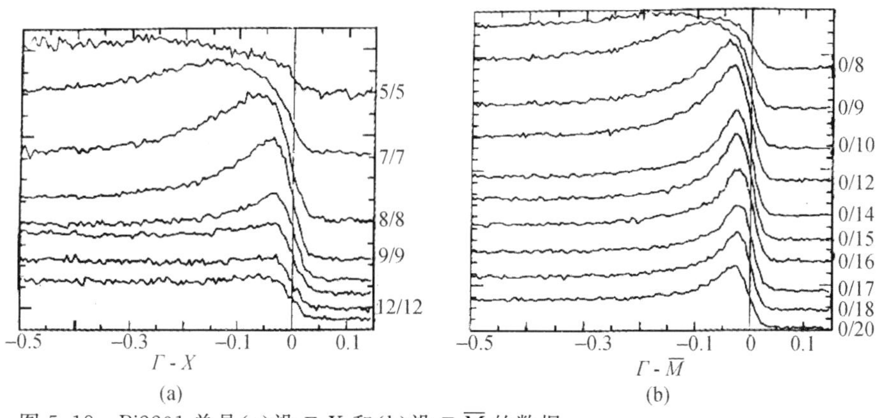

图 5.18　Bi2201 单晶(a)沿 Γ-X 和(b)沿 Γ-$\overline{M}$ 的数据

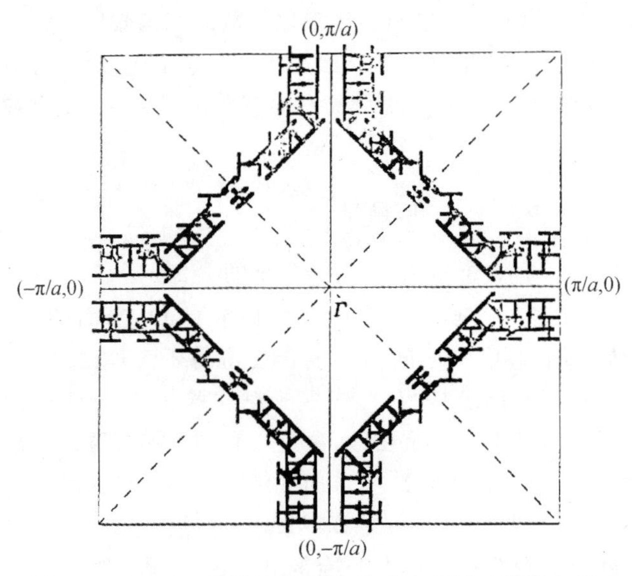

图 5.19 Bi2201 的测量费米面.取自文献[5.47]图 4.30

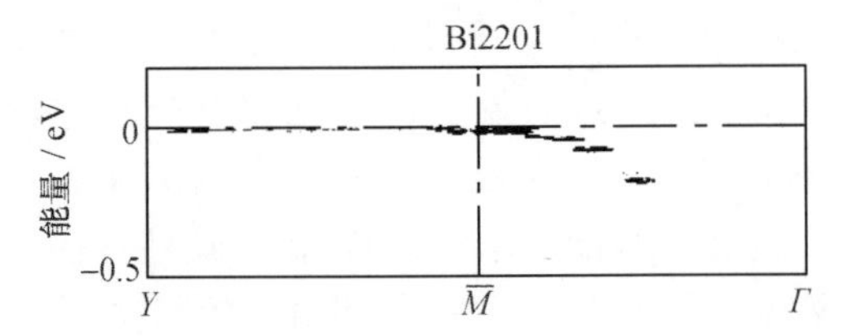

图 5.20 Bi2201 沿高对称方向的 E-$\boldsymbol{k}$ 关系.取自文献[5.47]图 4.31

5.2.3 $YBa_2Cu_3O_7$ 和 $YBa_2Cu_4O_8$ 的结果

虽然人们对于 Y1237($YBa_2Cu_3O_7$)和 Y1248($YBa_2Cu_4O_8$)的光电子谱研究已作出了更多的努力,但比起 Bi2212 来说,这些化合物的结果仍十分令人迷惑不解.大部分原因归为它们没有自然解理面,因而分辨表面和体特征更加困难.如图5.21 所示,Y1237 有不同的解理面,有六种可能的表面,每个解理面的对称性是不同的.还有,可能有某种表面重构,解理后出现的各种类型表面的混合也是很大的.许多研究专门来确定解理面,但是结论很不相同,其根源主要是由结构特征决定的.Y 系结构的两种结构单元是 CuO_2-Y-CuO_2 和 BaO-CuO-BaO,其间的间隔为 0.23 nm,此键是最长的 Cu—O 键,大部分 Cu—O 键是 0.19 nm,有人认为解理最可能出现在这个长键处.高分辨电子显微镜、俄歇谱及芯能级光电子谱支持这个结论.此外还有别的意见,如光电子谱的偏振研究、STM 和低能离子散射谱支持解理出现在 BaO-CuO 界面.也有人发现解理偶然出现在 Y-CuO_2 界面,并且 Y 原子近似相等地分配给两个解理开的表面上，形成 C(2×2)超结构.

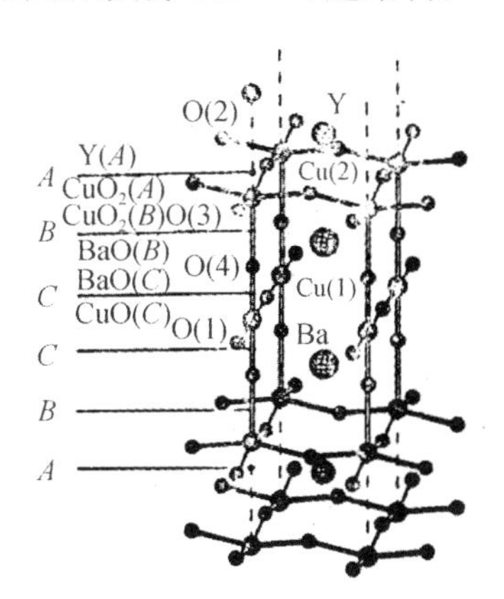

图 5.21　Y1237 六个可能的不同解理面. 取自文献图[5.47]图 4.32

上述的问题是十分重要的，因为光电子谱对表面十分敏感. 如果表面发生重构或有悬挂键，那么光电子谱可能实际上并不能告诉我们关于体电子结构的任何信息. 这个问题与超导能隙尚未在 $YBa_2Cu_3O_7$ 中被成功地观察到有关(除偶然在 Y-CuO_2解理的样品上曾观察到外). 在讨论能隙有关问题时，须记住：表面可能是有问题的. 铜氧化物超导体最初的角分辨光电子谱实际上是在 Y1237 单晶室温解理样品上作出的. 没有发现可分辨的近费米能的峰. 现在已知道是由样品表面问题造成的. Campuzano 等人较早的角分辨光电子谱实验是在很低温度下在孪晶样品上解理而获得结果的. 后来，他们根据原始数据猜想并作出结论：实验的费米面基本上是能带计算给出的费米面[5.23]. 第一个关于无孪晶 Y1237 的 ARPES 的详尽研究是 Tobin 等人[5.22]给出的. 原始生长的 Y 单晶通常存在 90°的孪晶结构，a，b 方向无法分辨. 这些单晶可以再处理成为无孪晶的，只要沿一个方向加压，同时在氧流中淬火. 使用无孪晶样品的优点是人们可以分辨出来自 CuO_2 平面和 CuO 链的贡献. 由孪晶样品也可以获得许多重要信息，特别是随掺杂而变化的信息. 首先讨论宽价带的整体特征.

图 5.22[5.22]给出了 Tobin 的 ARPES 谱，取自 BZ 的不同部分. 可以清晰地看到在 $\boldsymbol{k}$ 空间的不同部分，谱变化很大. 而且，它们对于光子能量及偏振十分敏感. Tobin 将这种依赖光子能量的明显变化归因于光发射的终态效应，并指出令人感兴趣的一点，即近费米能的态随光子能量的强度调制与 1 eV 处的峰不是同相位的. 1 eV 处的峰在光子能量为 28 eV 和 74 eV 时达到其最大强度. 同时，近费米能的峰在 17 eV 和 28 eV 光子能量时达到最大强度. 最令人吃惊和怀疑的问题是在近 1 eV 处出现的峰很强且很尖锐.

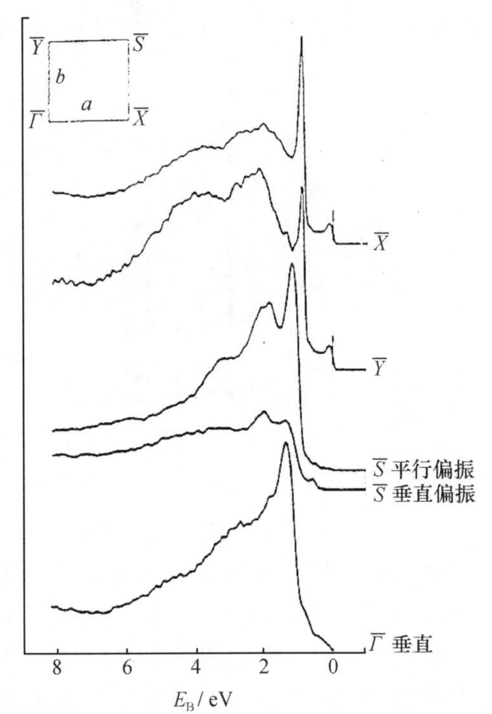

图 5.22 无孪晶 $YBa_2Cu_3O_{6.9}$ 样品的价带.取自文献[5.47]图 4.33

图 5.23 给出 Tobin 的实验结果,显示了近 $\overline{X}$ 和 $\overline{S}$ 点处这个峰的细节.从图中可见 1 eV 峰的色散,由图中的 9 条曲线表示的,它们对 $\overline{S}$ 点是对称的,反映了典型的临界点行为.而且,每条曲线至少有两个峰在 $\overline{S}$ 点成为一个峰.这些峰色散很明显.然而,这个行为没有在 $\overline{X}$ 点附近被看到(参见图 5.23(b)),而看到的是一个锐峰从背景中长出来,并且向低束缚能方向色散.近 $\overline{X}$ 点的色散量是很小的.

图 5.24[5.22]给出了实验确定的近 $\overline{X}(\overline{Y})$ 点的色散关系.这个锐峰在孪晶样品中亦被观测到了,它的源仍不清楚.Tobin 认为这个峰伴随着 CuO_2 有关的态.在无孪晶样品上,$\overline{X}$,$\overline{Y}$ 点有差不多的强度,表明它们不可能是与链相关的.他们还发现,这个峰还在近 $\overline{X}(\overline{Y})$ 点处显示了明显的 Cu 共振.偏离这个高度对称点就没有了这种共振,说明这个峰在近 $\overline{X}(\overline{Y})$ 点有相当大的 Cu 成分.Liu 等人[5.24]也认为－1 eV 峰是本征的,这个峰的强度是样品质量的标志.因为在缺氧的样品及真空时效处理的样品中这个峰明显地减少.另一方面,有人认为－1 eV 峰只是表面态,因为测量对表面污染很灵敏,且基本上没有 k_z 色散[5.25].Schroeder 等人[5.26]发现在某种解理面上,－1 eV 峰明显减少甚至不存在,并注意到了－1 eV 峰的强度与近费米能处峰的反向关联.

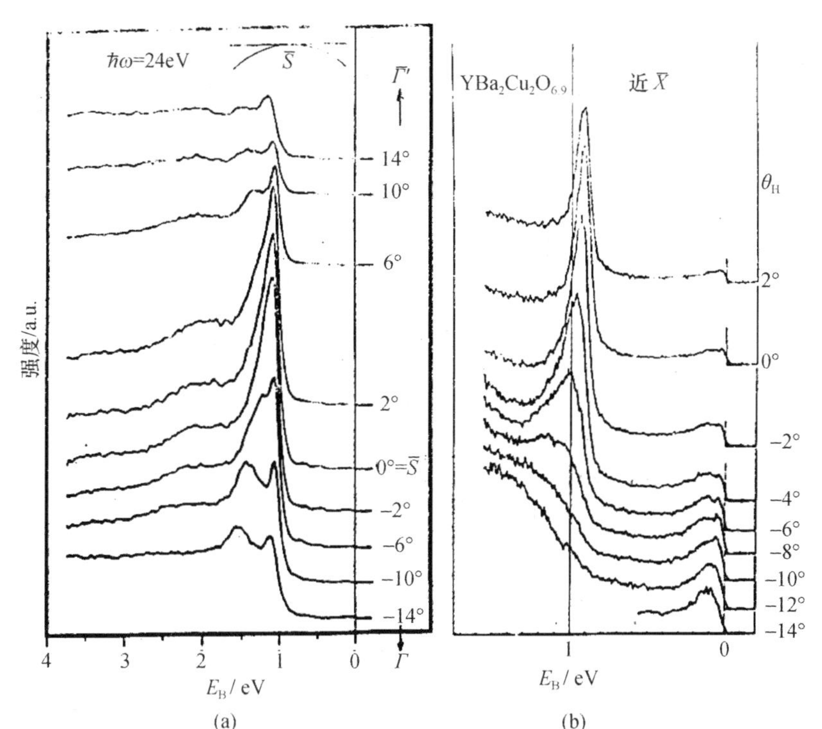

图 5.23　无孪晶 $YBa_2Cu_3O_{6.9}$ 样品的谱数据显示出−1 eV 峰的色散.(a)$\bar{S}$ 点;(b)近 $\bar{X}$ 点.取自[5.47]图 4.35

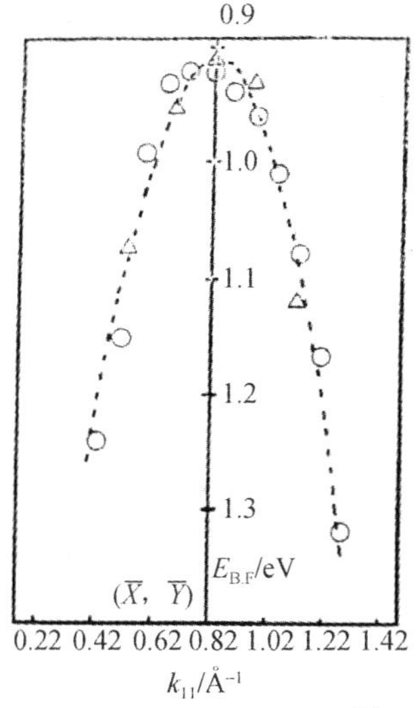

图 5.24　无孪晶 $YBa_2Cu_3O_{6.9}$ 样品的−1 eV 峰的近 $\bar{X}$ 点的色散,“O”对应入射光子能量为 24eV,“Δ”对应入射光子能量为 74eV.取自文献[547]图 4.36

图 5.25 给出了两个不同样品上的上述行为. 样品 1 是很反常的(它是 12 次实验中的仅有的一例). 在这个样品上,没有强的 -1 eV 峰,且这个样品比 Schroeder 其他典型样品有更强的近费米能的峰,这是超导能隙的标志. 解释这个问题十分困难和复杂,尚需更多的工作,特别要研究解理后留下的表面特征. 如图 5.26 所示,-1 eV 峰在 Y1248 样品上也观察到了. 考虑 Y1248 与 Y1237 晶体结构的不同,对于理解它们的解理特性很重要.

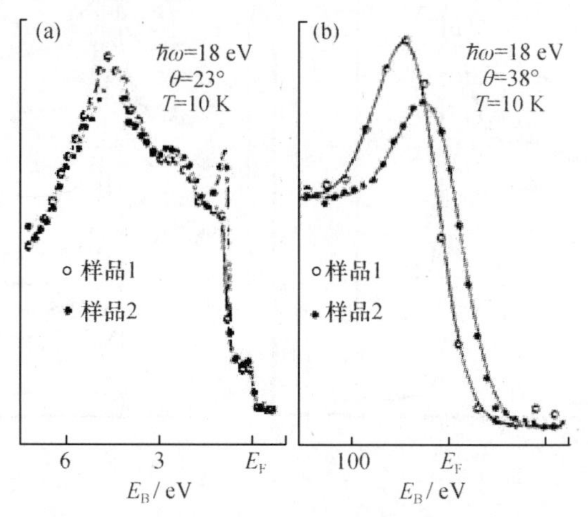

图 5.25 两个 $YBa_2Cu_3O_x$ 样品的光电子谱. (a)是完全价带;(b)是近费米能的谱,没有强的 -1 eV 峰,在近费米能处的峰权重较大. 取自文献[5.47]图 4.37

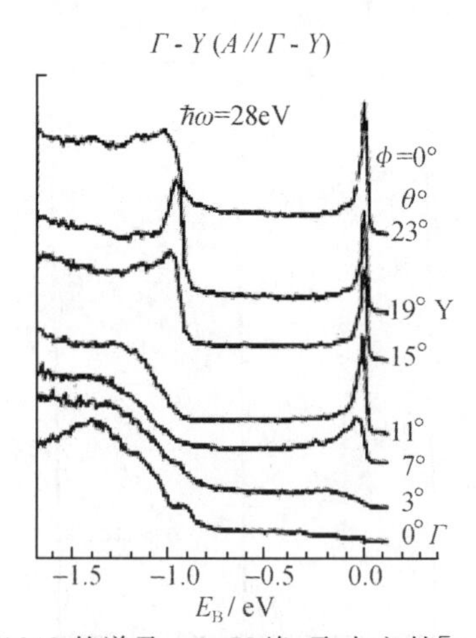

图 5.26 Y1248 的谱及 -1 eV 峰. 取自文献[5.47]图 4.38

图 5.27 给出的五组数据是 Tobin 用来确定无孪晶 $YBa_2Cu_3O_{6.9}$ 单晶费米能跨越的数据. 每组数据的位置在图 5.28 中用一些线来表示,采用的是扩展 BZ 方案. 图 5.28 中数据线(i)~(v)对应图 5.27(a)~(e)的数据. 跨越位置在图 5.28(a)

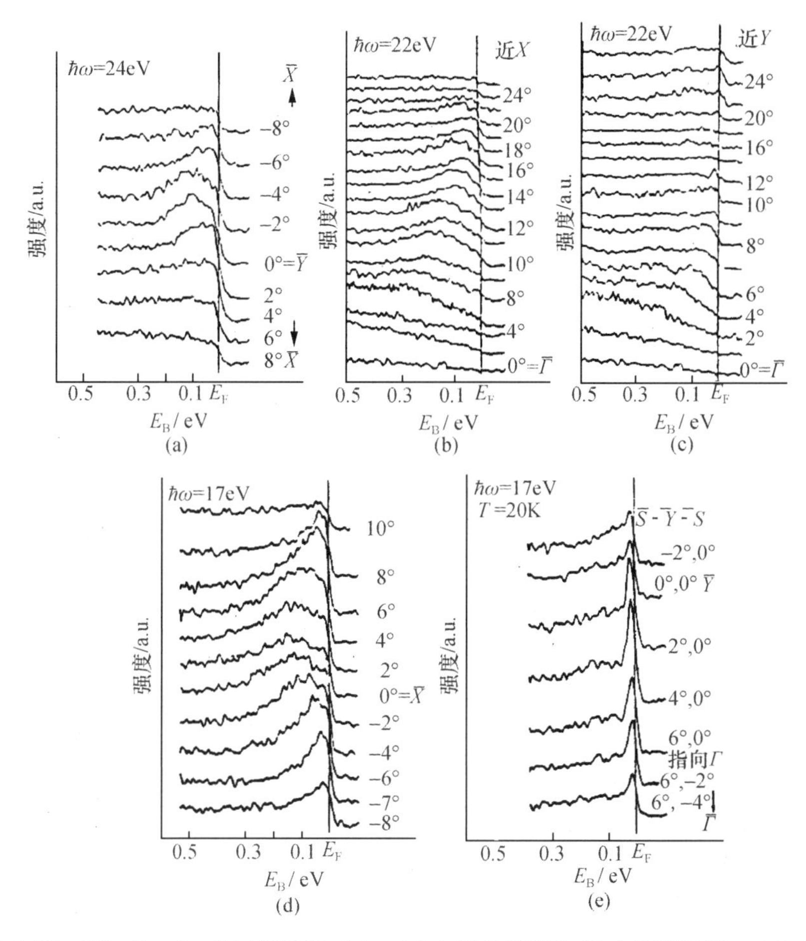

图 5.27 $YBa_2Cu_3O_{6.9}$ 的五组数据，(a)～(e)分别对应图 5.28 中的路径(i)～(v). 取自文献[5.22]

中用圆圈表示. 圆圈大小表示测量系统的分辨率. Tobin 的数据最明显的方面或许应是在近 Y 点处，光子能量为 17 eV 时，有很锐的峰可参见图 5.27(e). 数据显示出很近费米能时的很锐的峰结构，和近－0.1 eV 处的一个更宽的峰. 这个锐峰在近费米能处有 40 meV 的完全半宽度，主要是由仪器的分辨率(30 meV)确定的. 近 X 点的数据，与示于图 5.27(d)中的很不相同，看不到锐峰. Tobin 将其归因于两个方向的结晶不对称性，以及它们中一个是平行于 CuO 链的，另一个是垂直于 CuO 链的. 综合分析价带及 Ba4d 芯能级结果，Tobin 认为在 Y 点附近近费米能的峰是伴随着 CuO 链的. 这与其他人的看法不同，其他人的看法包括 CuO_2 平面或表面态相关. 这个问题仍未最后确定. 图5.28(b)给出了实验与理论计算的比较，实验跨越点采用约化 BZ 方案，理论计算是 Pickett 给出的，k_z 色散的影响已计入. 可以十分清

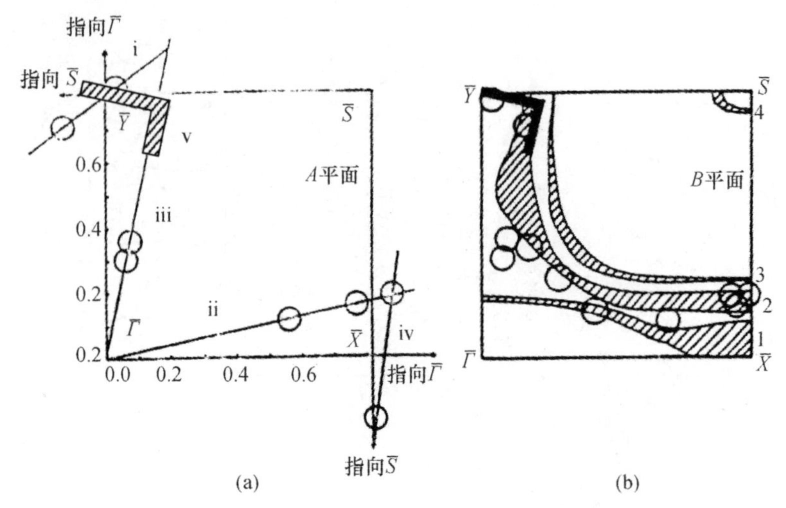

图 5.28 (a) Tobin 数据在 BZ 中的位置.用线表示路径,圆圈表示费米面跨越;(b) 费米面跨越位置折叠进入约化 BZ,并与能带理论计算结果相比较.取自文献[5.22]图 9

楚地看出,与 Bi2212 的结果相似,实验数据基本上是能带理论给出的费米面.但是请注意,这里数据点不多,跨越点的不确定度也很大.关于费米面的更多的信息,是在孪晶样品上得到的.Liu 等人[5.24]在 $YBa_2Cu_3O_{6.9}$样品上给出了十分详细的费米面.图 5.29 是光子能量为 21.2 eV 时,两个高对称方向的结果.这个测量是在 20 K 时的超导态下测量的,和 Tobin 的测量一样,也未观察到清晰的超导能隙.Liu 认为可以从中给出费米面的信息.图 5.29(a)中数据是沿 Γ-S 方向的,有一个清晰的色散的峰和好的跨越.在初级近似下这个数据与 Olson 和 Dessau 的 Bi2212 沿等价对称方向 Γ-X 方向的数据很相似.然而,Liu 认为在他的数据中可以观测到两个跨越,一个在 7/7 附近,一个在 9/9 附近,在内插图中用暗影圆圈表示,第二个跨越点是清晰的.第一个跨越点是可疑的,因为不清楚这个"隆起"是否是由附加能带造成的.如 Liu 在讨论中也指出,是否仅只是简单地由于一个很宽的峰被费米函数截断造成的.基于很相似的数据,Mante 等人[5.28]报道了沿 Γ-S 方向仅有一个跨越.沿着 Γ-$X(Y)$方向,在近 9°处有一个峰开始出现,有不大的色散,而后在 15°附近出现费米面跨越.然而,请注意,在 BZ 这个区域的光电子谱对光子能量很敏感,用不同的光子能量,得出定性不同的结果.除了取高对称方向的结果(参见图5.29),Liu 还取了几乎全 BZ 的谱,如图 5.30 所示(光子能量为 21.2 eV)[5.24].

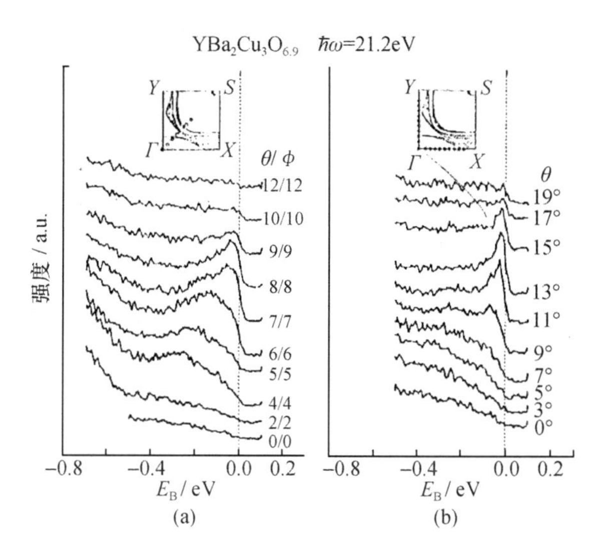

图 5.29 $YBa_2Cu_3O_{6.9}$孪晶样品的 ARPES 数据.取自文献[5.24]图 1 和 2

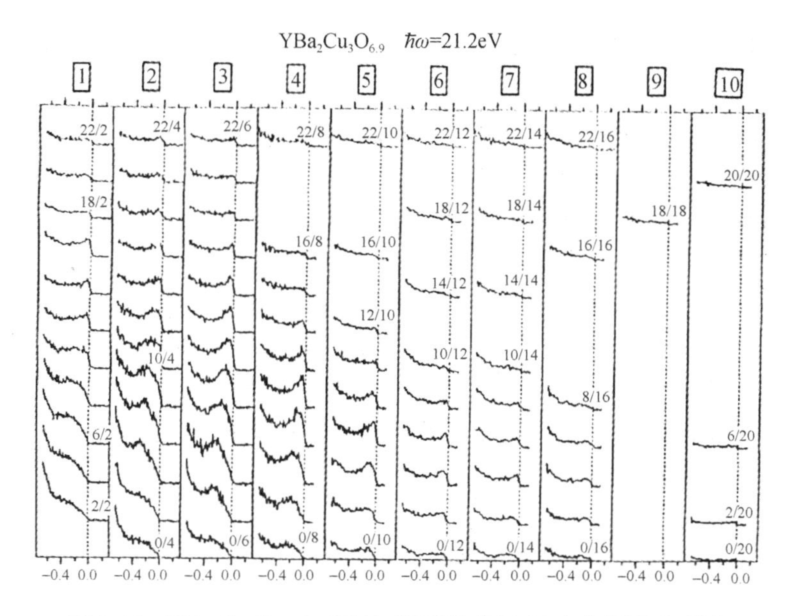

图 5.30 $YBa_2Cu_3O_{6.9}$全 BZ 的 ARPES 数据.取自文献[5.24]图 3

他们用来确定费米面跨越的判据是,无论何处均有近费米能级的峰和尖锐陡峭的费米边截断.实验确定的费米面如图 5.31 所示.圆圈表示实验数据[5.24]点,曲线表示 Pickett 理论计算的结果[5.6].实验与理论计算之间有部分地吻合.一方面可以看出来自 CuO_2 平面的费米面(标以"2"及"3")的实验和理论符合得很好.另一方面,笔者注意到未能看到链驱动的费米面,特别是标有"4"的能带,虽然笔者特别小心地搜索过.这个结果与 Campuzano 等人较早的报道很不相同. Campuzano 断言能看到链费米面"4"[5.23].从 $YBa_2Cu_3O_{6.8}$样品的实验中,Mante 也报道不存在链驱动的费米面"4"[5.29]. Liu 还发现实验带"3"的有效质量是计算带质量的两倍,与 Bi2212 的结果一致.虽然"2"和"3"带实验与理论之间的相符看起来给人很深的印象,但是应该注意,Liu 用来确定跨越费米面的判据与 Z. X. Shen 使用的判据(参见 5.1.4 小节)很不相同.在能带色散较大的区域,判据基本上是相同的.另一方面,如果能带很平,判据很不相同. Shen 使用他们的判据,但使用 Liu 和 Gofron[5.30]的数据,结果示于图 5.32 中.包围误差条的阴影区表示费米面跨越可能存在的位置. Y 点附近阴影区很大的原因是能带很平(色散很小),很难精确定出跨越位置.还有,这些峰对光子能量的依赖也是很复杂的,使得精确地确定跨越点更加困难.虽然图 5.32 的结果与图 5.31 的结果很一致,但理论与实验之间的符合不再是那么确定.另外,这个图表观上给出了 P 型超导体费米面的普遍的形状:以 $S(\pi,\pi)$为中心的费米面片和以 $Y(\pi,0)$为中心近费米能的很平坦的宽的能带区域. Gofron 等人对近费米能、Y 点附近的平坦能带区、各种光子能量的高分辨研究示于图 5.33 和 5.34中.

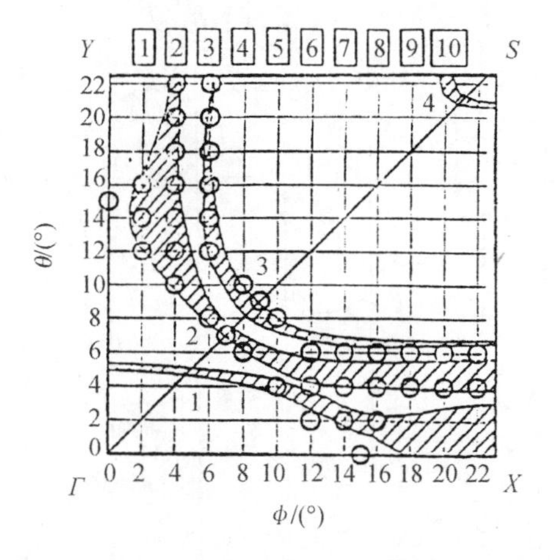

图 5.31 $YBa_2Cu_3O_{6.9}$实验确定的费米面及与计算的费米面的比较

图 5.33 给出的是 Y1248 样品,光子能量为 28 eV 时的结果.这个光子能量强化了近费米能的峰.图(a)给出 Γ-Y 方向的行为,(b)给出 Y-S 间的行为.图 5.34 给出 E-$\boldsymbol{k}$ 关系,也是沿 Γ-Y 和 Y-S 高对称方向的.小棱形表示 Y1248 样品在28 eV的数据;小方块是 Y1237 在 17 eV 的数据.可以看出在 Y 点的鞍点行为.由于沿 Γ-Y 方向的色散如此小,这不是常规的鞍点,而是更扩展的鞍点.可以预期,鞍点的扩展特性定性地改变态密度中发散的特性. Y1237 和 Y1248 数据的主要不同是 Y1237

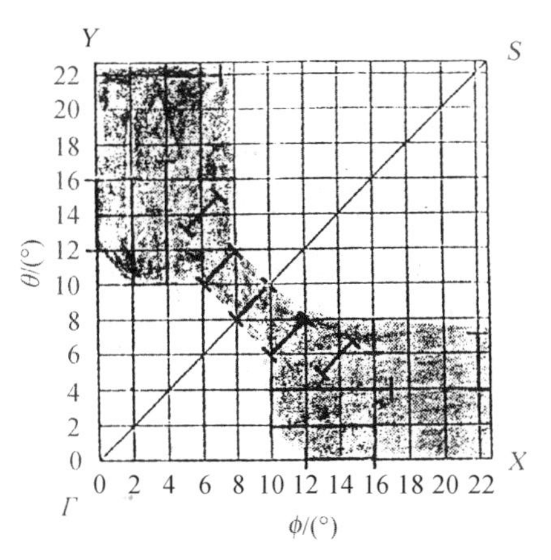

图 5.32 对实验确定的费米面的重新解释,误差条示出跨越点,阴影区表示费米面跨越可能存在的位置. 取自文献[5.47]图 4.44

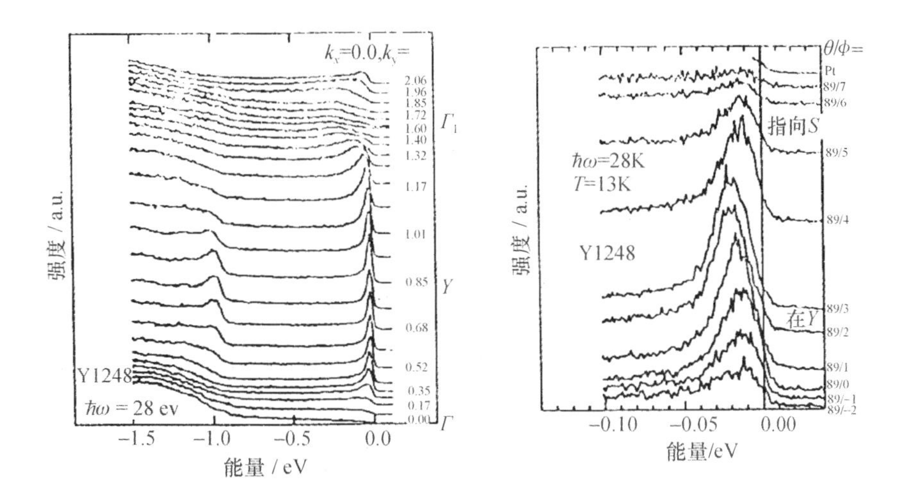

图 5.33 沿 Γ-Y 方向 Y1248 的近费米能峰. 取自文献[5.47]图 4.45

的鞍点更近费米能(在费米能以下约 10 meV),而 Y1248 的鞍点是 19 meV.

把平带问题暂放一边,还有几点要提起注意. X(Y)点近费米能的鞍点行为,在 Y1237 和 Y1248 中近费米能分别在光子能量为 17 eV 和 28 eV 时最清晰. 也有其他的证据(光子能量为 21.2 eV)表明 X(Y)点的能带是与链相关的. 首先是 Tobin 发现这个带在无孪晶样品中,X 和 Y 点行为很不相同. 其次,X(Y)处 21.2 eV 记录下的能带更灵敏于 O 的含量. 这意味着这个带可能是与链相关的. 但是在 28 eV 时记录的数据表现不同的行为. 它们对 O 含量是不敏感的. 相似的峰也在 $YBa_2Cu_3O_{6.5}$ 和 $YBa_2Cu_3O_{6.9}$ 样品中被观察到. 且沿 Γ-Y 的能带总是在费米能以

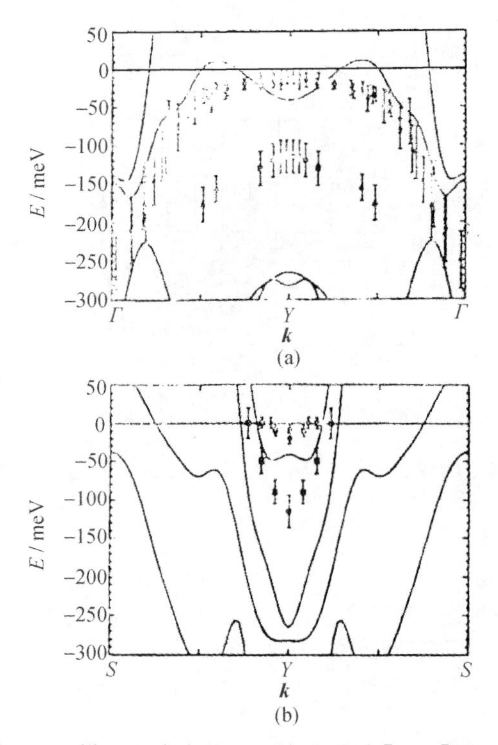

图 5.34 沿 Γ-Y 方向的 E-$\boldsymbol{k}$ 关系. 取自[5.47]图 4.46

下,而 21.2 eV 的数据清晰地指明有跨越. 为什么似乎有两个带? 其中之一是表面态吗? 这些都有待进一步研究.

从上面关于 Y1237 和 Y1248 费米面绘制的讨论,可以看出实验费米面的某些方面与计算费米面基本相同,一般形状是以 $S(\pi,\pi)$ 为中心的圆化了的方形费米面. 然而,在实验和计算之间关于链能带也有明显的不同. 为什么 ARPES 实验尚未观察到这个链能带,原因仍不清楚. 这与 Bi2212 中的情形是很一致的,既有相同的一面也有明显不同的一面. 实际上,实验与理论费米面相符的程度是十分令人吃惊的. Y1237 实验通常是对于单晶样品,O 含量为 $O_{6.9}$ 或更低. 理论计算是对 O_7 的理想晶体计算的. 因为氧含量对于这个系统的电子结构是极其重要的,因而自然应该出现某些差别. 比起 Bi2212 还更复杂些,是因为有解理面的不确定问题. Bi2212 晶体解理在两个近邻弱范德瓦耳斯耦合的 BiO 平面间发生,然而,在 Y1237 中就有可能有很强的键被打破. 以至可以预期一定会有表面重构和其他的表面现象发生. YBCO 中的一些峰有可能是与表面态相关的. 如此的表面反应定会产生电子结构的畸变. 最后一个令人迷惑的问题是,Y1237 和 Y1248 实验数据一般来说与原来的预期失去了逻辑的联系. 例如,对超导样品(T_c=90 K)在 20 K 时采集数据,光电子谱探测的结果却是不超导的. 但又为什么获得的费米面与计算的费米面有如此多的相似之处？这是目前仍未解决的问题. N 型超导体的结果详略.

5.3　与其他技术测量的费米面的比较

除了光电子谱还有其他的测量技术用来研究铜氧化物超导体的费米面. 它们是正电子湮灭和德哈斯-范阿尔芬实验. 虽然它们并不能提供出比光电子谱更详细的资料，但是这些实验是重要的辅助测量，因为它们能提供与光电子谱相互补偿的信息. 例如，这些实验对表面不敏感. 这里不再介绍这些实验及结果的细节.

正电子湮灭实验是在无孪晶的单晶 Y1237-δ 样品上作出的. 该测量对这个材料的链费米面很敏感，它们的结果与能带计算的费米面符合得很好. 在 Bi2212 样品上，实验观测到了能带计算指明的 BiO 费米面片. 这是与其他测量结果不同的，虽然仍需要作更多的工作来确证它.

德哈斯·范阿尔芬实验有两种模式：一种是使用很强的脉冲磁场，另一种是使用相对来说较弱的静磁场. 它们在 Y 样品上观测到了链驱动的费米面片，见图 5.8 中以 $S(R)$ 点为中心的费米面片. 这是对 ARPES 的重要的补偿信息，因为 ARPES 尚未确切地观察到这个费米面片.

5.4　小　　结

从 ARPES 实验已得到了关于铜氧化物超导体正常态的许多关键结果. 主要结果及其意义概述如下：

① 在较高(过)掺杂的金属样品系统中有费米面存在. 一些确定的方面相似于能带理论计算的结果. 一般地说，Luttinger 定理是被认可的.

② 有鞍点造成的平带. 对于 P 型，它在近费米能处，对于 N 型，它远低于费米能.

③ 费米面有不同程度的蜂巢状. 人们在 Bi2212 和 Bi2201 中观测到了沿(π,π)方向的蜂巢状. 或许在 YBCO 中也有！表观上 Bi2212 中的最强. 中子数据也指出 $La_{2-x}Sr_xCuO_4$ 中有蜂巢状.

④ 在弱掺杂样品正常态中有能隙. 主要是 d 波对称性. 沿$(0,0)$到(π,π)方向有节点(详见综述文章[5.31]).

⑤ 在近费米能处有反常的谱线形. 其线宽和色散与费米液体理论预言不一致. 此外还发现了另一类集体激发，对此目前仍未有定论，但是已开启了新的活跃的研究领域.

以下补充一些近几年的新结果.

5.5 新近研究进展

5.5.1 电荷转移隙

实验上已清楚地表明电荷转移隙是铜氧化物高温超导家族的普遍属性.这里先介绍隙间态的概念,然后再主要介绍光电导实验提供的证据——LaSrCuO 系统中光谱实验的隙间态证据[5.32].

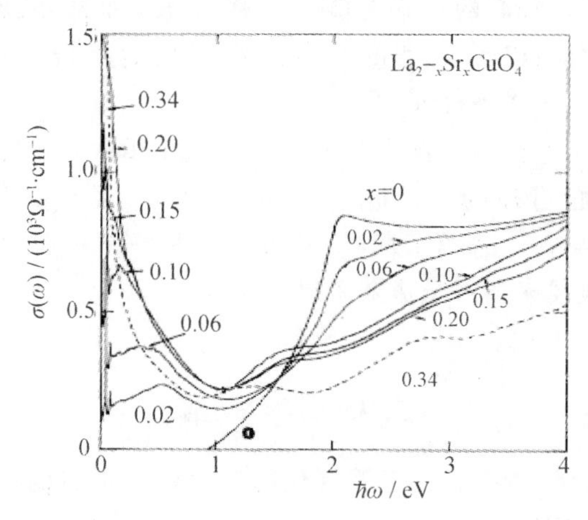

图 5.35 光电导实验测量随掺杂的变化.当 $x=0$ 时,电荷转移隙 $\Delta\sim1.7\,eV<U$.取自文献[5.32]图 7

图 5.35 中给出当 $x=0$ 时,即母化合物中存在能隙(约为 1~2 eV 之间),它远小于在位库仑能 U.按照通用分类法[5.33],它归属于电荷转移隙类.为了方便理解测量结果,Uchida 绘出能带结构图,如图 5.36 所示.图中示出 O 能带处于 Cu 上下带(Hubbard 带)之间,以及随掺杂的演进,中间经过隙间态,最后进入 FL 态,隙间态处在 O 带和 Cu 带之间(近中间),是由 O 轨道和 Cu 轨道杂化而成.费米能级处 Cu 和 O 的轨道占据比约为 2 :8,参见图 5.38.图 5.36 也示出电子型的能带图以作对照.从图 5.36 可以明显地看出空穴型超导体与半导体中的杂质态不同,半导体中通常杂质态在价带顶或导带底附近.这里以隙间态来突出这个差别.

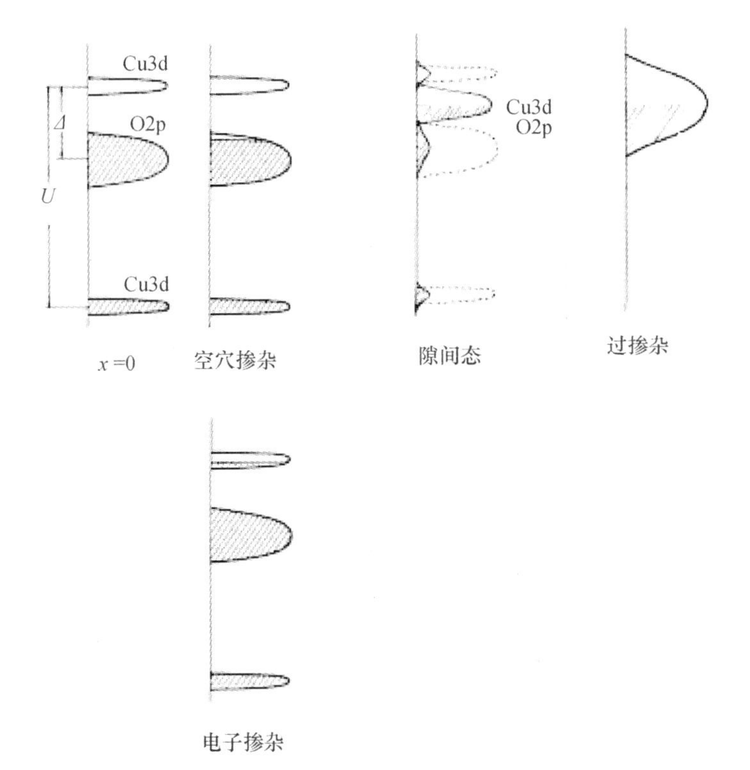

图 5.36 空穴型超导体能带及演进示意图，也示出电子型的能带图作对照. 取自文献[5.32]图 13

5.5.2 空穴在氧位

光跃迁实验，如 O1s 向 2p 能级的跃迁. 在 $x=0$ 时，即 La_2CuO_4 中，O 为 -2 价，没有空穴在氧位上. 随着掺杂增加，氧位上的空穴百分数增加，表现为 1s 向 2p 的跃迁概率增加，参见图 5.37[5.34]示出的电子能量损失谱，图中 V 峰的升高，对应 O1s→2p 的跃迁. 谱中未见任何 Cu3d 的信息，表明空穴未在 Cu 出现. 单带模型中用有效的 Cu 位空穴取代氧上空穴，是没有根据的.

考虑到杂化效应，由费米能处态密度 $N(E_F)$ 显示出比例，Cu^{1+} 成分只占 20%，O^{2-} 成分占 80%，参见图 5.38[5.35]. 图 5.39 示出了 La 样品和 Y 样品的结果[5.36]. 还有 Bi 样品的结果未在这里示出，请参见文献[5.37].

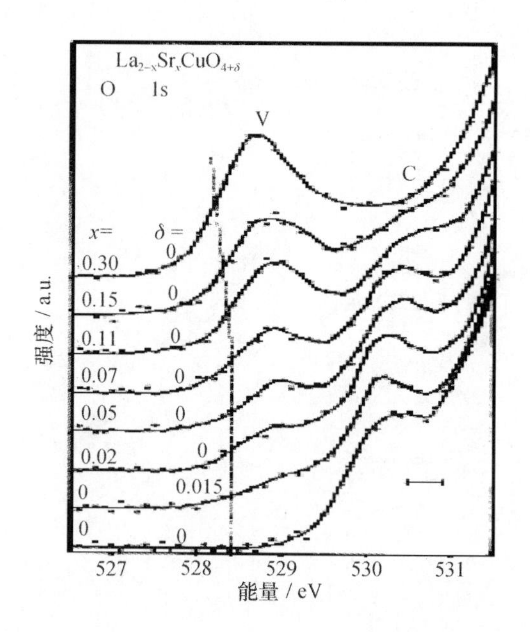

图 5.37　O1s→2p 跃迁峰 V 随掺杂量增加而增加. 没有任何 Cu3d 的信息. 取自文献[5.34]图 1

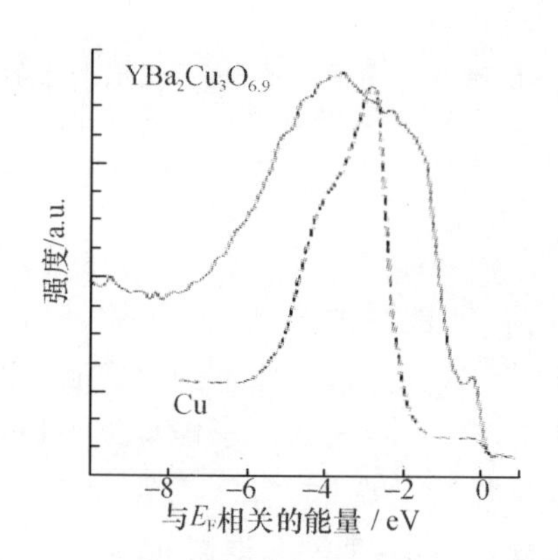

图 5.38　费米能处态密度 $N(E_F)$，Cu 成分只占 20%，O 成分占 80%. 取自文献[5.35]图 1

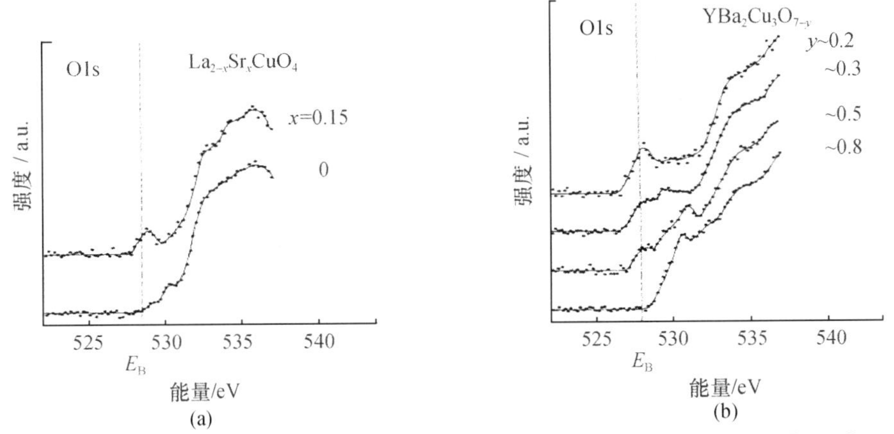

图 5.39 LSCO 及 YBCO 样品的电子能量损失谱,O1s→2p 跃迁.取自文献[5.36]图 2

5.5.3 反铁磁关联区与空穴区共存

随掺杂的演进反铁磁关联区与空穴区共存以及条纹相(静态和动态)的情况在第四章中已重点介绍过,这里不再重复.

5.5.4 隙间态的普适性

隙间态不是 Zhang-Rice 态,隙间态能量位置与 Zhang-Rice 态给出的位置不同.隙间态位置的实验确定是问题的关键.下面列出关于家族各个成员中普遍存在隙间态的实验工作的文献出处.

在 LSCO 方面有文献[5.32],[5.48],[5.49],[5.44](隙间态两分量).在 Y1237 方面有文献[5.50].在 Bi2201 方面有文献[5.51].在 Bi2212 方面有文献[5.52],[5.53].在 $Ca_2CuO_2Cl_2$ 方面有文献[5.54](第二种情形),[5.55](Na-CCOC(化学势 Puzzle),[5.56](与 Bi2212 相似),[5.57].在 $Sr_2CuO_2Cl_2$ 方面有文献[5.58]~[5.61].

上述工作显示出电荷转移隙的隙间态是铜氧化物高温超导家族的普适特性,费米能级的能量位置处于隙间,与 Zhang-Rice 预言的位置不同.在存在反铁磁背景的条件下更证明了 Zhang-Rice 态是不稳定的[5.38].Zhang-Rice 态的不稳定性使得一切以它为基础的研究都是站不住脚的.

另一个人们曾经关注的问题是化学势随掺杂的演变,特别是 K. Tanaka[5.39]提供出的不使人信服的结果,导致了认识上的混乱.也有些有价值的讨论,如 Devereaux等人[5.40],对光电导与 Raman 散射中的一些"表观"上的矛盾进行了讨论,并企图在一致的图像下给予解释.其意图是好的,但是需要特别小心,因为从 ARPES 中提取化学势是一个"复杂"的过程.

$$\Delta E = \Delta\mu + K\Delta Q + \Delta V_{\mathrm{H}} + \Delta E_{\mathrm{R}},$$

这里给出的是以未掺杂为参照的. 随掺杂的改变,第一项是化学势的改变,第二项是相关原子价电子数的改变,第三项是 Madelung 势的改变,第四项是额外原子弛豫能带的改变. 这些改变是一个整体综合分布的改变,仔细讨论其中一项,误差是比较大的. 在确定固体材料化学势或费米能时,上式只是在定性分析上有参照价值.

5.6 空穴配对的实验依据

下面介绍载流子密度 n、掺杂浓度 x、超流电子密度 n_s 与空穴包体积 V_{FS} 成正比的实验,严格地说这些量的比例系数均近似为 1. 相关实验包括载流子浓度的标定实验、μSR 测量超导配对密度 n_s/m^* 与 T_c 成正比的实验、ARPES 在 LSCO 上测量 n 与 x 成正比、准粒子测量超流配对电子密度 n_s、T_c 与 x 成正比的实验,还有 ARPES 测量的小空穴包体积 V_{FS} 与 x 成正比的实验. 综合上述实验结果不难得出如下重要关系:

$$n \propto n_s \propto T_c \propto x \propto V_{\mathrm{FS}}.$$

下面示出相关的一些重要实验结果,以显示这个重要的依赖关系.

5.6.1 确定实际的载流子浓度

在 HTSC 铜氧化物中确定载流子浓度是个困难的工作. 常规方法为霍尔系数法,由于它随温度变化,故无法作为定量的依据. 然而,Ando 研究组[5.41,5.42]巧妙地分析了相关数据,找到了某种普适关系,提供了确定载流子数的一个浓度导引. 他

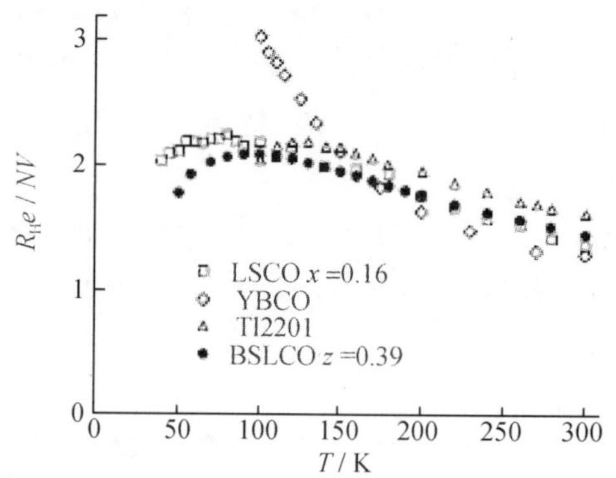

图 5.40 除 Tl 系外,Y 系、Bi 系最佳掺杂样品的数据与 LSCO 最佳掺杂数据在室温附近(150～300 K)相差不大. 这意味着约化霍尔系数可以是空穴浓度的好的量度. 取自文献[5.41]图 2(a)

们发现约化霍尔系数 $R_{H}eN/V$ 在室温下可以作为估算铜氧化物不同体系载流子数的标准. 除 Tl 系外, Y 系、Bi 系最佳掺杂样品的数据与 LSCO 最佳掺杂数据在室温附近(150～300 K)相差不大. 意味着约化 Hall 系数可以是空穴浓度的好的量度,参见图 5.40～5.42.

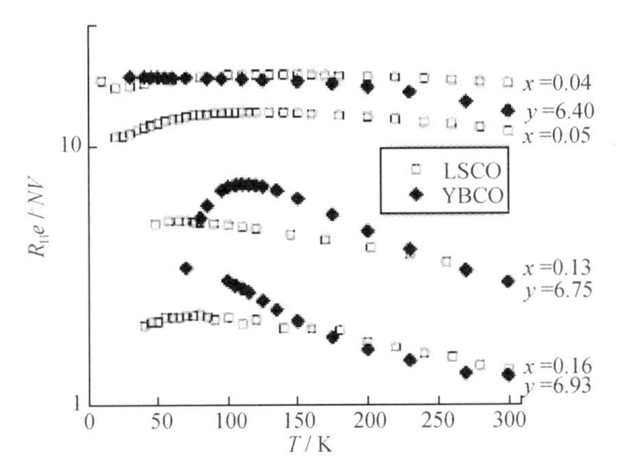

图 5.41　YBCO 与 LSCO 三个代表性掺杂样品自下而上分别为:最佳掺杂、$x=1/8$ 和绝缘超导边界($x\approx0.05$),在 200～300 K 区间数据相近. 可用 LSCO 数据标定 Y 系样品. 取自文献[5.41]图 2(b)

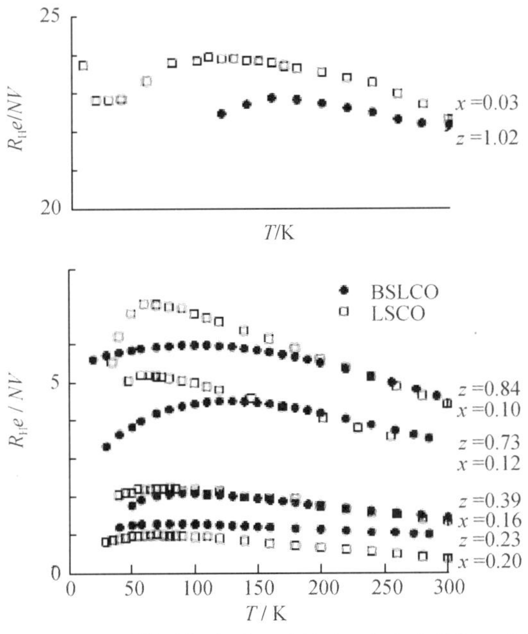

图 5.42　对 Bi 系样品标定载流子浓度. 取自文献[5.41]图 3

5.6.2 μ介子自旋弛豫测量超导配对密度 n_s/m^* 与 T_c 的正比关系

Y. J. Uemura 等人[5.43]用弛豫率 σ 通过磁场穿透深度 λ 与超流密度 n_s 建立起联系,测量出了著名的关系式:

$$\sigma \propto 1/\lambda^2 \propto n_s/\mathrm{m}^* \propto T_c,$$

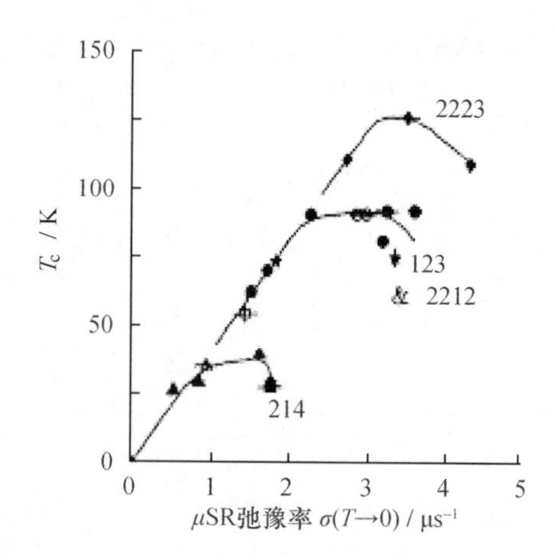

图 5.43 T_c 与 σ 的关系.取自文献[5.43]图 2

式中 m^* 为有效质量.上式表明 HTSC 欠掺杂样品中超流密度与 T_c 大致成比例,且随掺杂量减少而趋于零.比例常数与类似于 2D KT 相变且序参量相位不稳定性的转变一致.μ介子自旋弛豫(μ spin relaxation,μSR)中的弛豫率 σ 可表示为与磁场穿透深度 λ 或超导载流子浓度 n_s 的关系.磁场穿透深度 λ 是超导电性最基本的参量之一.在接近清洁极限的超导体中 $1/\lambda^2$ 基本上可由 n_s/m^* 来确定.μSR 的优点是:直接测量 n_s,信号与样品体积成正比且不敏感于表面和小的杂质相,可以很精确地确定 $\sigma(T\to 0)$ 的外推值.图 5.9 中的两个量均是测量量,该图提供出了可靠的关系.

5.6.3 准粒子峰谱权重确定 n 与 x 的正比关系

Yoshida 研究组[5.44]在 ARPES 观测到"准粒子"峰跨越费米面,准粒子谱权重在费米能处随掺杂增加而增加,参见图 5.41,5.42.他们将之归因为在欠掺杂区载流子数 n 与 x 成正比的行为.

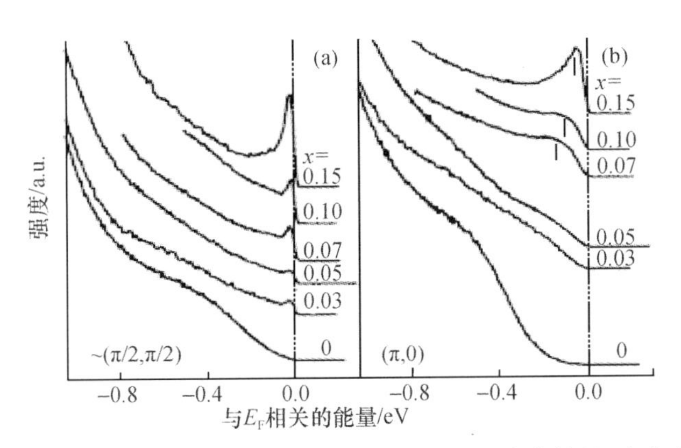

图 5.44　在(π/2,π/2,)和(π,0)的 $\boldsymbol{k}_F$ 处 ARPES 谱随掺杂的变化情况. 取自文献[5.44]图 3

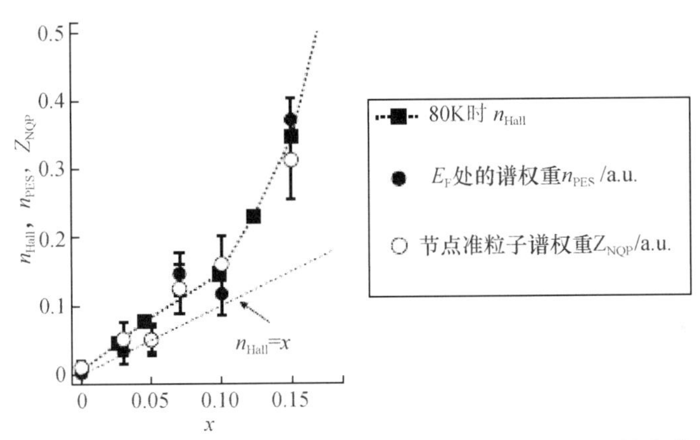

图 5.45　节点准粒子谱权重 Z_{NQP} 和谱权重在整个 BZ 的费米能处的积分 n_{PES} 随掺杂的变化. 它们显示出相似于从霍尔系数(在 80 K 时)估算的空穴浓度 n_{Hall}. 取自文献[5.44]图 4

5.6.4　超流配对电子密度的测量[5.45]

如图 5.46 所示,超流配对电子密度的测量结果为

$$n_s \propto T_c \propto x.$$

综合上述 5.6.1～5.6.4 小节的实验结果,不难得出如下的重要关系:

$$n \propto n_s \propto T_c \propto x \propto V_{FS}.$$

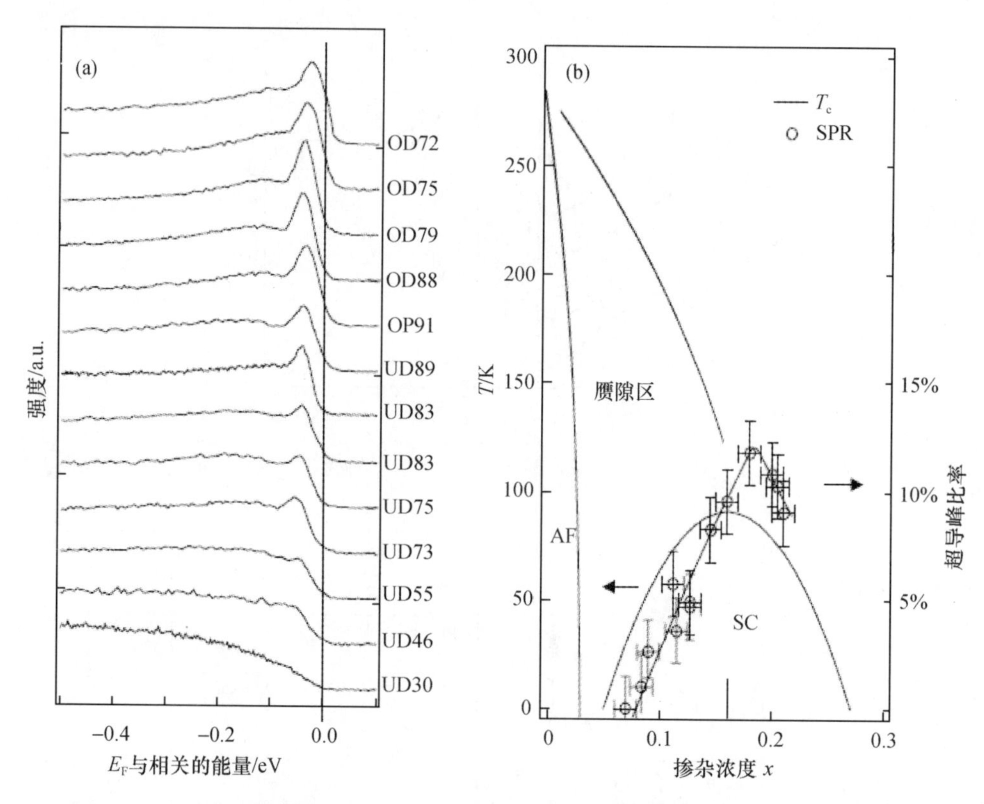

图 5.46 (a) Bi2212 在$(\pi,0)$，$T\ll T_c$ 时，超导态的谱随掺杂的变化；(b) 超导峰比率(SPR)对掺杂的依赖，绘于 Bi2212 的相图中. 实线是为了看起来明显. 水平误差表示掺杂的不确定性(±0.01)，垂直误差表示 SPR 的不确定性(±1.5%). AF 表示反铁磁，SC 表示超导区. 取自文献[5.45]图 3

参考文献

[5.1] W. E. Pickett, Rev. Mod. Phys. **61**, 433 (1989); Science**255**, 46 (1992).

[5.2] W. A. Harrison, *Elementary Electronic Structure*(World Scientific, 1999).

[5.3] P. H. Dickinson, S. Doniach, Phys. Rev. B**47**, 11447 (1993).

[5.4] S. Massidda, et al., Physica C**157**, 571 (1989)

[5.5] S. Massidda, et al., Physica C**152**, 251 (1988).

[5.6] W. E. Pickett, et al., Phys. Rev. B**42**, 8764 (1990).

[5.7] T. Takahashi, et al., Phys. Rev. B**39**, 6636 (1989).

[5.8] T. Watanabe, et al., Phys. C**176**, 274 (1991).

[5.9] R. Manzke, et al., Phys. C1**62**—**164**, 1381 (1989).

[5.10] Y. Hwu, et al., Phys. Rev. Lett. **67**, 2573 (1991).
[5.11] D. S. Dessau, et al., Phys. Rev. Lett. **71**, 2781 (1993).
[5.12] D. S. Dessau, et al., unpublished.
[5.13] C. G. Olson, et al., Phys. Rev. B**42**, 381 (1990).
[5.14] B. O. Wells, et al., Phys. Rev. Lett. **65**, 3056 (1990).
[5.15] M. Tanaka, et al., Nature **339**, 691 (1989).
[5.16] T. Hasegawa, et al., Jpn. J. Appl. Phys. **29**, L434 (1990).
[5.17] P. W. Anderson, Unpublished.
[5.18] A. Carrington, et al., Phys. Rev. Lett. **69**, 2855 (1992).
[5.19] Z. X. Shen, et al., Phys. Rev. Lett. **78**, 1771 (1997).
[5.20] E. R. Ratner, et al., Phys. Rev. B**48**, 10482 (1993).
[5.21] D. M. King, et al., unpublished.
[5.22] J. G. Tobin, et al., Phys. Rev. B**45**, 5563 (1992).
[5.23] J. C. Campuzano, et al., Phys. Rev. Lett. **64**, 2308 (1990).
[5.24] R. Liu, et al., Phys. Rev. B**46**, 11056 (1992).
[5.25] R. Claessen, et al., Phys. Rev. B**44**, 2399 (1991).
[5.26] N. Schroeder, et al., Phys. Rev. B**47**, 5287 (1993).
[5.27] J. C. Campuzano, et al., J. Phys. Chem. Solids **53**, 1577 (1992).
[5.28] C. G. Olson, et al., Solid State Commun. **76**, 411 (1990).
[5.29] G. Mante, et al., Phys. Rev. B**44**, 9500 (1991).
[5.30] K. Gofron, et al., J. Phys. Chem. Solids **54**, 1185 (1993).
[5.31] D. M. King, Phys. Rev. Lett. **70**, 3159 (1993).
[5.32] S. Uchida, Phys. Rev. B**43**, 7942 (1991).
[5.33] J. Zaanen, Phys. Rev. Lett. **55**, 418 (1985).
[5.34] H. Romberg, Phys. Rev. B**42**, 8768 (1990).
[5.35] A. L. Arko, Phys. Rev. B**40**, 2268 (1989).
[5.36] N. Nucker, Phys. Rev. B**37**, 5158 (1988).
[5.37] N. Nucker, Phys. Rev. B**39**, 661 (1989).
[5.38] H. Li, J. Supercon. Nov. Mag. **23**, 679 (2010).
[5.39] K. Tanaka, Phys. Rev. B**81**, 125115 (2010).
[5.40] T. P. Devereaux, Phys. Rev. B**61**, 1490 (2000).
[5.41] Y. Ando, Phys. Rev. B**61**, 14956 (2000).
[5.42] Y. Ando, Phys. Rev. Lett. **87**, 017001 (2001).
[5.43] Y. J. Uemura, Phys. Rev. Lett. **62**, 2317 (1989).
[5.44] T. Yoshida, Phys. Rev. Lett. **91**, 027001 (2003).
[5.45] D. L. Feng, Science **289**, 277 (2000).

[5.46] G. Mante, Z. Phys. B**80**, 181 (1990).
[5.47] Z. X. Shen, Phys. Rep. **253**, 1 (1995).
[5.48] A. Ino, Phys. Rev. Lett. **79**, 2101(1997).
[5.49] A. Ino, Phys. Rev. B**65**, 094504(2002).
[5.50] Y. Ando, Phys. Rev. Lett. **83**, 2813(1999).
[5.51] M. Hoshimoto, Phys. Rev. B**77**, 094516(2008).
[5.52] N. Harima, Phys. Rev. B**67**, 172501(2003).
[5.53] Y. Chuang, Phys. Rev. Lett. **83**, 3713(1999).
[5.54] F. Ronning, Phys. Rev. B**67**,165101(2003).
[5.55] K. M. Shen, Phys. Rev. Lett. **93**,267002(2004).
[5.56] F. Ronning, Science **282**, 2067(1998).
[5.57] H. Yagi, Phys. Rev. B**73**, 172503(2006).
[5.58] L. L. Miller, Phys. Rev. B**41**,1921(1990).
[5.59] D. Vaknin, Phys. Rev. B**41**,1926(1990).
[5.60] S. L. Rosa, Phys. Rev. B**56**, 525(1997).
[5.61] C. Kim, Phys. Rev. Lett. **80**, 4245(1998).

第六章 正常态反常及费米面(费米包)随掺杂的演进

6.1 正常态许多属性反常

在前几章中关于铜氧化物超导体正常态的反常,主要介绍了中子散射、光电子谱等各种谱中的反常行为.这里对输运性质及核磁共振谱中的反常等方面,做些补充.

6.1.1 电阻率的温度依赖性

大量实验报道高温超导体正常态 ρ_{ab} 普遍地具有线性温度行为,温度范围很宽,$La_{1.85}Sr_{0.15}CuO_4$ 中从 T_c 延伸到 1000 K,$YBa_2Cu_3O_7$ 中从 T_c 延伸到 600 K,$Bi_2Sr_2CuO_6$ 的 T_c 低,低温端可延伸到 10 K 以下,参见图 6.1[6.1].

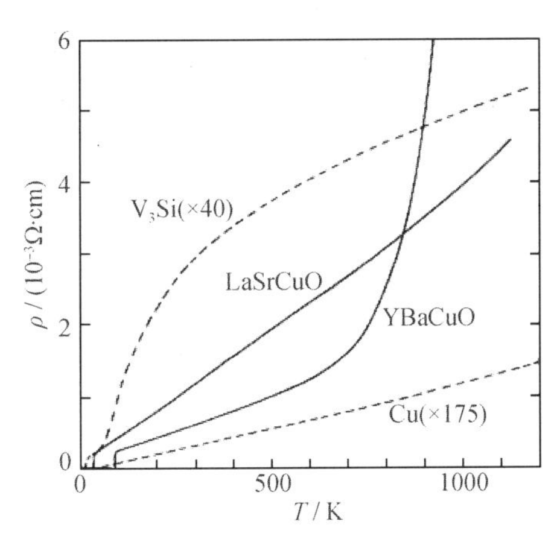

图 6.1 高温超导体系代表样品的电阻率随温度的变化.取自文献[6.1]图 1

通常电阻率随温度的变化表示为

$$\rho_{ab}(T) = \alpha T + \rho_0,$$

式中 α 表示斜率,ρ_0 是剩余电阻率.不同高温超导材料的 α 值十分相近.样品的质量越高,α 值越小,ρ_0 越接近零.$Bi_2Sr_2CuO_6$ 的 T_c 可延伸到 10 K 以下.我们说它行为反常,是指对于一个强关联电子体系,不像常规费米液体那样按温度平方关系变化，而表现为温度线性行为．我们说它行为反常，不仅指声子是反常的，其线性行为的温度区间范围也是反常的．因为在低温端，按常规理论仅当 $T>\Theta_D/5$(约在 50 K 以上)时电子-声子散射才是线性行为，式中 Θ_D 是德拜温度，通常为几百 K．而这里在常规理论的非线性区域中出现了反常的线性行为．在高温端，通常强电声机制的电阻率应有饱和效应，即电阻率随温度增长趋向一个极限值．对应着电子-声子散射，平均自由程趋向一个极限值．电子-声子散射率随温度增加而增加，平均自由程下降．然而，平均自由程不能小于最近邻原子(离子)的间距．平均值极限的存在导致了电阻率的高温饱和行为．在高温超导体中正常态 ρ_{ab} 的线性温度行为延伸到很高温度而无饱和趋势，或者说仍远离饱和值．根据常规的布洛赫-格林艾森(Bloch-Gruneisen)散射公式给出的定量估计，电子-声子耦合常数 λ 约为 0.2．它表明在高温端无饱和行为的假设下估算出的电声子耦合作用是很弱的．在配对机制中可能只充当次要角色．纯电子-声子机制超导要求很强的电声作用，λ 数值至少应大于 1 甚至等于 2！ 这又导致必须考虑电子-电子关联．研究电子关联的常规费米液体理论也无法面对温度的线性行为．因而，我们说平面电阻率的线性温度行为是对凝聚态理论的一个严重挑战．从元激发的观点进一步测量准粒子寿命，例如用微波或低温磁阻等去探察各种特殊的散射机制进而弄清什么是 ρ_{ab} 线性行为的“根源”仍是当前的一个活跃课题．最近用微波测量表面阻抗的研究已明确表明：当温度跨过超导转变温度时，表面阻抗产生了陡峭的变化，而晶体的结构没有明显的变化，只是电子状态发生了从正常向超导的转变．定量的估算指出电子-电子的散射在阻抗中是主要项．这个实验被认为是证明电子-声子散射在电阻中不是主要贡献的直接证据．至于自旋涨落等的贡献也正在定量研究中．

当改变掺杂量时，可以发现仅在掺杂量很接近最佳掺杂量时 ρ_{ab} 保持温度线性行为．在接近反铁磁态的较低掺杂区，随温度变化的曲线中有上翻行为．它对应于局域化的态中有某种形式的跳跃导电．这种上翻行为，在金属区的一些样品中也能见到．当再加大掺杂量进入过掺杂区时，温度线性行为出现有拐点，在拐点处的温度记为 T^*．低于 T^* 温度，电阻率下降偏离 T^* 以上段的斜率．T^* 往往比超导转变温度高很多．现在搞清了它对应着赝隙的打开，近费米能处的态密度出现明显的减少．它已在许多物性中表现出来，人们已知如 NMR、非弹性中子散射、电子比热容、光电导、红外响应、拉曼散射、光电子谱、隧道实验等．虽然，人们对造成赝隙打开的原因尚未弄明白，但是与之相伴的电子预配对及相干，受到了人们的关注，参见图 6.2[6.2]，并参见文献[6.14]．对于过掺杂样品，即掺入空穴数多于最佳掺杂量，电阻率的数值下降(相对于最佳掺杂样品整体下移)，并在极端过掺杂样品中接近二次型 $A+BT^2$，同时超导电性已不出现．

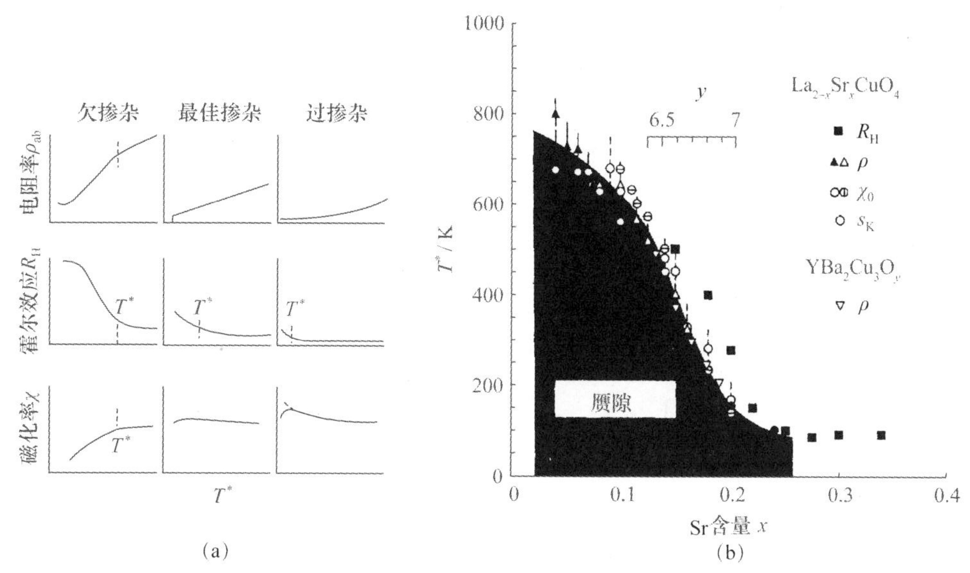

图 6.2　赝隙打开的温度 T^*. 取自文献[6.2]图 6,7

在 $YBa_2Cu_3O_{7-\delta}$ 化合物中,在 ab 平面内还有明显的电阻率各向异性,这是由于 CuO 链中载流子的贡献. 为了测量这个各向异性,必须制备无孪晶的单晶样品. 对于最佳掺杂情形,电导率 σ_b(链方向)大约是 σ_a(垂直于链方向)的两倍. 它们的温度变化行为很相似,表明 CuO_2 平面及 CuO 链上载流子有相同的弛豫时间,参见图 6.3[6.3]. 有人从中估算出 CuO_2 平面及 CuO 链上的载流子比率.

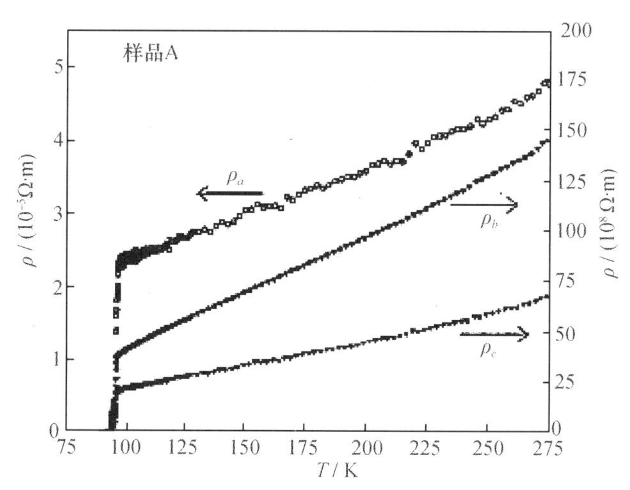

图 6.3　CuO_2 平面内 a,b 方向电阻率的各向异性. 取自文献[6.3]图 6

ρ_c 问题也是几年来注目的焦点. ρ_c 比 ρ_{ab} 高出一个数量级甚至几个数量级,参见图 6.4[6.4]及表 6.1[6.15]. 这个各向异性因子极大地依赖于各铜氧化物中相邻两

个 CuO_2 平面间的距离,问题集中在它的温度行为是金属性的还是半导体性的?随着样品质量的提高(包括单晶及取向膜),实验结果渐趋一致:ρ_c 随温度变化是金属性行为(这一结果对如 RVB 这类理论模型是不利的).精确的实验研究仍在继续中.金属行为的细节能用能带描写吗? $T\to 0$ 的极限趋势如何? 双 CuO_2 层与单 CuO_2 层行为有差别吗? 以及与费米面形状细节的联系等,都是当前人们探察的重要课题.

表 6.1 垂直于 CuO_2 平面方向的电阻率 ρ_c 及电阻率各向异性 ρ_c/ρ_{ab}

	T_c/K	$\rho_c(T\sim T_c)$/ $(10^{-5}\Omega\cdot m)$	$\alpha(\rho_c\sim T^{-\alpha})$	$\rho_c/\rho_{ab}(T\sim T_c)$
$YBa_2Cu_3O_{2-\delta}$	90	2.3～3.4	−1	57～64(ρ_c/ρ_a)
(无孪晶)				110～136(ρ_c/ρ_b)
$YBa_2Cu_3O_{6.33}$	90	3	−1	70
$YBa_2Cu_3O_{6.33}$	90	4	−1	40
$YBa_2Cu_3O_{7-\delta}$	90	8	−1	40
$YBa_2Cu_3O_{7-\delta}$	90	9～11	～1	140
$YBa_2Cu_3O_{7-\delta}$	80～91	17.5	>0	90
$YBa_2Cu_3O_{6.87}$	80	18	$0<\alpha<2$	240
$YBa_2Cu_3O_{6.83}$	60	160	$0<\alpha<2$	1600
$YBa_2Cu_3O_{7-\delta}$	60	150	>1	1300
$YBa_2Cu_3O_{7-\delta}$	50	850	>1	≈4000
$Bi_2Sr_2CaCu_2O_8$	87	13 000	≈1	$1\times10^5\sim8\times10^5$
$Bi_2Sr_2CuO_6$	6.5～8.5	16 000	0.52～1	$5\times10^4\sim2\times10^5$
$Tl_2Ba_2CaCu_2O_8$	105	75	<0	250
$Tl_2Ba_2CuO_6$	75	100	≈1.3	1500
$La_{1.9}Sr_{0.1}CuO_4$	26	600	>0	1500
$La_{1.85}Sr_{0.15}CuO_4$	35	70	>0	1000
$La_{1.8}Sr_{0.2}CuO_4$	30	25	>0	500
$La_{1.7}Sr_{0.3}CuO_4$	0	2	<0	50～100
(过掺杂)				
$Pr_{1.85}Ce_{0.15}CuO_4$	—	1000	>0	—
$Nd_{1.84}Ce_{0.16}CuO_4$	—	1000～2000	<0	$5\times10^3\sim2\times10^4$

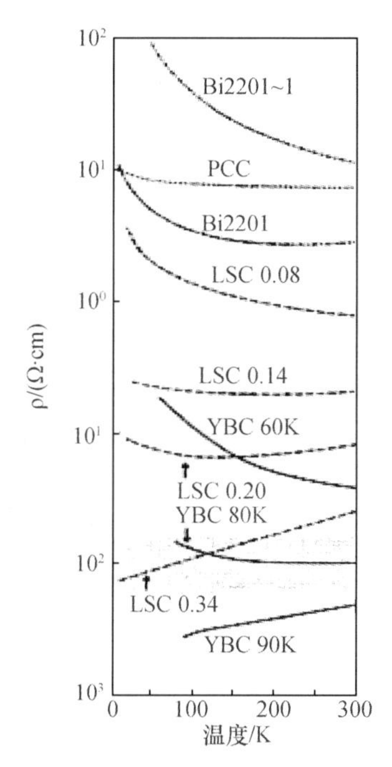

图 6.4　垂直 CuO_2 平面方向的电阻率. 取自文献[6.4]图 2

6.1.2　霍尔系数的温度特性

高温超导铜氧化物正常态中的另一个十分反常的性质是霍尔系数的温度行为. 霍尔效应是载流子在互相垂直的电场和磁场作用下产生的磁场电效应. 当外加电场平行于 x 轴方向(E_x),外加磁场强度平行于 z 轴方向(H_z)时,在 y 轴方向出现霍尔电场 E_y. 霍尔系数定义为

$$R_H = E_y/j_x H_z,$$

式中 j_x 是沿外电场方向的电流密度. 在具有球形费米面的近自由电子模型中,可以导出 R_H 与载流子浓度成反比,即 $R_H = 1/ne$,这里 n 是载流子浓度,e 是载流子的电荷. R_H 的正负和大小直接表征载流子的类型(空穴为正,电子为负)和浓度. 但是高温超导体的霍尔效应比较复杂,尤其 R_H 与温度有关,它随温度的上升而单调下降. 这里用到的对常规金属适用的近自由电子模型包含着高温超导体中的电子偏离. 复杂的费米面几何图形也对这一偏离有贡献. 为了方便,通常定义一个参数 n_H,形式上满足

$$n_H = 1/eR_H.$$

对于常规金属,n_H 就是 n. 但是一般情形下它只是一个参量,由于包含着众多的信息因而缺乏简单明确的物理意义. 这里让我们先来看看 $La_{2-x}Sr_xCuO_4$ 系统中的

R_H随掺杂 Sr 浓度 x 的变化情况. 根据实验确定的易价态模型为

$$\mathrm{La}(+3)\mathrm{Sr}(+2)\mathrm{Cu}(+2)\mathrm{O}(-2).$$

对 La_2CuO_4 而言,价态平衡方程为 8(+)=8(-). La(+3)离子此时为闭壳电子结构,O(-2)也是闭壳. Cu(+2)对应着缺少一个电子的 3d 壳层. 或简单地说,它的最高能级 $d_{x^2-y^2}$ 只有一个电子占据,这就是通常所说的半满状态. La_2CuO_4 是反铁磁绝缘体,是个强关联电子体系. 如果有另一个电子再出现在某个 Cu 离子位上,库仑排斥使其能量高出一个 U 值. 若通过掺杂使电子数增加,上面的能级对应的态上有电子占据. 若通过掺杂使电子数减少,下面的能级对应的态上有空穴出现. 用 Sr 置换 La 对应的是后一种情况——有空穴出现,空穴数正比于 x. 此时出现的导电行为是空穴型导电. 霍尔效应测量出的有效电荷应该是 $n_H=x$(都按单胞体积中的粒子数来计算). 实际的测量曲线见图 6.5,可以看出在 $x<0.14$ 的低掺杂浓度区 $n_H>0$,且随温度增加而线性增长,满足 $n_H=x$,即每个 Sr 原子取代 La 产生一个巡游空穴. 注意:当 $x>0.15$ 时,n_H 增长迅速,极大地偏离了 $n_H=x$ 直线,同时 T_c 逐渐下降. 当 $x>0.25$ 后,R_H的值变得很小,n_H很大;$x=0.3$ 附近 R_H变号,由(+)变为(-),超导性也完全消失. 这时表现出的反常是非常明显的.

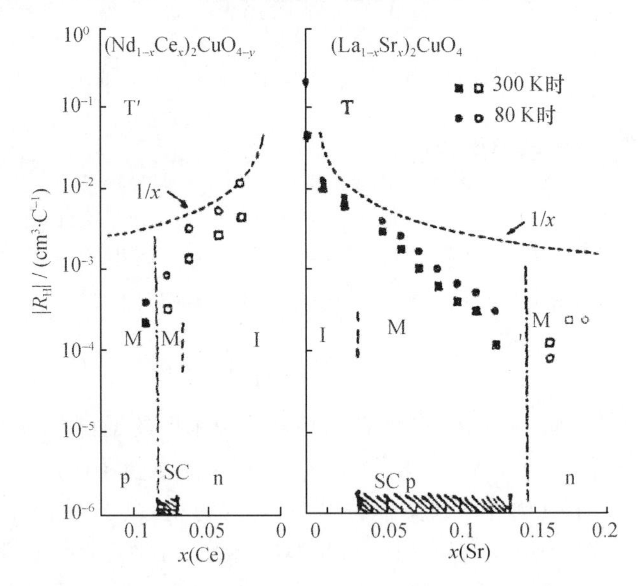

图 6.5 P 型及 N 型铜氧化物的霍尔系数. p,n 表示霍尔系数的正、负, T,T′表示结构类型, M 为金属相, I 为绝缘相,SC 为超导区. 取自文献[6.5]图 5

上面引用的两能级图(或两能带图),是 Mott 绝缘体为基础的简单模型. 实验表明,高温超导铜氧化物是电荷转移型绝缘体,即下能级是对应氧的态,就是说氧的能级恰处在 $d_{x^2-y^2}$ 上下两个占据态之间的某处. Δ 表示氧的能级与铜的上能级之间的能量差，当 $\Delta>U$ 时，又回到 Mott 绝缘体情形. 实际的情形比示意出的还要复杂，随着掺杂还有隙间态出现，这里就不详细介绍了.

比如，在 $YBa_2Cu_3O_{7-\delta}$ 中随着氧含量的变化发生了空穴的产生和转移(参见第二章)，CuO_2 平面上的巡游载流子 x，应该能被霍尔效应装置测量到，正常行为是 $n_H=x$ 成立. 实际测量的情况非常复杂. 仅在 $YBa_2Cu_3O_{6.5}$ 和 $YBa_2Cu_3O_7$ 的样品中才出现可观的巡游载流子. 测量曲线中还包含着其他信息，使得定量的标定载流子数量十分困难. 其实更主要的困难还是由于霍尔系数随温度变化的反常行为使得有效浓度 n_H 与载流子之间很难建立起简单的关系. 这方面的具体研究已取得很大进展，我们不在这里详细介绍了.

高温超导体中的霍尔系数随温度变化的行为也很反常. 霍尔系数的正常行为应是与温度无关的. 以 $YBa_2Cu_3O_7$ 为例的实验表明，霍尔浓度 n_H 随温度线性增长，近似地可表示为 $n_H=\beta(T+T_0)$，其中 β, T_0 均为正的常数. 这一行为可以延伸至 600 K，在高质量样品上 T_0 近似为 0.

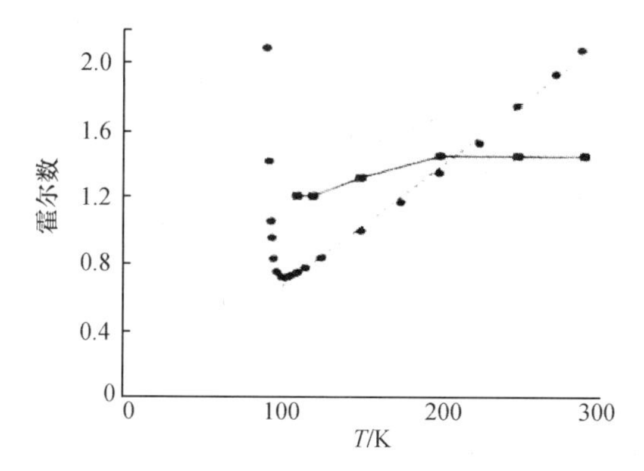

图 6.6　Y 系样品霍尔数随温度的变化，方块表示磁场在 ab 面内，圆圈表示磁场垂直 ab 面时的数据. 取自文献[6.6]图 5

图 6.6 给出了高质量单晶 $YBa_2Cu_3O_7$ 样品的测试结果. 当磁场平行 c 轴方向时，测出的是 CuO_2 平面内的霍尔系数，呈现非常好的温度线性行为，向低温外推可以看出 $T_0\approx0$，$R_H>0$. 磁场垂直于 c 轴方向的霍尔系数近乎与温度无关，但 $R_H<0$. 其他的高温超导铜氧化物的霍尔系数温度行为也有大量实验报道，虽然定量上不尽相同，但定性上是相似的. 实验研究者还作了许多有价值的经验概括：T_c 较高的样品其正常态的 dn_H/dT 较大，随 T_c 降低(如在 $YBa_2Cu_3O_7$ 中掺杂 Co) dn_H/dT 也单调减少. 虽然它们与超导机制的内在联系仍不清楚，但也能给人们一些启迪. 又如，有人得出霍尔系数反常温度行为主要起因于霍尔电流的异常. 测量得的霍尔角 θ_H 的数据可表示为

$$\cot\theta_H=\sigma_a/\sigma_H=DT^2+C,$$

式中霍尔电导率 σ_H 是电导率张量的非对角元,与霍尔系数的关系是

$$\sigma_H = HR_H\sigma_a\sigma_b,$$

其中 σ_a, σ_b 都是电导率张量的对角元(即平面直流电导率). C 和 D 是与温度无关的常数. 实验表明, D 与掺杂 x 无关, C 与掺杂 x 有关, $C=\beta x$, β 是与无序有关的量,参见图 6.7[6.7]. 它强烈地表明了相当简单的散射行为,可以设想常数项表示某种形式的剩余散射. 如人们预期的,当 CuO_2 平面用 Zn 置换时,提供出弹性散射中心,使与温度无关的散射增加,如图 6.7(b)所示 T^2 项明显地表示了某种形式的本征的与温度有关的散射. 当空穴掺杂量进入相图中的金属区和跨越金属区($\delta=0.53$～

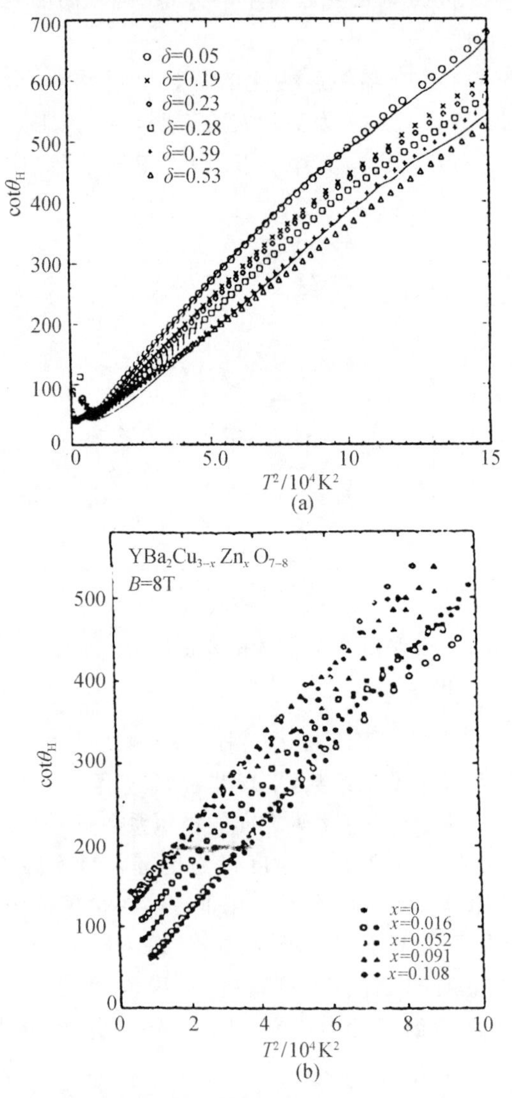

图 6.7 Y 系样品霍尔角随温度的变化. 取自文献[6.7]图 1,图 2

0.05)时,霍尔角大约增加一倍,参见图 6.7(a). 同时保持温度依赖基本不变. 可以证明 $\tan\Theta_H=R_H B/\rho$,它等于$\overline{\omega_c\tau}$,是个加权平均,ω_c为磁场中电子轨道的回旋频率($\omega_c=eB/m^*$,B 表示磁场),τ 是弛豫时间. 可以估算,在室温附近,取 $m^*=4.5m_e$(取自电子比热拟合值),费米速度取 $v_F=1.6\times10^5$ m/s,$\omega_c\tau$ 值对应于一个很短的平均自由程 $l\approx1$ nm. 这些数据告诉我们,与金属 Cu 中相应的以声子为主导的散射相比,金属 Cu 中平均自由程为 50 nm,比铜氧化物中的大得多. 显然在铜氧化物输运中,主导的散射是电子与电子散射.

另一个值得提出来的问题是霍尔系数的符号(正负)问题. 它随组分或温度变化而变号的问题仍然是一个谜. 结合费米面的常规对应,以及费米面的大小(或包围的体积)随组分变化不大的事实,这仍是大多数理论未能给予说明的一个最为困难的问题.

6.1.3 红外电导

光学方面的测量也对电荷激发的特征提供出丰富的信息. 前面已经介绍过角分辨光电子发射谱能提供费米面形状和体积的拓扑性质. 光电导也可以给出费米面附近低能元激发和电荷载流子的动力学特征. 其他还有拉曼谱可以提供电子元激发及电子-声子耦合的信息. 下面我们简单介绍一下光电导谱. 对于光在单晶上垂直入射的反射率的测量可以提供出依赖于频率的电导率 $\sigma(\omega)$ 的重要信息. 前面所述的直流测量获得的电阻率的信息,只是这里要介绍的一个极端情形($\omega\to0$). 这种光学测量虽不能直接测量电导率,但可以通过折射率 $N(\omega)$ 建立起光学可测量的振幅 $\gamma(\omega)$、相位 $\theta(\omega)$ 和介电函数 $\varepsilon(\omega)$ 的联系:

$$\gamma(\omega)\exp[i\theta(\omega)] = [N(\omega)-1]/[N(\omega)+1],$$

$$\varepsilon(\omega) = N^2(\omega),$$

$$\sigma(\omega) = -i\omega[\varepsilon(\omega)-1]/4\pi,$$

式中 $\sigma(\omega)$是复电导率,$\sigma(\omega)=\sigma_1(\omega)+i\sigma_2(\omega)$. 我们只讨论实部. 图 6.8[6.8]给出从光反射推算出的 $\sigma_1(\omega)$. 以下简单记为 $\sigma(\omega)$. 图中给出了 $YBa_2Cu_3O_{7-\delta}$在 100 K 温度下的几个含氧量不同的样品的结果,表现出了 $\sigma(\omega)$ 的系列变化:从绝缘样品到好的超导样品的演变. 首先看一下绝缘样品(图中最下面一条曲线)的情形,它具有宽带绝缘体的基本特征. 在 $\omega=0$ 处没有表征自由载流子的电导率峰 $\sigma(\omega)$. 从 $\omega\approx1.7$ eV 开始的明显上升来源于带间跃迁,表明其电荷转移型能隙宽度约为 1.7 eV. 在 1.7 eV 以下 $\sigma(\omega)$ 的扁平行为一般认为不是 CuO_2 平面的本征行为,远红外低频区 $\sigma(\omega)$ 的一些精细结构来自光学声子的贡献. 当氧含量增加到 6.4~6.5 时,发生绝缘体→金属转变. 随着氧含量的进一步增加,T_c 逐渐提高,其 $\sigma(\omega)$ 曲线在图中依次上升. 最上面一条曲线对应于 $YBa_2Cu_3O_7$,$T_c=90$ K 的样品. 容易看出,这几条金属相的

$\sigma(\omega)$的曲线至少包括两个分量:以 $\omega=0$ 为中心的一个狭窄尖峰和从低频率一直延伸到 2 eV 的宽阔分量.通常低频端 $\sigma(\omega)$的尖峰应满足德鲁得公式

$$\sigma(\omega) = \omega_p^2\tau/4\pi(1+\omega^2\tau^2),$$

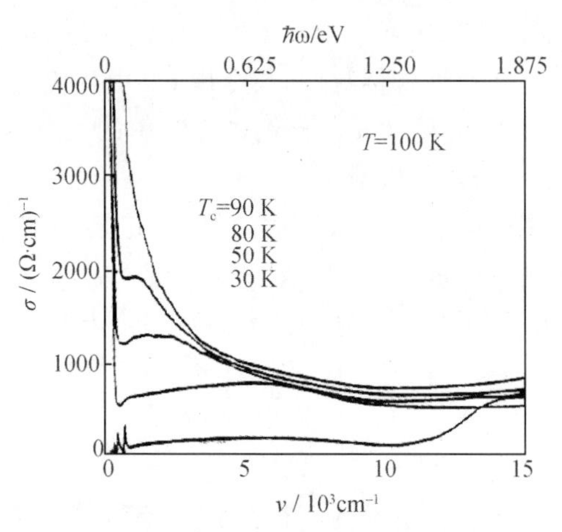

图 6.8 $YBa_2Cu_3O_{7-\delta}$的红外光电导.取自文献[6.8]图 5

这里 $\omega_p=(4\pi ne^2/m^*)^{1/2}$是等离子频率,$\tau$ 是与频率无关的准粒子寿命.上式在 $\omega=0$ 的极限恰好是直流电导率的公式 $\sigma=ne^2\tau/m^*$,因而 τ 可以由直流电导率决定.但是简单德鲁得公式对 $\sigma(\omega)$实验曲线的拟合很不理想,尤其在 $\omega\gg k_BT$ 的中红外频区,实验曲线比德鲁得公式结果的下降要缓慢得多.解释实验 $\sigma(\omega)$曲线,特别是中红外频区的异常行为的一个唯象方法是在德鲁得公式基础上引入随频率变化的散射率 $1/\tau(\omega,T)$.一个与实验拟合的公式是

$$(\hbar/\tau)^2 = (\alpha k_BT)^2+(\beta\hbar\omega)^2,$$

式中 α 和 β 是数量级为 1 的常数.公式右侧的第一项表示载流子与低频元激发(如声子)的作用,第二项表示与远大于声子频率的元激发的作用.

6.1.4 拉曼光谱

拉曼光谱涉及两个光子:一个射入,另一个被晶体非弹性地散射放出,并伴随着声子或磁波子的产生和湮灭,或伴随着电子的元激发.我们这里只想强调指出,为了拟合电子拉曼散射谱的反常行为,散射弛豫率 $\Gamma(\omega,T)$也需要两项与之对应

$$\Gamma(\omega,T)^2 = (\alpha k_BT)^2+(\beta\hbar\omega)^2.$$

这与前面修正的德鲁得公式是完全相同的.唯象公式形式上的相同,似乎表明光电导和电子拉曼散射的两种反常行为有相同的起因.另外拉曼光谱中某些声子峰谱线,如 Ba 的 116 cm^{-1}模、反相位的平面氧模 340 cm^{-1}具有 Fano 类型的不对称性.通常归因于电子-声子耦合作用存在的证据(参见图 6.9).当然还不能确定电声作

用在超导机制中的相对重要性. $YBa_2Cu_3O_7$无孪晶单晶的拉曼光谱实验还进一步给出偏振测量沿 a,b 方向的不同情形. 结论是沿 CuO 链有附加的较强的电子散射作用. 结合光电导测量给出的 CuO 链和 CuO_2 平面上载流子各占一半的估算，以及最近测量中给出的 CuO 链载流子对费米面有贡献、但巡游性很差的实验结果，可以对我们在文献[6.10]中所指出的载流子分布的图像作进一步的补充和支持.

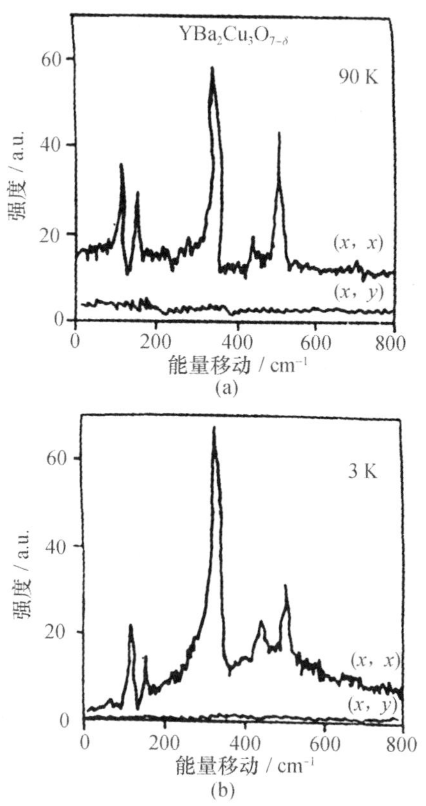

图 6.9　拉曼光谱. (x,x)，(x,y)表示测量的几何配置

6.1.5　隧道电导

与电子散射或电子寿命密切相关的输运性质还有温差电动势、热导和隧道电导等. 对它们的研究也获得了可贵的信息. 这里不打算详细谈论隧道电导. 电子隧道谱很久以来一直是探察费米面附近低能元激发的基本实验手段. 可以研究的超导性质有：能隙及其各向异性、能隙边缘态密度峰的高低以及能隙内的非零电导等. 在高温超导体正常态区域观察到了隧道电导异常，但是目前仍存在着困难，原因是表面活性和很短的相干长度 ξ. 为了确保测量到本征的态密度，需要十分小心. 隧道结质量的不确定性导致了当前文献中隧道数据的严重分歧.

6.1.6 奈特位移和自旋点阵弛豫

在第四章中我们更多地侧重于中子散射、χ 的测量中关于自旋交换关联的信息.实际上核磁共振(NMR)[6.10],核四极矩共振(nuclear quadropole resonance, NQR)也为我们提供了重要的磁性反常现象,从局域探测的视角给出了重要的补充信息.下面简述奈特位移 k_s 和自旋点阵弛豫率 $1/T_1$ 的一些结果.

电子自旋磁化率 χ_s 是一个十分重要的物理量.对它的直接测量是比较困难的,特别是它随温度的变化行为,因为要估算和扣除许多同时出现的贡献,如范弗莱克(van Vleck)轨道贡献 χ_{VV},闭壳离子实的抗磁贡献 χ_{core} 和磁性杂质离子的贡献,参见图 6.10[6.11].

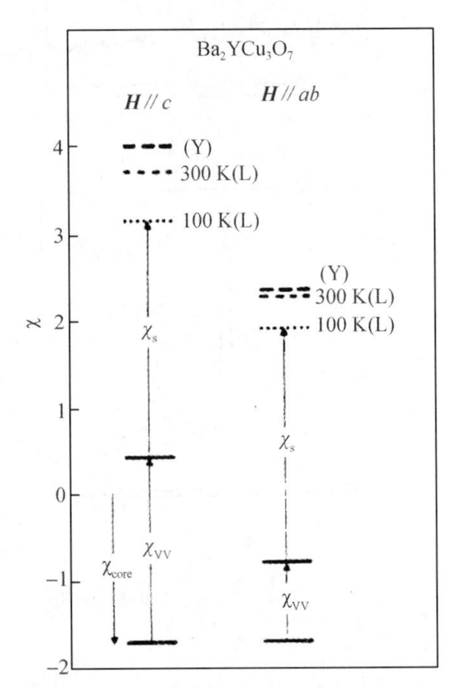

图 6.10 磁化率的分解.取自文献[6.11]图 2

NMR 共振频率的奈特位移是由核自旋与价电子自旋之间的超精细作用所致.它与电子自旋磁化率相对应.核自旋与价电子自旋的互作用可以等价为价电子平均自旋磁化导致一个内磁场,对外加磁场进行修正.因而这个修正应该正比于平均自旋磁化 $M_s=\chi_s H$,即奈特位移正比于 χ_s,可定量的表示为

$$k_s = \alpha \chi_s / \gamma_n \gamma_e \hbar,$$

式中 γ_n,γ_e,α 分别是核的旋磁比、电子的旋磁比和超精细耦合常数.α 对不同的核

有不同的值，它的各向异性导致了 k_s 和 χ_s 之间的复杂依赖关系. 关于耦合模型及其细节我们不在这里介绍. 这里只强调指出，χ_s 与温度有关，而不像朗道-费米液体理论所预言的常数行为，且 $YBa_2Cu_3O_{6+x}$ 超导样品（$T_c \approx 90$ K）显现出的 Cu(2)，O(2,3) 及 Y 核的 k_s（即 χ_s）有相似的温度行为. 有学者据此主张自旋元激发是单分量的.

NMR 还为我们提供了自旋点阵弛豫率 $1/T_1$. 它表征自旋磁化强度从偏离平衡态的状态趋向于平衡值 M_0 的平均速率

$$\frac{\mathrm{d}M(t)}{\mathrm{d}t} = \frac{(M_0 - M(t))}{T_1},$$

T_1 又称为自旋点阵弛豫时间. 根据散射理论可知

$$T_1 T k_s^2 = C,$$

常数 C 与电子-电子之间相互作用的强弱有关. 这就是著名的科林加（Korringa）关系. 在高温超导体 $YBa_2Cu_3O_{6+x}$ 正常态中观察到的反常行为主要表现为：Cu(2) 和 O(2,3) 的 $1/T_1$ 有很不同的温度行为，参见图 6.11.

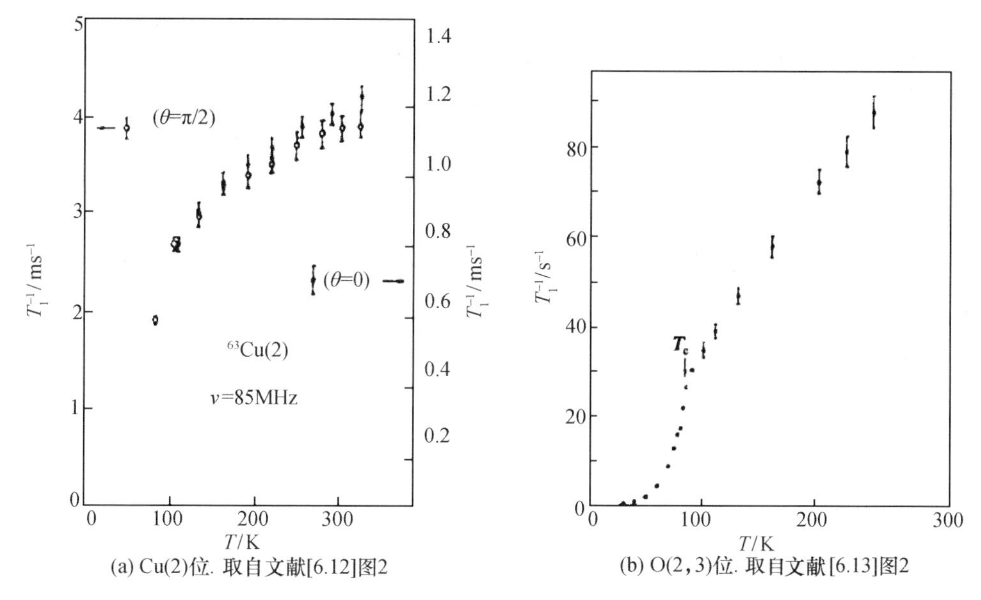

(a) Cu(2)位. 取自文献[6.12]图2　　(b) O(2,3)位. 取自文献[6.13]图2

图 6.11　自旋点阵弛豫率

Cu(2) 的 $1/T_1$ 对温度的依赖较弱，大大地偏离了科林加关系，偏离主要发生在 $T > T_c$（$=50 \sim 100$ K）的区域. 可以用

$$1/T_1 \propto a + bT$$

来表示. a，b 是与温度无关的常数. O(2,3) 和 Y 核的 T_1 定性地符合科林加关系. 这个情况与奈特位移给出的信息相反，似乎并不支持自旋单分量元激发模型. 还

有,60 K 超导体与 90 K 超导体 $YBa_2Cu_3O_{6+x}$两类样品的正常态 $1/T_1$ 温度变化行为差别也很大.

在超导态中也有反常,如自旋点阵弛豫与传统的 s 波超导体不同,没有 BCS 理论预言的相干峰;随温度下降的变化不是指数率而是幂率行为(参见第七章).

上述反常行为与自旋能隙的存在及 d 波配对的关系是目前研究的热点之一.

6.2 非常规费米液体行为的分析研究

在高温超导铜氧化物实验发现的激励下,近年来人们沿着不同的方向精心地研究多体物理学.在研究多电子系统的物理性质时,常规多体方法的失效,是由于电子间的相互作用特别强,达到了传导电子带宽的量级甚至更大.在 20 世纪 50 年代,苏联科学家朗道提出的费米液体理论,是对相互作用电子系统的一个唯象学描述.朗道-费米液体理论使人们能够理解在真实金属中的元激发为什么可以在弱相互作用电子气体图像的框架中被较好地描写.多体理论以及朗道-费米液体理论受到限制的最明显的例子出现在过渡金属氧化物系统中.在那里能带是窄能带,电子间的相互作用强.这些材料的物性不能用常规的朗道-费米液体理论来描述,包括绝缘性、磁性甚至金属相等.这些限制的存在是采用 Hubbard 模型进行研究的主要原因.Hubbard 模型取用了一个简单的强相互作用哈密顿量.目前对 Hubbard 模型的完全严格解,当超出一维情形时仍是非常困难的,往往需要配合数值计算.其他非朗道-费米液体的例子还有准一维和二维有机或无机金属导体、近金属-绝缘转变的掺杂半导体,以及金属稀土和锕系重费米子化合物.

朗道-费米液体理论的要点可概括为以下几点:

① 存在着无相互作用系统的单粒子激发和相互作用系统的准粒子激发之间的一一对应.

② 存在着由一组朗道参数定义的准粒子间的剩余相互作用.这个仅存的也就是最重要的相互作用是向前散射的零动量转移相互作用.

③ 动量分布有一个不连续性,这个不连续性的数量用 Z 表示,并由它定义费米面.Z 函数度量准粒子的谱权重.激发特征频率可以被分成两部分.一部分是无相互作用单粒子激发的残留部分,它的权重是 Z,在频率分布中是一个峰,中心位于用有效质量表征的准粒子能量处.另一部分是非相干部分,其权重是 $1-Z$,分布在一个很宽的频率区域上.用准粒子峰的宽度来量度准粒子的寿命(倒数关系).当接近费米面时,峰宽度趋向于零,准粒子寿命趋向于无穷大.可以说,费米液体描述了相互作用系统中低能单粒子激发以及低能的集体模式.

与之相关的是,费米液体的存在意味着有费米面的存在.反之,就不一定正确.

因为在动量空间中的一个面上某些可观测性质的不连续性并不意味着费米液体的存在.费米液体的全部性质都已在^{3}He的正常态中观测到了，在那里朗道参数已由实验完全确定下来.许多简单金属也表现出费米液体样的行为.

在模型系统中向朗道费米液体理论提出挑战的是1D系统.准1D金属有机或无机导体是1D模型的原型.在1D情形中，任意强度的相互作用都使费米液体理论失效.明显的非零动量转移导致准粒子的湮灭($Z=0$)，人们发现低能元激发是集体的玻色电荷和自旋的涨落，而不是离散的准粒子.1D的特殊行为归因于1D相空间中费米面的离散结构，即1D费米面由两个点组成.费米面的这种离散结构，引入了一个附加的守恒率(我们不在这里详谈)，从而导致了自旋和电荷激发的去耦合，这就是被称为“自旋电荷分离”的概念及其根源.它是1D电子气的特性.它的含义是令人吃惊的：如果人们在基态中将一个额外的粒子(电荷为1，自旋为1/2)放到某一位置上，电荷和自旋密度将以不同的速度移动.经过一段时间后，它们将分别处于不同的位置.在这种情形下，人们无法得到$Z\neq0$的准粒子.所谓Luttinger液体是作为费米液体的1D相似物或对立物而引入的.因为目前文献中这个名词频繁的出现，这里有必要列出它的基本属性以供参考.

Luttinger液体是具有有限压缩率和有限德鲁得权重的一个金属相，它还有如下特性：

① 自旋电荷分离；

② 连续的动量分布，在费米面处的奇异性可表示为$\mathrm{sgn}(k-k_F)|k-k_F|^{\alpha}$；

③ 态密度具有相似的奇异性$N(\omega)\propto\omega^{\alpha}$；

④ 集体玻色电荷和自旋密度模式的电荷与自旋密度响应；

⑤ 响应函数中的幂率奇异性.

高温超导铜氧化物正常态的金属性质在许多方面不是朗道费米液体样的.这个情况使得Anderson认为2D强关联电子系统行为像Luttinger液体.这就是说：不存在电子样的准粒子($Z=0$)，并且电荷和自旋分离而成为自旋子和空穴子元激发.2D体系中朗道-费米液体理论失效，应该包含某种奇异的相互作用.虽然Anderson给出了定性的论证，但仍缺乏像一维情形那样完全的严格证明.这需要某种非微扰数学方法.尽管如此，Anderson的理论引伸出的正常态行为，在许多方面是与实验一致的.这个理论急切需要实验的支持，特别是有关两种分离的元激发存在的直接证据.

从唯象学角度研究正常态反常的、以2D“边缘”概念为基础的所谓边缘费米液体理论，近期的进展值得重视.它的基本假设是用温度取代费米能作为低能的能量标度，由此而出现低能自旋和电荷涨落的增强态密度.并且当与单粒子激发相耦合时，单粒子激发整体地变成在费米面处是“非相干”的.由此，$Z\rightarrow0$这一点就足以导出大部分正常态反常行为.理论在整个温区均成立,包括零温($T=0$).不存在一个向朗道-费米液体理论过渡的转变温度.针对这个唯象学的边缘,费米液体理论近期关于其微观本源及超导理论的研究进展是值得重视的.

除了密切相关于超导的"非费米液体理论",还有一些并不主要是着眼于超导的,至少目前尚未达到这一阶段的研究,它们是:微扰重整化群方法、扩展的杂质近藤问题、规范理论、半满朗道能级问题的研究等等.我们不能在这里一一详述,但都是值得我们关注的.比如,多沟道近藤模型,最简单的情形是自旋1/2的杂质耦合两个轨道沟道俘获两个电子,具有净磁矩 $\Psi'=-1/2$.这样就有了一个 Ψ' 间的弱反铁磁近藤耦合和费米海.由于其不稳定性,可以出现非费米液体行为,因为它的局域性质不是费米液体样的,也出现了自旋-电荷分离.有人在这个框架下,探察其是否能成为边缘费米液体唯象低能标度的本源.这个研究还开辟了将单杂质近藤问题与近藤点阵模型的求解问题相联系的可能性,并进而将杂质模型与扩展的Hubbard模型结合去探察高温超导铜氧化物.这个理论的不稳定的不动点(临界点)问题仍是一个有待于解决的问题.

坚持常规费米液体理论观点的一派,认为尽管高温超导体正常态有许多反常性质,但是它们只是"定量的"偏离而不是定性的偏离了朗道-费米液体理论.或者说,基态仍是朗道-费米液体态.他们认为是相似于重费米子金属,这种强关联体系具有费米液体基态,尽管其电子有效质量很大,质量重整化因子很小,$Z=m/m^*$ 约为 $10^{-3}\sim10^{-2}$.该系统存在一个特征相干温度 T_{coh} 约为 $1\sim10\,K$,在 $T<T_{coh}$ 的低温范围,系统性质呈现费米液体行为;而在高于 T_{coh} 的温区,系统表现出非费米液体的反常行为.他们强调的是高温超导铜氧化物的一些反常性质,在重费米子金属中也存在且十分相似,如电阻率的线性温度行为、霍尔系数随温度的反常变化和NMR中自旋点阵弛豫的非科林加行为等.因而他们认为高温超导铜氧化物可看做一个类似于重费米子金属的强关联体系,其特征转变温度 T_{coh} 比重费米子体系中的值要高两个数量级.由于在高温超导铜氧化物中尚未观察到 T_{coh} 的存在,因而他们仍需假设 $T_{coh}<T_c$(超导转变温度),即表现正常费米液体行为的温度区域完全被超导相覆盖了.属于这一派的最著名的是反铁磁费米液体理论,虽然是唯象的理论.它们主要考虑与磁不稳定性相关的反铁磁自旋涨落.它是针对NMR实验而建立的,目前仍在完善之中.属于这类的还有局域费米液体理论、蜂巢状费米液体理论等.

总之,为了研究非费米液体行为,一些超出传统微扰论和平均场的方法正在研发中.从实验方面说,许多系统是密切相关的,包括在研究量子霍尔效应使用的半导体异质"器件"、金属稀土或锕(Ac)系重费米子化合物以及许多无机和有机的准1D和2D金属系统,将它们对照甚至综合在一起进行考察,一定会使人们站得更高,认识得更深入.

费米面对于理解材料的物理扮演着重要角色. 费米面包括它的形状和大小，它们确定着材料中载流子的类型和数量以及电荷动力学和自旋动力学. ARPES 是探测高温超导铜氧化物的重要手段之一，可以获得许多最直接的信息. 在早期曾有过最佳掺杂样品中是否存在费米面的争论，如围绕着共振价键概念的讨论；还有过在坏金属中是否仍满足 Luttinger 定理的争论，以及不完整、带费米弧的费米面的测量结果等等，这些都对进一步的研究起到了推动作用. Bi 系（Bi2212，Bi2201）是研究最多、数据最多的样品，也是争论最多的. 分歧焦点集中在布里渊区（π，0）附近的电子态特征到底是怎样的？Bi 样品的特殊结构（如主带的平带、影子带、Umklapp 带等）及双层劈裂所引致的复杂性，也是一个原因，故尚存在许多实验工作有待进行，尚存在许多问题有待澄清.

2011 年 H. B. Yang 研究组[6.16]的无费米弧的空穴包实验，使得费米测量工作有了可靠的参照点，6.3 节将给出简单介绍. 据此可以重新评估以前的许多结论和曾被误导的结果，其中最著名的是量子振荡，配合霍尔测量给出了不正确的解说：认为在磁场中的行为显示的是电子包. 实际上不少人错误地从常规的观点理解霍尔反常，忽略了随温度变化的反常结果. 霍尔反常应是斜错散射的结果[6.17]，6.4 节将给出简单介绍.

2007 年加拿大和法国联合研究组[6.30]在欠掺杂区直接测定费米面的实验，连同 K. K. Gomes[6.31]等人的实空间局域配对的实验，导致了以非费米液体理论为基础的强关联理论模型的支持者们的惊呼. 他们惊呼这种费米液体理论现象的显现，彻底地打破了他们立论的基础——非费米液体理论[6.32]. 自此人们从“电子包”的迷失中回归. 6.5 节将给出简单的介绍.

H. B. Yang 研究组完整地绘制出了无费米弧的空穴包，澄清了以前残存部分费米弧的不完整性和不确定性[6.18,6.19]. 6.4 节将对这些重要的工作予以介绍.

这些工作包含对残存费米弧的演进的测量推动了进一步的研究工作. 注意：这种费米弧的不完整性和不确定性虽然与 k_F 点的精确确定有密切关系，但费米弧相关理论的误导是不可忽视的主要原因. 6.7 节中我们将介绍 Kipp 等人精确确定 k_F 点的工作.

另一个受关注的问题是欠掺杂区多隙的争论：节点区及反节点区是否应有不同的能隙，这个问题已经争论了多年（参见 6.8 节）. 笔者认为如果节点区呈现空穴态，则反节点区呈现的是电子占有态的信息，它可能主要是残存绝缘区的信息，即以两相共存的观点来分析，实际上已经可以建立起一个一致的图像. 认为反节点区以及包括所有空穴区以外的部分均是电子对占据态，主要是来自 Cu 位电子的贡献，它们可能是对应绝缘态的留存部分，是下潜费米面（underlying Feirmi surface）的留存部分[6.37]（参见 6.9 节），当然也可能有一定程度的杂化. 两个区有不同的色散已有大量的实验证实.两个区中谱权重的演进或相干峰的演进已有显示,参见文献[6.38]~[6.40];在两个区中必须有相同的演进,这一观念必然将该现象视为双隙的证据,从而导致了多时的争论.这是不正确的!在O位的空穴态和在Cu上电子的占据态的演进可以是很不相同的.可以清晰地见于NMR的实验中(参见文献[6.41],或见本书有关章节).因为这类谱权重的演进与费米面的演进直接关系紧密,故将主要结果示于6.10节中,进一步的介绍详略,有兴趣的读者请见有关引文.

最后示出布里渊区高对称点符号(参见6.11节)供不熟悉的读者参考.

6.3 首次给出没有残存费米弧的完整空穴包信息的实验

该实验的结果示于图6.12中[6.16].

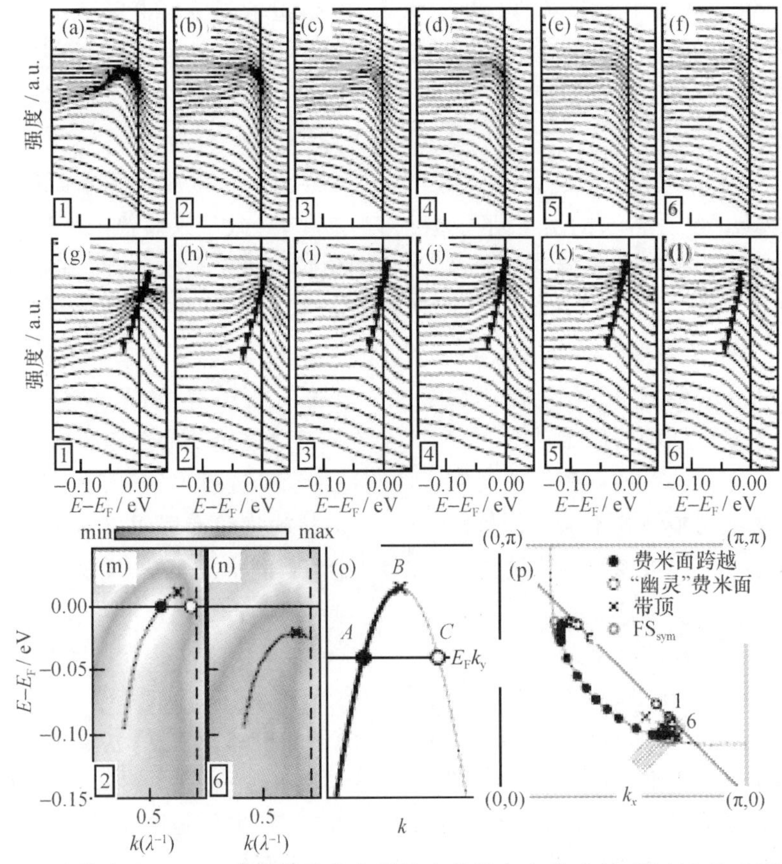

图6.12　符合Luttinger定理的无费米弧的完整的空穴费米包,Bi2212的ARPES数据及费米面图.取自文献[6.16]图1

图 6.12[6.16] 的文章作者采用 Lucy-Richardson 迭代技术，设计消除了分辨率展宽和处理掉了有限沟道的效率部分，从而在 Bi2212 欠掺杂样品热激活态(T_c=65 K，测量温度 140 K)上首次获得完全的、无费米弧的空穴费米包的完整信息，能量分辨率已达 15 meV、动量分辨率达 0.1 Å^{-1}，精细地确定了与掺杂量一致的空穴包大小及形状，与 Luttinger 定理符合. 图 6.12(a)～(f)能量分布曲线取自图 6.12(p)中的截断线 1～6. 图 6.12(g)～(l)是经过分析处理的数据结果(处理过程详略)，图中仅标出实三角，以示意峰的位置. 截断线 2 归一化后映射图 6.12(m)，实心圈表示费米面跨越，"×"表示带顶. 空心圈表示"幽灵"费米面，它是从动量对称化导出的虚线表示磁区域边界的位置. 图 6.12(n)显示的是无费米面跨越的截断线 6 相应的映射图. 图 6.12(o)是数据解析处理结果的示意. 图 6.12(p)是由 65 K 样品确定的赝费米包. 黑实圈表示示意图中点 A 对应的测量的费米面跨越. "×"显示对应着点 B 测量的色散的端部，黑空圈表示对应于点 C 的"幽灵"费米面. 红空圈是由对称性获得的费米面跨越. 虚线是 LDA 计算的大费米面. 详细的分析请见原文. 关于 Lucy-Richarson 迭代技术(参见文献[6.18]中在 ARPES 中的应用)不在这里详述，也可见 Lucy 和 Richardson 的原文[6.19,6.20]. 关于 Luttinger 定理请见文献[6.21].

6.4　反常霍尔效应与斜错散射的分析

反常霍尔效应与斜错(skew)散射的分析可见诺贝尔物理学奖获得者 A. Fert 的著名贡献——文献[6.22]，[6.23]中的介绍. 不少文献在分析有关反常霍尔效应时，忽视其随温度的变化，以常规观点分析相关的性质，导致不正确的结果，例如在量子振荡实验中的不正确的解说，这一点值得注意. 在这里补充多说几句. 斜错散射起源于著名的铁磁金属中反常霍尔效应的机制之一，首先由 Smit 讨论提出的. 随后 20 世纪 70 年代初非磁金属中励磁原子的斜错散射开始吸引了人们的注意. Ag 中稀土杂质斜错散射的清晰的实验例证，报道于霍尔效应测量中，可以区分 k-f 项和 k-d 项[6.24]. 为了精细地理解稀土杂质斜错散射的机制，Fert 系统地研究了 Ag∶R，Au∶R 和 Al∶R 合金低温(1.2～77 K)霍尔效应，连同实验一起给出了斜错散射的理论[6.25]. Fert 说道："导电电子被磁性杂质沿相对于杂质磁性矩的方向散射，左右偏转不同时称为斜错散射(不对称散射). 当杂质的磁性矩在外加磁场中被极化，载流子全部偏转电流于同一的方向，由于洛伦兹力的作用，从而贡献为正常霍尔效应. 霍尔电阻是这两项之和. 正常霍尔项，可在非磁杂质的 Ag 中观测到，它们是与温度无关的. 自旋效应的贡献在高场下对正常霍尔效应有贡献. 它们与斜错散射相比是相对较小的. 斜错散射是与温度有关的".

迄今为止人们已对元素铁磁体、混合价及重费米子系统、无磁母体中的稀土或过渡金属磁杂质即 Kondo 系统、反铁磁氧化物等作了系统的研究,并仍在继续中;近来由于自旋电子学(spintronics)的带动,斜错散射的反常霍尔效应又再次受到关注. 在 HTSC 中反常霍尔效应表明:Cu 磁矩与空穴载流子间的作用也是斜错散射. 图 6.13 示出 Y1237-y 样品的反常霍尔效应,它是随温度而改变的[6.26].

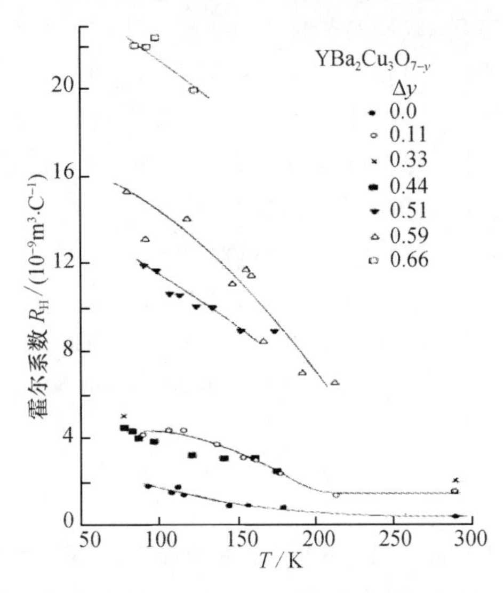

图 6.13 Y1237-y 不同氧含量的七个样品中霍尔系数随温度的变化,图中 Δy 表示氧的变化(以原始样品为准,它的氧含量被测定为 0.0 ± 0.1. 实线是为了导引读者的"视觉". 人们将其与常规的温度行为加以区别,称之为反常霍尔效应. 取自文献[6.26]图 1

为了说明斜错散射的物理图像,可以仅考虑一个相当简单的量子力学模型:一个孤立的过渡金属离子,如 Fe 溶于金属 Al 中,杂质作为传导电子的散射中心提供出不对称散射,导致霍尔系数随温度的变化[6.17]. 在磁系统中,传导电子的局域矩散射是左右不对称的,即散射横截面不对称. 换句话说,向左散射与向右散射不等,称为斜错散射,它导致反常霍尔效应(洛伦兹力产生的偏转称为常规霍尔效应,它的幅值较小且不随温度变化). 反常霍尔效应这个名词最早是在研究铁磁体中杂质散射的左右不对称导致的反常霍尔效应时引入的.

在高温超导发现的最初几年曾有过争论. 例如 N. P. Ong 于 1989 年曾认真地讨论了斜错散射机制(参见文献 [6.27]459 页),因为有人结合 Y123 的实验数据,明确地指出散射机制是斜错散射[6.28]. Ong 断言这种不对称散射不适用于 HTSC,他列举了几点理由,说明这里与典型的费米液体中的磁性杂质行为有差异,诸如:没有与反常霍尔效应并行的磁化率温度行为、随磁场增加的饱和行为等等. 他还说

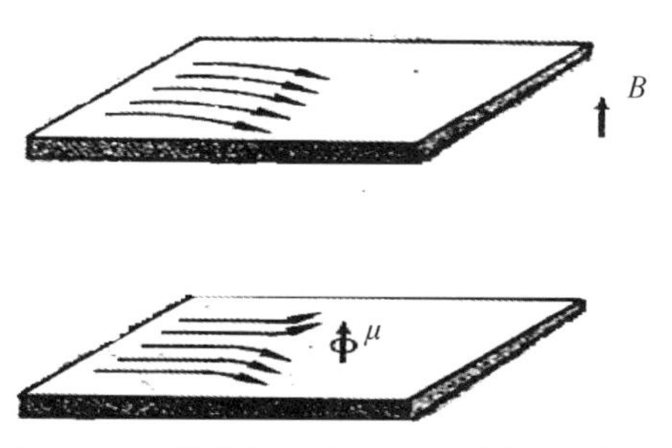

图 6.14　斜错散射示意.取自文献[6.17]图 1

道:“常规的局域磁矩形成于费米液体中的概念不适用于这里.”这是涉及 HTSC 配对机制——磁配对的重要问题,本书中的有关章节会从实验角度认真地回答 Ong 提出的问题.最近 Ong 研究组从更广泛的视角讨论了反常霍尔效应,其中对斜错散射在反常霍尔效应中作出主要贡献的问题的分析,较为深入,很有参考价值,因为超出本书的设定范围,就不在这里介绍,有兴趣的读者可参阅这一部分[6.29].

6.5　2007 年的两个实验

2007 年的这两个实验是 N. Doiron-Leyraud 等人的量子振荡测费米包的实验[6.30](参见图 6.15)和 K. K. Gomes 等人用 STM 测量实空间局域配对的实验[6.31](参见图 6.16).这些实验的结果引发了人们的“惊呼”,例如 S. R. Julian 和 M. R. Norman[6.32]在对引发的“惊呼”作介绍时说道:“二十年后似乎对高温超导引用的所有理论和概念都要重新被检验.高温超导体这个奇异的‘海域’图的绘制受到了挑战.在最新的‘壮举’中,两个实验在互补的方向上,使这个领域地形的制定取得了重大的一步进展.发现高温超导 20 年之后,高温超导基本上是保持着令

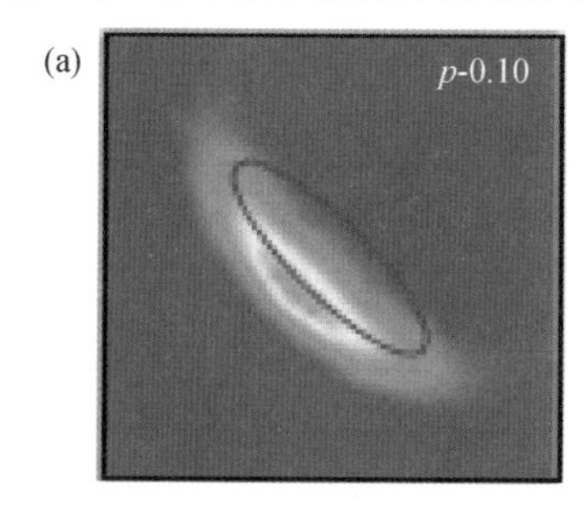

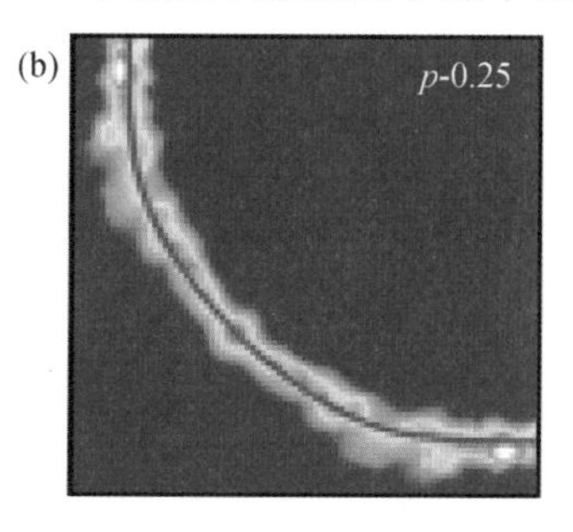

图 6.15　在布里渊区四分之一象限中 ARPES 谱强度的分布.(a) 在 Na-CCOC,$p=0.1$ 样品上的测量,(b) 在 Tl2201,$p=0.25$ 样品上的测量.示出的是大的柱状费米面的截断部分,红椭圆封闭的面积对应于被测量样品量子震荡的频率.取自文献[6.32]图 1

人迷惑不解的. 在超导体中,没有电阻的电导源于电子配对,以致克服电流流动的阻碍. 尽管人们已较好地理解了常规超导限制它们的超导电性至较低的温度,但有一类金属铜氧化物在温度高至 150 K 仍然没有电阻. 本集(注:指 *Nature* 447 卷)中的两篇文章,明显地改变了人们对这些奇妙材料的理解. 一是 Doiron-Leyraid 的漂亮的研究(注:指图 6.15 所代表的研究结果),描述金属的经典信号——费米面显露在高温超导中. 二是 Gomes 观察到从超导态到 T_c 以上电子配对是怎样的情况(注:指图 6.16 代表的研究结果). ”

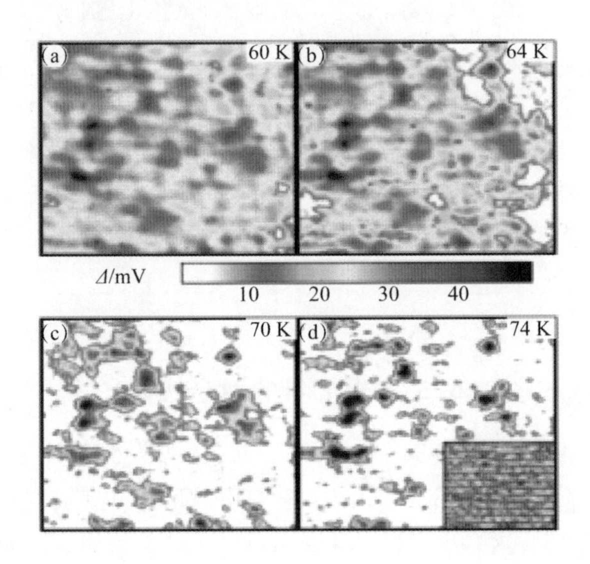

图 6.16 T_c=65 K 过掺杂(UV65)样品上能隙随温度变化的演进. (a)~(d)示出 UV65 在 T_c 附近四个不同温度于 300Å×300Å 面积上提取的能隙图. 在每个温度下每个原子位置能隙值从局域谱测量中提取:使用局域 dI/dV 在电压最大值处的实验数值. 隙的变化空间尺度约为 1~3 nm. (d)中内插图示出这块面积的地形状况. 各图取数据均取在 T=40 K 情况下. 从图中可以看出在 T_c 以上仍存在有近红色区所表示的超导区域,以及在 T_c 以下不同颜色表示的能隙的不均匀分布,不均匀区的尺度也是 nm 量级,表示的重要信息是配对的相干长度是局域的、纳米量级的. 取自文献[6.31]图 2

6.6 残存部分费米弧的不完整和不确定的费米包的研究

残存部分费米弧的不完整和不确定的费米包的研究(参见图 6.17),包括随掺杂而演进的实验研究,曾对进一步的研究起到了推动作用,不在这里做详细介绍. 这种不完整性和不确定性可能要归因于没有精确地确定 k_F 点,参见文献[6.33]和

[6.34]，详见下节的介绍.

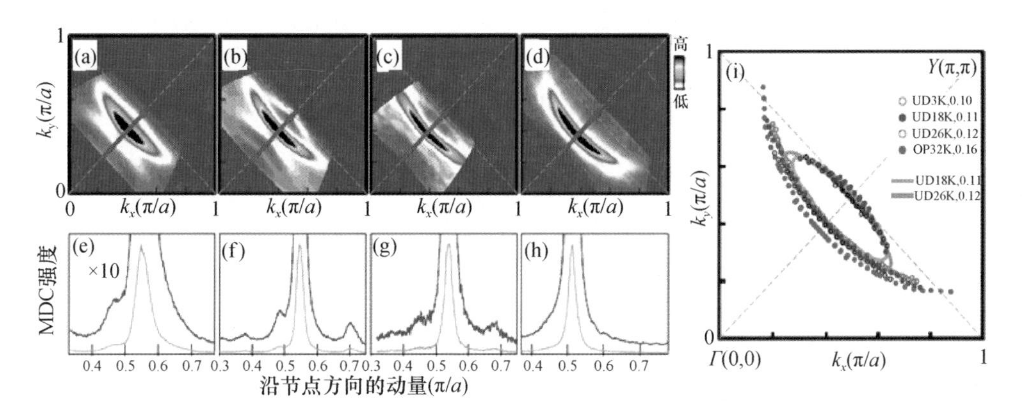

图 6.17　ARPES 直接观测费米包，测量是在 $T=14$ K 下进行. 样品为 La-Bi2201，这里给出费米面拓扑随掺杂的演进. (a)～(d)显示 UD3K，UD18K，UD26K，OP32K 的费米面图. (e)～(h)示出对应的在费米能沿(0，0)-(π，π)节点方向的 MDC. 动量路径的位置标识为(a)～(d)中的紫红色箭头. 图中蓝线为灰色表示的原始数据的十倍. (i)示出各个掺杂水平的定量化费米面. UD18K(蓝色实圈)和 UD26K(蓝色空圈)是由拟合数据点而得的两个带有费米弧的费米包，分辨率为：能量分辨率为 1.03 meV、动量分辨率为 0.004 $Å^{-1}$. 取自文献[6.33]图 4

6.7　k_F 点的精确确定

Kipp 等人[6.35]指出：在 ARPES 中，为了确定平行表面的费米波矢 $\boldsymbol{k}_F$，通常采用简单的判据，诸如在费米能级处的最大光电子发射强度或是动量分布函数的不连续性. 但 Kipp 等人指出这些判据可以导致很大的不确定性，特别在研究窄带系统时会发生. 他们提供了在采用不同温度高分辨 ARPES 来确定费米波矢时的一种可靠的方法，并讨论了它的关联和精度. 结晶材料的广泛的物理现象，如输运、光学和磁性响应、相变等，依赖于费米面拓扑的细节. 施行确定费米面拓扑的传统实验技术，如 de Haas van Alphen 效应、磁声效应、康普顿散射或正电子湮灭等，受限于块材. 所有技术一般提供关于费米面形状的间接信息，上述的前两种技术，确定与外磁场垂直的平面中的费米面的极值截面，后两种技术给出费米面的一维或二维投影的信息. 更复杂的情形中，如超晶格、异质结或甚至清洁表面可能也很难接近. 角分辨光电子谱已被证明可能是确定固体和它们的表面占据电子能带结构的最有用的工具. 它们已经被广泛地用来获取对各种材料费米面拓扑的深入了解. 然而，由 ARPES 确定的费米面的精度从未被怀疑，甚至在人们对广泛研究了的 BiSrCaCuO 仍然尚未弄清楚的情况下，它显示出正常态费米面拓扑在 BZ 中心附近是电子包,且在 BZ 区角处附近是空穴包,应该怎么理解?

人们广泛地假设 ARPES 测量的是单粒子系统的谱函数 $A(\boldsymbol{k},\omega)$ 与费米函数 $f(\omega)$ 的乘积,矩阵元不扮演明显的角色.这点促使能带色散、线形、动量分布函数和费米面的研究.费米矢量从 ARPES 中提取,采用的判据有:① 在费米能级 E_F 处 ARPES 有最大强度;② 能量积分光发射强度最大$|\nabla_k|$;或③ 对几个发射角,拟合 ARPES 峰,外推色散至 E_F.然而,没有一个技术明显地考虑光发射过程的详细机制.特别是,矩阵元效应和光电流与普函数之间的不同完全地被忽略,使得这种解释是完全可质疑的.虽然,在大多数情形中,光发射峰位置仍然类似于电子能带的位置,谱函数的形状一般也不能直接地再生出光电流.如果光发射在一步模型中的计算没有可利用的结果,可靠地简单程序用来分析高分辨光电子发射是必要的. Kipp 等人采用高分辨光发射测量时,发现在因比较取自不同温度的光电子谱而明显地地消除了强度改变的情况下,如何高精度地确定费米矢量的方法.这个方法的可靠性和可应用性已由 Kipp 等人在一个层状费米液体材料 $1T-TiTe_2$ 中证实了.这里略去材料制备和测试仪器的细节.

在 Sudden(骤变)近似下光电流由单粒子格林函数

$$I(\boldsymbol{k},\omega) = I_0(\boldsymbol{k})f(\omega)A(\boldsymbol{k},\omega)$$

表示,其中 $f(\omega)$是费米函数,$A(\boldsymbol{k},\omega)$是单粒子谱函数,I_0因包含跃迁矩阵元而依赖于 $\boldsymbol{k}$ 的.这个依赖影响着 $\boldsymbol{k}_F$可靠性的确定.在 ARPES 中,依赖于光子能量,垂直于表面的 $\boldsymbol{k}$ 分量 $k_\perp$ 是变化的.它进一步使完全确定三维费米矢量的问题复杂化,这点将不在这里讨论.费米矢量平行于表面的分量 $k_{F/\!/}$ 可以通过零束缚能处 $A(\boldsymbol{k},\omega)$ 峰的位置来识别.这不是平凡的事情,因为光电流对应于 $f(\omega)A(\boldsymbol{k},\omega)$,并且光电流中的峰是谱函数 $A(\boldsymbol{k},\omega)$的峰当被费米函数截断时的结果.为了解决这个困难,不同人用了不同方法.例如有人在费米能级最大强度 $I(\boldsymbol{k},E_F)$中寻找这个峰.也有人使用求和规则将能量积分谱函数和动量分布函数相联系:

$$n(\boldsymbol{k}) = \int_{-\infty}^{\infty} \mathrm{d}\omega f(\omega)A(\boldsymbol{k},\omega).$$

由定义可识别构成费米面的动量矢量 $\boldsymbol{k}_F$,通过一步模型或至少是零温电子动量分布$n(\boldsymbol{k})$的梯度来识别.还有人采用拟合法,在很宽的发射角区域上光发射峰位置的拟合,并外推至零束缚能来获取估算 $k_{F/\!/}$ 的值.图 6.18 示出了用不同方法确定的费米动量值,可以明显看到其间的差异.

确定 $k_{F/\!/}$ 值的可靠方法是用比较不同温度下获得的谱方法来确定这个值,这个方法称为 ΔT 方法.在不同温度下的费米函数是奇函数,$A(\boldsymbol{k}_F,\omega)$是偶函数,因此它们在对称能量窗口上的乘积的积分为零.实际上,这个积分被有限分辨率取代,它由对称分析器函数 w 给定,在$[-\varepsilon,\varepsilon]$以外,它们是零.假设取在 $E_F=0$ 处的强度差是

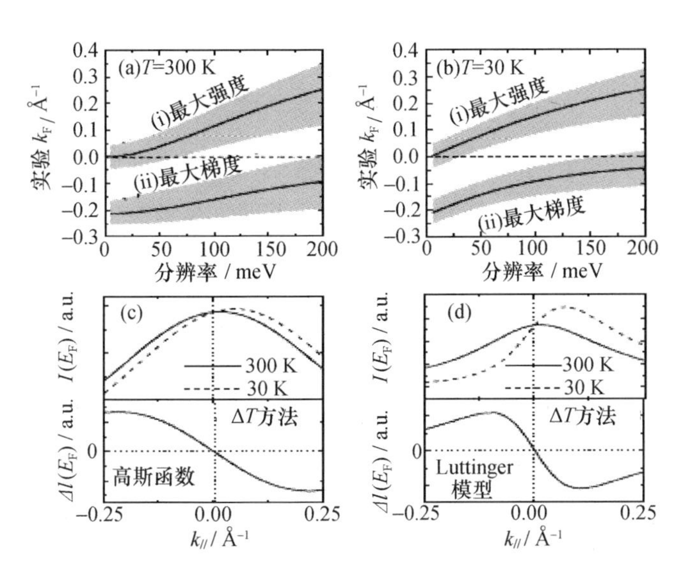

图 6.18　采用不同的实验方法获得的费米动量值的较大偏差.(a)和(b)分别示出在300 K和 30 K 温度下用最大强度方法和最大梯度方法获得的费米动量实验值,及它们随实验分辨率的改变.(c)和(d)分别示出拟合法获得的结果(详略).取自文献[6.34]图 1

$$\Delta I(k_{//}) = I_0(k_{//})\int_{-\varepsilon}^{\varepsilon} \mathrm{d}\omega A(\boldsymbol{k},\omega) \times [f_{T_1}(\omega) - f_{T_2}(\omega)]w(\omega),$$

在感兴趣的间隔内,A 与温度、I_0 的温度和能量无关,那么它满足 $\Delta I(k_{//})=0$. 这点对所有的 A 是正确的,当 $\boldsymbol{k}\neq\boldsymbol{k}_F$ 时只要在$[-\varepsilon,\varepsilon]$中满足 $A(\boldsymbol{k}_F,\omega)=A(\boldsymbol{k}_F,-\omega)$ 和 $A(\boldsymbol{k},\omega)\neq A(\boldsymbol{k},-\omega)$. 那么一般 $\boldsymbol{k}$ 点的 A 差值,不改变符号,并且有

$$\Delta I = I_0\int_{-\varepsilon}^{0} \mathrm{d}\omega[A(\boldsymbol{k},\omega) - A(\boldsymbol{k},-\omega)] \times [f_{T_1} - f_{T_2}]w(\omega) \neq 0.$$

许多谱函数满足这些条件,包括洛伦兹函数、高斯函数、沃伊特测线、Luttinger 模型等. 高能量分辨将会扩展这个区域. 这些积分在 $\boldsymbol{k}_F$ 和 E_F 附近与温度无关已被实验检验. 在高分辨情形,这个判据仍然正确,因为相对于 $\boldsymbol{k}_F$ 和 E_F 的对称能带色散,附加的贡献湮灭. 由于 I_0 对 $\boldsymbol{k}$ 的依赖,精度可能被压低. 若在围绕 $\Delta I=0$ 的 $I_0(k_{//})$ 点的对称性而获得的数据区域内,实验的 $k_{//}$ 分辨窗口保持得很好的话,这个可能的影响可以直接地被排除.

概括地说,Kipp 等人发展了一种可靠而简单的方法确定 ARPES 中费米矢量. 采用温度差的谱,隐藏在测量谱中的谱函数的光发射过程被明显的考虑到了. 因此这个方法甚至对于那些随 $k_{//}$ 改变而迅速改变矩阵元的那些系统也适用得很好. 在层状费米液体材料 1T-$TiTe_2$ 中证实了确定 $\boldsymbol{k}_F$ 值的精度可以改进到明显地好于 BZ 尺度的 0.4%.

6.8 关于多隙的争论

赝隙不是高温超导铜氧化物特有的性质.几十年前莫特就已经引入赝隙的概念于许多材料中[6.36].赝隙的性质和行为既然不是高温超导铜氧化物的特有属性,企图以它们为基础来构造特有的机制模型,如竞争相模型,是无法成功的.与之相似,以强关联性质、d 波行为为出发点建立机制模型也是没有逻辑基础的.在动量空间中人们为了区别节点区和反节点区电子结构的不同,而建立了多隙的概念,但这更是没有抓住本质.特别是当人们已经认识到欠掺杂区在节点附近的空穴费米包与反节点区的电子占据态本质上就应该是不同的,这个问题就自然而然地获得了解决.总之没有抓住高温超导铜氧化物的特有的性质,而在与其他体系共有的性质上建立理论概念及机制,是缺乏逻辑基础的.

6.9 下潜费米面

这里介绍一种广义的费米面——下潜费米面[6.37],它是绝缘体中残存的费米面.

Ronning 等人用 ARPES 在 $Ca_2CuO_2Cl_2$ 绝缘体中发现了残余费米面(remnant Fermi surface),或称下潜费米面.在离开费米能的费米海中,即与费米面不接触的情况下,在电子占据积分谱 $n(\boldsymbol{k})$ 中,Ronning 等人识别出了强度陡峭地下降,相似于能带计算示出的费米面跨越费米能时的陡峭下降.在这个实验中他们揭示出绝缘体 $Ca_2CuO_2Cl_2$ 中有残存费米面,即在一种铜氧化物高温超导家族中绝缘母化合物,似乎存在与金属样品相似的能量峰的色散,甚至可以拟合 d 波形式的色散.实验的关键点是对 $\boldsymbol{k}_F$ 的确定——取其为能量积分谱的最大下降值处.参见图 6.19~6.21.

Ronning 等人在强调了基于 ARPES 等实验在高温超导铜氧化物中已确立了各向异性的正常态隙——赝隙之后,指出峰-谷-肩(peak-dip-hump)的双隙结构具有对 d 波的角度依赖,其随掺杂的演进是相关的[6.38].但是赝隙的本源仍是不清楚的,是预配对还是其他的原因仍然有争论.Ronning 等人试图采用 $Ca_2CuO_2Cl_2$ 绝缘体的残余费米面与赝隙联系起来.我们对于他们的这个企图及其论证不予评述,只是介绍实验本身.因为 $Ca_2CuO_2Cl_2$ 具有优于 La214 样品的表面质量,故采用这个材料进行 ARPES 研究.这个好的样品表面质量,允许 Ronning 等人做到以下两点:① 强库仑相互作用破坏了的费米面,在这个绝缘体中留存了残余,其体积和形状相似于关闭强关联时人们所预期的;② 强关联效应畸变了这个别样的等能的外

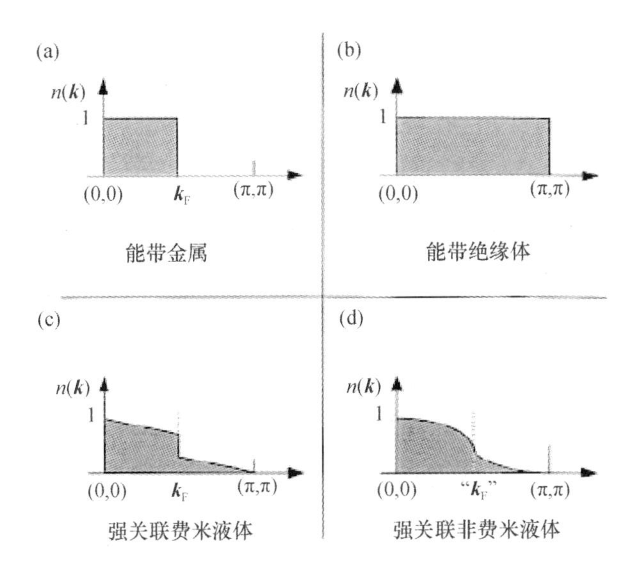

图 6.19　确定费米面的示意图.(a) 对于能带金属，电子占据态仅达到一定的动量、在 $n(\boldsymbol{k})$中显示陡峭下降.(b) 在能带绝缘体中，电子占据全部可能的态，不显现 $n(\boldsymbol{k})$的下落.(c) 强关联的费米液体(FL).注意：低于 $\boldsymbol{k}_F$ 的占据态电子已被移至 $\boldsymbol{k}_F$ 以上.(d) 对于强关联非费米液体 $n(\boldsymbol{k})$并不显示不连续性，而是 $n(\boldsymbol{k})$中显现出被称为残余费米面的分布行为.取自文献[6.37]图 1

形，成为形式上与$|\cos k_xa-\cos k_ya|$函数吻合很好的形式，只是高能峰的大小是 320 meV.这样，一个"d 波"样的色散行为存在于绝缘体中.

比较欠掺杂 Bi2212 几个样品($T_c=0$ K，25 K 和 65 K)的数据，可以得出在欠掺杂区高能 d 波样的赝隙源于绝缘体中的 d 波样的色散，一旦掺杂至金属，化学势下降至这个 d 波样函数的最大，但是色散关系保持它的定性的形状，尽管它的数值随掺杂减少.这样，仅近 d 波节点的态接触费米能级，并形成费米面小片，连同余下的费米面被有隙化.以这种方式，在欠掺杂区 d 波高能赝隙自然地联系到绝缘体的性质，低能赝隙像是联系到超导，控制绝缘体中 d 波色散的物理学应该就是决定掺杂超导体中赝隙和超导隙的物理学.

为了研究强关联效应，将这里的数据与忽略关联效应的常规情况相对照，可以通过对从 ARPES 获取的 $A(\boldsymbol{k},\omega)$取积分而获得占据概率 n($\boldsymbol{k}$).实验上的 $A(\boldsymbol{k},\omega)$不能对所有的能量积分，由于有二次电子及其他电子态的贡献.这里采用代替的能量积分——积分窗口得出最后的量，定义为相对的 $n(\boldsymbol{k})$.幸而，感兴趣的那些峰可以与任何其他的贡献清晰地分辨开.注意到 $n(\boldsymbol{k})$是基态性质，因此不同于单粒子谱权重 $A(\boldsymbol{k},\omega)$在能量上的积分.然而在骤变近似情况下，$A(\boldsymbol{k},\omega)$积分如同 ARPES 测量给出的 $n(\boldsymbol{k})$.这样，使用相对 $n(\boldsymbol{k})$的下降来确定费米面，如图 6.19 所

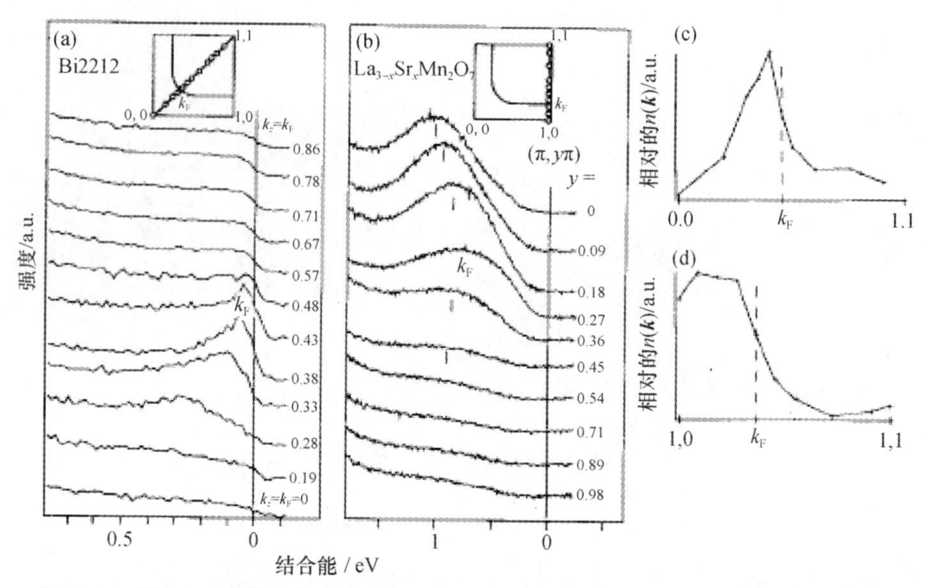

图 6.20　图 6.19 中描述的分类的应用.(a) Bi2212 中沿(0,0)-(π,π)路径的谱.峰的色散指向低能一侧,在 $\boldsymbol{k}_F$(0.43π, 0.43π)处到达费米能级(自上而上)并跨跃,此后未再见到色散峰.(b) 金属 $La_{3-x}Sr_xMn_2O_7$ 沿(π,0)-(π,π)路径的谱.峰色散指向低能边,自上而下,在(π,0.27π)处最接近费米能,定义为 $\boldsymbol{k}_F$,此后不再到达费米能级.然而,在能带计算预言的费米面"跨越"处丢失强度,显示出人们所谓的下潜费米面,即在占据态中可见"跨跃"的现象和位置,以及峰强度的消失.(c),(d)为分别对应于(a),(b)的 n($\boldsymbol{k}$),它们在 $\boldsymbol{k}_F$ 附近的突然下降,基本上显示出不同方法给出了相同的费米动量 $\boldsymbol{k}_F$.取自文献[6.37]图 2

示.对于无相互作用电子的金属,电子态被填充至费米动量 $\boldsymbol{k}_F$,$n(\boldsymbol{k})$显示突然的下落,参见图 6.19(a).当有更多的电子附加时,电子态最终被填满,系统变成为绝缘体,在 $n(\boldsymbol{k})$中没有下降,参见图 6.19(b).因此,在 $n(\boldsymbol{k})$中的下降表征无相互作用电子金属的费米面,图中直线垂直下降处对应着费米面的位置.当关联增加且关联适中时,$n(\boldsymbol{k})$开始畸变,参见图 6.19(c),虽然仍然存在 $\boldsymbol{k}_F$ 不连续性.注意:那些用来占据 $\boldsymbol{k}_F$ 以下态的电子已被移至未占据的态中.对于很强关联的非费米液体,$n(\boldsymbol{k})$平滑地下降,没有不连续性,参见图 6.19(d).

详细的不同计算结果(详略)指明,相互作用系统的 $n(\boldsymbol{k})$相似于无相互作用系统的 $n(\boldsymbol{k})$.由此我们有理由按照陡峭下降的 $n(\boldsymbol{k})$轮廓来确定绝缘体的残余费米面及费米动量位置,即用 $n(\boldsymbol{k})$中最陡的斜坡位置来定义实际系统中费米能级跨越的位置.图 6.20(a)示出金属样品 Bi2212 中,沿(0,0)指向(π,π)路径的,ARPES 传统方法中的峰色散.峰色散至费米能时,峰与费米能接触并通过它,峰丢失谱权重,这里再次是 $\boldsymbol{k}_F$.用简单地相对于 E_F 从 0.6 eV 到 −0.1 eV 的谱函数积分代替无穷积分,最终得到的$n(\boldsymbol{k})$如图 6.20(c)所示.现在可以定义 $\boldsymbol{k}_F$ 是相对 $n(\boldsymbol{k})$中最陡斜坡

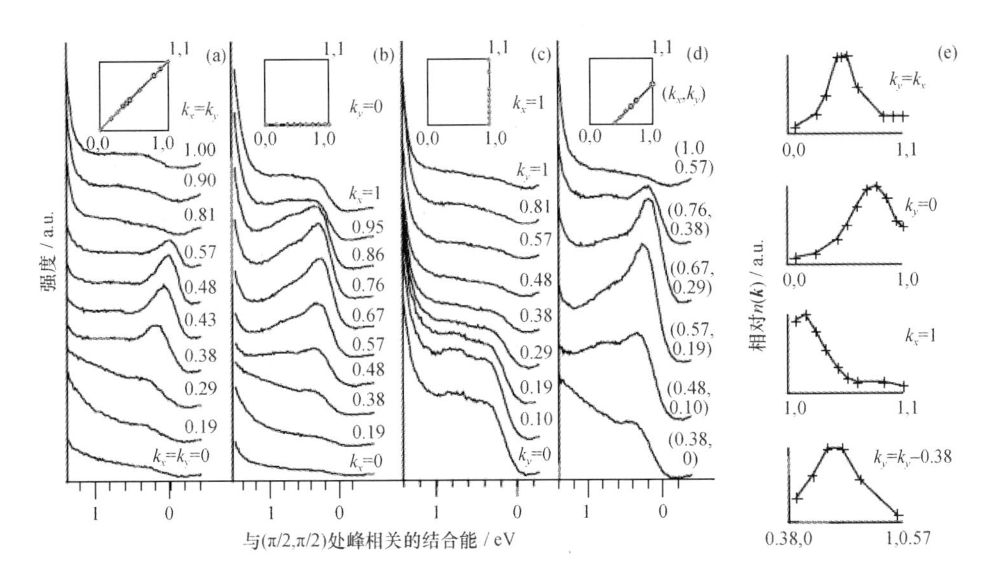

图 6.21　在 $Ca_2CuO_2Cl_2$ 样品中几条路径上的 ARPES 谱及 $n(\boldsymbol{k})$ 图. 内插图及标号显示是在布里渊区的某处收集的信息. (a) (0,0)-(π,π)路径. 峰的色散指向低能边，在(π/2，π/2)附近失去强度. (b) (0,0)-(π,0)路径. 最低能量处的峰显示较小的色散. 谱权重开始先增加而后在(0.67,0)处减少，如同在 $Sr_2CuO_2Cl_2$ 中所见的情形. 然而，注意在(π,0)处有明显的谱权重，与 $Sr_2CuO_2Cl_2$ 不同. (c) (π,0)-(π,π)路径. 当移动至(π,π)时谱权重下降. (d) 另一条路径(见内插图中的标号)，显示 $n(\boldsymbol{k})$ 下降. (e) 从(a)～(d)的谱中给出的相关的 $n(\boldsymbol{k})$. 取自文献[6.37]图 3

处的点. 可以从这里提取相同的结论，而与这里使用的方法无关. 注意：$n(\boldsymbol{k})$ 当接触(0,0)时也下降，指示光发射是“人为的”，因为由于对称性 $d_{x^2-y^2}$ 轨道光发射横截面为零. 对于具有有隙化费米面的强关联系统，例如 $La_{3-x}Sr_xMn_2O_7$，通过 ARPES 提供了沿(π,0)-(π,π)路径的谱，参见图 6.20(b)[6.26]. 它显示出色散特征开始从(π,0)自上向下至(π,0.27π)，然后背离 E_F，始终未达到 E_F，然而其特征是突然地丢失谱权重. 当它跨过(π,0.27π)好似它跨跌费米面，参见图 6.20(d). 而且由局域密度近似计算确定的费米面与 $n(\boldsymbol{k})$ 确定的费米面符合，尽管这个铁磁态材料的谱具有有效的隙. 这样下潜费米面可以幸免于强相互作用而保持下来，$n(\boldsymbol{k})$ 方法是有效的，在识别它甚至当色散峰并未色散跨跃费米能 E_F 时.

6.10　欠掺杂、最佳掺杂和过掺杂样品中谱权重演进的比较

欠掺杂、最佳掺杂和过掺杂样品中谱权重演进的比较可参见文献[6.38]，[6.39]和[6.40]. 主要结果示于图 6.22[6.39] 和图 6.23[6.40].

G. Battlog 在文献[6.38]中介绍了相图，并强调了相图中的跨越(crossover).

Y. Kohsaka 在文献[6.40]中展示了相干峰的演进,参见图 6.23,具体内容请详见原文.

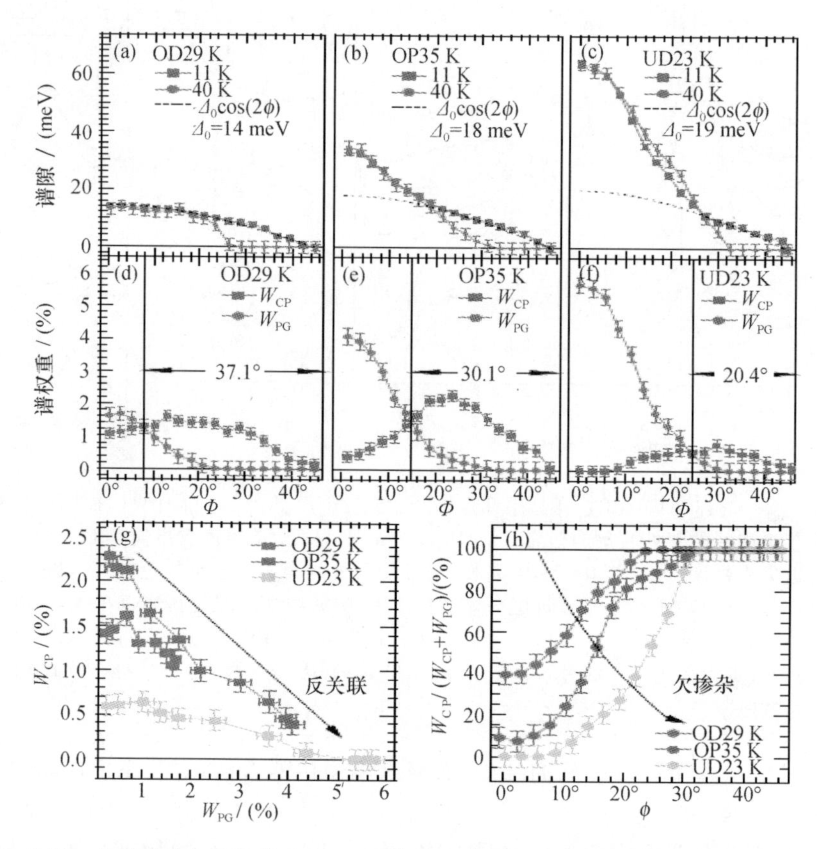

图 6.22 在最佳掺杂和欠掺杂 Bi2201 样品中谱隙的大小、相干谱权重(W_{CP})及赝隙谱权重(W_{PG})的大小随动量的变化.(a)～(c)样品在 T_c 以下和以上温度时谱隙随动量的变化,其中(a)为 OD29K 样品,(b)为 OP35K 样品,(c)为 UD23K 样品.虚线表示 $\cos(2\phi)$ 对节点区数据的拟合误差棒在超导态为±1 meV、赝隙态±2 meV.(d)～(f)消耗的赝隙谱权重(红)和相干谱权重(蓝)随费米面角 ϕ 的变化.该函数表示在 $\mu-300$ meV 和 $\mu+300$ meV 区间的总谱函数积分中所占的百分比,(d)为过掺杂 $T_c=29$ K 样品,(e)为最佳掺杂 $T_c=35$ K 样品,(f)为欠掺杂 $T_c=23$ K 样品.获得低能谱权重在赝隙中改变的计算不再这里赘述.三个样品的 T^* 值分别是 110 K,130 K 和 240 K.箭头指示的相干费米面的 ϕ 区域,即在该处相干费米峰(蓝色)超过赝隙谱权重的区域,这个区域随欠掺杂而收缩:分别为 37.1°,30.1°和 20.4°.(g)示出 W_{CP} 和 W_{PG} 关系图,证实这两个量之间的反关联.数据点对应费米角的区域,赝隙谱权重丢失是受限制的:对 OD29K,$\phi<15°$;OP35K,$\phi<25°$;UD23K,$\phi<30°$.(h)相干谱权重与总谱权重之比 $W_{CP}/(W_{CP}+W_{PG})$ 在三个掺杂水平样品中的结果.取自文献[6.39]图 3

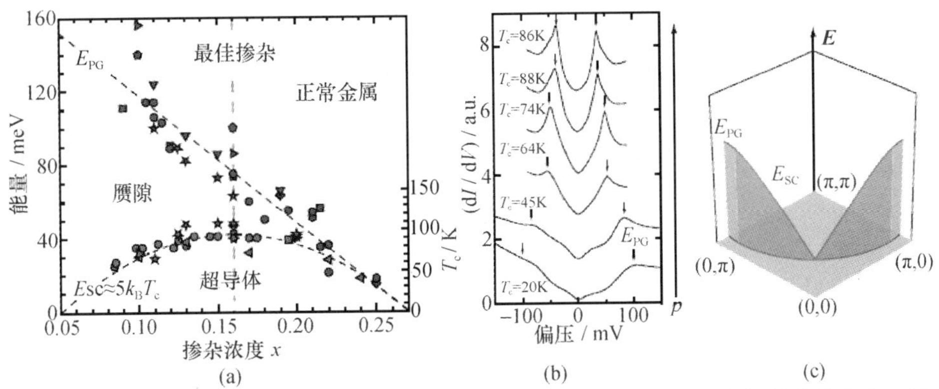

图 6.23　当 $x \to 0$ 时在铜氧化物高温超导中的两类电子激发.(a) 与超导态激发(E_{SC})和赝隙态激发(E_{PG})相伴的能量尺度分离,当 x 减少时这个分离增加.不同符号对应于从不同实验中获取的数据.(b) 显示出 6 个独立测量的 Bi2212yp 的每一个样品的 dI/dV 空间平均值的全部导电谱的平均.当空穴浓度减少时,该平均值沿 E_{PG} 轨迹而增加,观测到峰位处的隙最大,且峰位处的能量是关于费米能级对称的(除非在 $x=6\%$,$T_c=20$ K 的样品中,否则该处很难分辨).(c) 在CuO_2 第一 BZ 的一个象限中,按常规电子结构的观点,随 $\boldsymbol{E}$ 变化的 3D 图.d 波 SC 能隙 E_{SC},它在 $T<T_c$ 被打开,以橘色示出;与温度无关的赝隙 E_{PG},在 $T \gg T_c$ 处打开,以蓝色示出.取自文献[6.40]图 1

参考文献

[6.1]　M. Gurvitch,. Phys. Rev. Lett. 59, 1337 (1987); B. Batlogg, et al., Electronic Proporties of High*Tc Superconductors, the Normal and the Superconducting state* (Springer Verlag, 1992).

[6.2]　B. Batloogg, Phys. C**235—240**, 130 (1990).

[6.3]　T. A. Friedmann, et al., Phys. Rev. B**42**, 6217 (1990).

[6.4]　T. Ito, et al., Nature 350, 596 (1991).

[6.5]　S. Uchida, *Strong Correlation and Supercomductivity* (Springer Verlag, 1989).

[6.6]　N. P. Ong, *Physical Properties of High Temperatun Superconductors* Ⅱ (World Scientific, Singapore, 1990).

[6.7]　T. R. Chien, et al., Phys. Rev. Lett. **67**, 2088 (1991).

[6.8]　J. Orenstein, et al., Phys. Rev. B**42**, 6342 (1990).

[6.9]　M. V. Klein, *Strong Correlation and Superconductivity* (Springer Verlag, 1989).

[6.10]　Y. P. Wang, R. S. Han, Z. B. Su, Phys. Rev. B**50**, 10350 (1994).

[6.11]　B. Batlogg, H*igh Temperature Superconductivity* (Proc. los Alamos Sym., 1989).

[6.12]　T. Walstedt, *Mechanisms of High Temperatun Superconductivity* (Springer

Verlag 1989).
[6.13] P. C. Hammel, Phys. Rev. Lett. **63**, 1992 (1989).
[6.14] G. Blumberg, et al. , Science **278**, 1427 (1997).
[6.15] S. L. Cooper, K. E. Gray, *Physcial Properties of High Temperature Superconductors* Ⅳ (World Scientific, Singapore, 1994).
[6.16] H. B. Yang, Phys. Rev. Lett. **107**, 047003 (2011).
[6.17] A. Fert, Phys. Rev. Lett. **28**, 303 (1972); Physics Today, 25 (1979).
[6.18] J. D. Rameau, J. Electron. Spect. Relat. Phenom. **181**, 35 (2010).
[6.19] L. B. Lucy, J. Astron. **79**, 745 (1974).
[6.20] W. H. Richardson, J. Opt. Soc. Am. **62**, 55 (1972).
[6.21 J. M. Luttinger, Phys. Rev. **119**, 1153 (1960).
[6.22] A. Fert, J. Phys. Paris Suppt. C**1**, 32 (1971).
[6.23] P. L. Hugon, J. Phys. C**5**, 1072 (1972).
[6.24] A. Friederich, SSC **13**, 997 (1973).
[6.25] A. Fert, Phys. Rev. B**13**, 397 (1976).
[6.26] Z. Z. Wang, Phys. Rev. B**36**, 7222 (1987).
[6.27] N. P. Ong, *Physical Properties of High Temperature Superconductivors* II (World Scientific, Singapore, 1990).
[6.28] A. T. Fiory, et al. , Phys. Rev. B**38**, 9198 (1988).
[6.29] N. Nagaosa, Rev. Mod. Phys. **82**, 1539 (2010).
[6.30] N. D. Leyraud, Nature **447**, 565 (2007).
[6.31] K. K. Gomes, Nature **447**, 569 (2007).
[6.32] S. R. Julian, M. R. Norman, Nature **447**, 537 (2007).
[6.33] H. B. Yang, Nature **456**, 77 (2008).
[6.34] J. Meng, Nature **462**, 335 (2009).
[6.35] L. Kipp, Phys. Rev. Lett. **83**, 5551 (1999).
[6.36] N. F. Mott, Philosophical Magazine**19**, 835 (1969).
[6.37] F. Ronning, Science **282**, 2067 (1998).
[6.38] G. Battlog, Nature **382**, 20 (1996).
[6.39] T. Kondo, Nature **457**, 296 (2009).
[6.40] Y. Kohsaka, Nature **454**, 1072 (2008).
[6.41] G. Q. Zheng, Phys. C**260**, 197 (1996).

第七章　超导态的反常特性

7.1　概述及常规 BCS 图像的修正

前几章中介绍了输运性质、光学性质和磁学性质，充分表明高温超导铜氧化物的正常态有许多不同于常规费米液体图像的反常行为. 如何解释这些行为，仍是目前有很大争议的课题，焦点是：朗道-费米液体理论能否适用于对高温超导铜氧化物正常态的描述？要联系起超导微观机制的研究，还必须了解高温超导铜氧化物超导态中的行为，超导态性质包括的内容很广，我们只介绍与常规超导体(低 T_c 超导体)相比有显著不同的主要性质.

载流子配对，在高温超导体发现不久就在实验中被证实了，不论是空穴型的还是电子型的，超导体的有效电荷 $e^* = 2e$. 用射频超导量子干涉器件(RF-SQUID)，测量磁通量子化，给出了磁通量子 $\varphi_0 = (0.97 \pm 0.04)\hbar/2e$ 的结果. Little-Parks 振荡实验测量给出 $\varphi_0 = \hbar/2e$，误差小于 6%. 微波感应台阶的标号及频率关系测出的是电子对在隧道结中的转移. 安德列耶夫(Andreev)反射实验更进一步地证实配对电子具有相反的动量和自旋. 总之，所有这些判定性实验都确证：高温超导体仍然是载流子配对组成凝聚体的超导态，关于这一点人们已取得了共识，但是能隙、配对的中介物等仍是目前研究的热点问题.

与常规超导体相比，高温超导铜氧化物的超导态性质有着显著的不同，概括地说有以下几个主要方面：

① 具有高的超导转变温度. 它意味着在 T_c 附近有显著的热涨落，转变为配对态需要提供足够的吸引作用. 目前 T_c 远远超出了 BCS 理论预期的上限值(30～40 K).

② 有很高的上临界场和很短的相干长度，以 $YBa_2Cu_3O_{7-\delta}$ 为例：

$$\xi_{ab}(0) = 1.2 \sim 1.6\ \text{nm},$$

$$\xi_c(0) = 0.15 \sim 0.3\ \text{nm}.$$

这是通过临界磁场 $H_{c_2}^{/\!/}(0)$ 和 $H_{c_2}^{\perp}(0)$ 的测量而推算出来的，即根据各向异性 G-L 方程推算出来的. H_{c_2} 及其随温度变化的测量仍有许多待解决的问题，但从测量中获得的相干长度很短的结果，非常令人迷惑不解. 由于相干长度很短，超导体样品在局部区域中偏离于化学计量配比，其对超导电性的影响变得严重起来. 另外，超导电性对局部的缺陷、杂质也应该是敏感的. 最近，先配对后相干凝聚的可能性也引起了关注.

③ 穿透深度λ虽然与常规超导体有相同的数量级,例如$YBa_2Cu_3O_{7-\delta}$中

$$\lambda_{ab}(0)\approx 130\sim 180\,\mathrm{nm},$$

$$\lambda_c(0)\approx 500\sim 800\,\mathrm{nm},$$

但是$\kappa=\lambda/\xi$, κ很大,因此高温超导体是一种极端的第二类超导体.

④ 超导能隙Δ有严重的各向异性,不同于BCS的s波各向同性情形.有越来越多的证据表明,$\Delta(\boldsymbol{k})$有节点存在,虽然尚未最后定论,但是支持以d波为主的混合型的证据逐渐增多.

⑤ 由结构的各向异性决定的临界磁场、临界电流密度、穿透深度及相干长度等的强烈各向异性,即垂直于CuO_2平面和平行于CuO_2平面的行为有显著的差别,有可能在决定超导机制中扮演角色,在应用中也应扮演角色.如在二维至三维的跨越、钉扎的各向异性及纽绞等问题中都应认真考虑.

⑥ 配对机制中电子-声子作用仍应起作用,但未必是决定性的.电子-电子关联的某种机制应是主要的配对原因.

我们再就一些细节做些补充.下面是以"BCS理论能否吻合测量数据"为贯穿线索进行考察的.虽然实验观测偏离原始形式的BCS理论,但是有些人还是不认为应该建立全新的理论.这些人以BCS理论为出发点,用多种方式进行修正,企图适用于铜氧化物.虽然他们的观点与另一派所持的电子强关联观点严重对立,他们的努力也不是没有根据的.而且当没有一种观点或理论能与实验完全吻合时,本章以修正了的BCS理论为主线剖析实验数据,将会使大家较自然地认识实验反常的状况以及超导理论所面临的严重困难.

对BCS理论进行一些修正是显而易见的自然事.例如铜氧化物的严重各向异性,必须有BCS的各向异性形式来对应.作为理论出发点的费米面,应该像一个平行于c轴的管状物,沿c轴方向几乎无色散,对应着沿c轴方向的局域化.加上c轴方向的相干长度小于单胞尺度的量级,表明层间的耦合是弱的,允许有大的相涨落.而且因为隧穿实验在相干长度范围将样品的性质"平均"掉,铜氧化物解理表面头一两层,不能代表"体"的性质.获得的隧穿数据,沿c轴方向是不可靠的.在层内相干程度ξ_{ab}也是短的,大约为2 nm,比常规超导体短得多,也带来了严重的后果,如序参量在很小的区域上的热涨落已变得很重要.局域缺陷如掺杂原子及氧空位,对序参数可以有很强的局域效应.例如LaSr化合物中CuO_2平面内对应半径为ξ_{ab}的圆,仅包含四个Sr^{2+}离子.这个数的统计涨落意味着空穴浓度和超导性质将明显地"逐点不同",我们不能再把铜氧化物看做均匀的.

在常规超导体中,元激发通常主要是被杂质散射.对这种弹性散射而言,平均自由程与在正常态中的是相同的,且与温度无关.许多基于BCS的计算就是作了

这样的假设.然而在铜氧化物中主要的散射,在正常态中通常是非弹性的,主要是电子-电子散射.这种散射在超导态中将有很大变化,并强烈地随温度变化,参与散射的元激发的数目是十分不同的,相干因子也是十分不同的.

BCS 理论的最简单的形式导致态密度中有确定的能隙.在能隙的上边界处,态密度有个很尖锐的峰.然而在铜氧化物中,大量的证据表明,在低温有较低能量的激发.有许多理由说明 BCS 理论必须加以修改.例如隙的各向异性(d 波对称隙的节点)效应及强耦合效应将使清晰的能隙变模糊.短相干长度意味着隙参数在缺陷附近变化很大,导致局域化的低能激发.

另一个导致激发谱改变的因素是磁有序的存在.母化合物是反铁磁绝缘体.在其内电子自由度需要用自旋波表示.自旋波是玻色子.当空穴掺入量增加时,多余的空穴最终变成巡游的,长程磁有序消失,短程磁涨落仍存在.我们不清楚的问题是,代表自旋自由度的这些涨落,是可以看做与自由传播粒子无关的玻色自旋自由度呢,还是应认为它们是伴随着局域反铁磁有序上的屏蔽空穴,与传导电子一起运动呢?无论是哪一种情形,我们都应该预期激发谱是与掺杂量及温度有关的,至少部分地与 BCS 谱是不同的.

请记住这里除了回避了高 T_c 这个难题外,也暂不考虑非费米液体的电子态特征,仅在 BCS 类型波函数的基础上,考虑不同于电子-声子机制的其他吸引机制.这样设定的“超导模型”,已经与标准 BCS 弱耦合情形很不相同了.当面对反常现象时,各种修正方案似乎能将 BCS 理论所受的有些挑战,表面上缓解,但有些仍是严重的.至于那些对于 BCS 理论做重大修改的方案我们将在下章中介绍.

7.2　电子热容

在铜氧化物中电子热容较小,在 T_c 处仅约为声子热容的 1%,因而很难测量.最好的结果是用差分量热法测得的.例如,测量 $YBa_2Cu_3O_{7-\delta}$ 与 $YBa_2Cu_3O_6$ 之差.利用了 $YBa_2Cu_3O_6$ 中电子热容更小,并适当地对声子热容随掺杂的改变做一定的修正.其结果示于图 7.1(a) 中.

图 7.1(a)中给出了 $YBa_2Cu_3O_{7-\delta}$ 一系列样品(即不同氧含量)的结果.图中给出了电子热容 C_{el}/T,即 γ 与温度的关系.请先注意最佳组分及过掺杂样品正常态的电子热容(即对应于 $\delta<0.08$ 的曲线).它们可以十分精确地被认为是个常数.按照简并的独立费米子模型,γ 可表示成

$$\gamma = \frac{\pi^2}{3} N(E_F) k_B^2, \tag{7.1}$$

这里 $N(E_F)$ 是费米能级处的态密度.每个 CuO_2 平面单元上的 γ 值,对于所有在最佳掺杂附近的铜氧化物而言,都有很相似的值.从 γ 可以推出

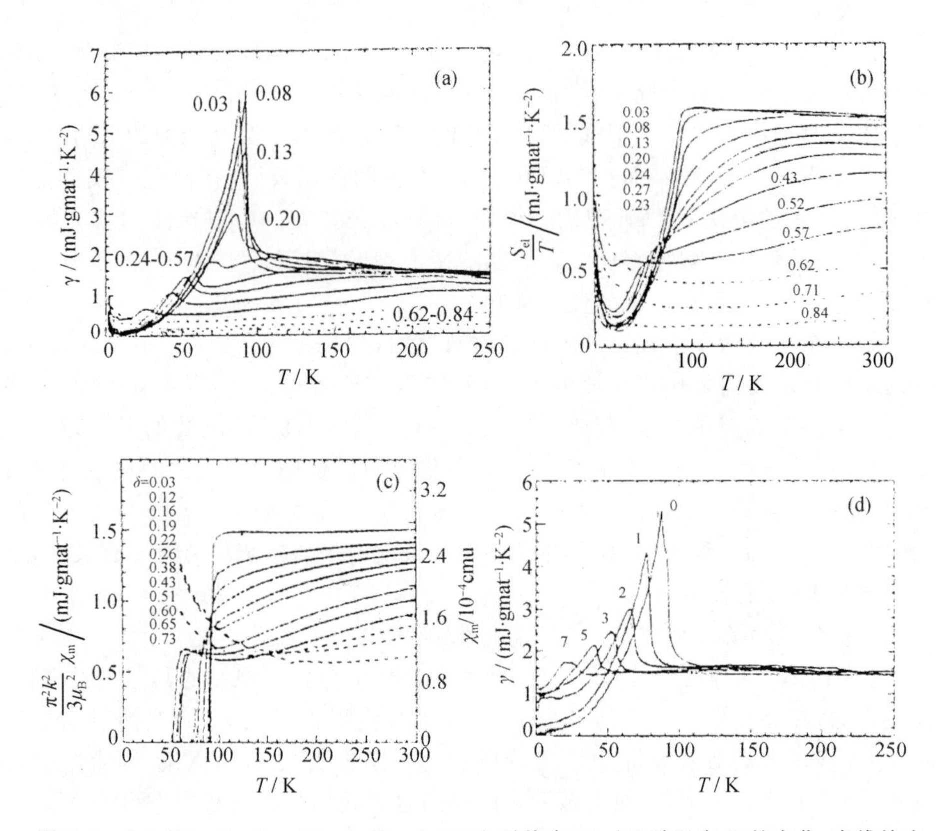

图 7.1 (a) $YBa_2Cu_3O_{7-\delta}$(δ=0.03～0.84)电子热容(C_{el}/T)随温度 T 的变化,虚线给出的是绝缘样品的结果;(b)为与(a)中数据相对应的电子熵 S_{el}/T 的数据,注意 δ<0.4 样品正常态温区中熵随温度的变化,对应的电子热容是近似常数(参见(a));(c) 相似样品的磁化率,注意在正常态区中(b)与(c)的相似行为;(d) Zn 置换 Cu, $YBa_2(CuO_{1-y}Zn_y)_3O_7$, y 值示于图中(百分比).图(a)～(c)取自文献[7.46]图 1,3,2,图(d)取自文献[7.47]图 1

$$N(E_F) \approx 1.8 \times 10^{19}/J = 2.9/eV.$$

从这个数值中,可以得到两个有用的结论:

① 假设我们用二维自由费米气体模型来描述电子,电子的有效质量用 m^* 表示,每个 CuO_2 理论公式为

$$N(E_F) = 0.4 \times 10^{19}(m^*/m_e)/J = (0.65m^*/m_e)/eV,$$

它们与浓度无关,也与温度无关.与观测的 $N(E_F)$ 比较,可以得出 $m^* \approx 4.5\,m_e$,是 LDA 能带论计算给出的 $m^* \approx 2.8\,m_e$ 的 1.6 倍,这是由费米液体重整化效应的附加因子造成的.

② 如果要将此处的热容单位化为每个空穴的贡献,则涉及取用 x 还是 $1+x$ 的问题.不同的取用结果会相差 5～6 倍.

为此我们暂时搁置这个定量问题. 先来比较不同掺杂(δ)样品的结果. 对于最低掺入空穴即所谓强欠掺杂材料($\delta \approx 0.62 \sim 0.84$),见图中的虚线,它们的 γ 几乎与温度无关. 在这些绝缘反铁磁样品上,热容的贡献主要来自于自旋波的激发,并且主要是高频自旋波的激发,热容相对较小,且随掺杂空穴的增加(即 δ 的减小)而增加. 在 $0.6 < \delta < 0.08$ 的欠掺杂金属样品中,正常态的值仍是常数,未见反常行为. 但在熵和磁化率中(参见图 7.1(b)和(c)),却出现反常行为. 按照费米液体理论它们也应该是常数,像 γ 一样. 但图中所示的却不是这样,与掺杂及温度均有关. 在图 7.1(c)中体磁化率为泡利顺磁,按费米液体应有 $\chi_m = \mu_{eff}^2 N(E_F)$,所以画出的 $(\pi^2 k^2 / 3\mu_B^2)\chi_m$ 应与 S_{el}/T 画出的相似. 如果 $N(E_F)$是不变的话,它们也应是不变的(χ_m 图中略去了范弗莱克(van Vleck)顺磁及朗道芯的抗磁贡献,粗略地认为它们彼此相消,并假设电子磁矩没有明显的被重整化). 在欠掺杂区,随掺杂量的减少 S,χ 表现出的减少,是与近费米面处赝隙打开(即隙区态密度减少)相对应的. 请注意图 7.1(a)中 γ 在超导态的数值,在 T_c 附近的峰值,随掺入空穴减少而下降. 峰位置的漂移量没有随 T_c 而下降,表示在欠掺杂样品中在 T_c 以上就出现峰值. 另外,在极低温端,γ 没有趋向于零,有一个残留值 γ_0,同时有稍微的上扬. 这个效应在反磁铁绝缘体中也可见,在中等掺杂样品中最强,它可能是个磁性项. 如果暂不考虑这一项,我们仍可以看到在远低于 T_c 处,这个电子集合的热容是很小的,它表明凝聚态(超导态)几乎包含了全部的传导电子. 在 Y 系中当然包含了 CuO 链上的电子. 小心地考查图 7.1(b)中熵的下落,没有像 s 波 BCS 超导体预言的那样快,即不像是一个 Δ 能隙的指数率行为,而是像有节点的幂率行为. 这是 d 波的特征,γ 的行为也是与 d 波一致的.

作为对照,图 7.1(d)给出最佳掺杂样品用 Zn 置换的结果. Zn 置换了 CuO_2 平面上的 Cu,对正常态影响不大,但是猛烈地抑制了 T_c,且使得电子系统行为像是有一部分电子在 $T=0$ 时还保持正常状态,并没有包含在凝聚相中.

7.3　穿透深度 $\lambda(T)$反常及新同位素效应

人们已用多种技术对铜氧化物表面磁穿透深度作了研究,包括已知尺寸分布的粉末样品磁化率研究,观测微波共振腔中的频率漂移,还有测量混合态中俘获 μ 介子的自旋共振分析(它给出了单个磁通线内磁场分布的信息)等等. 因为穿透深度是各向异性的,在测量中要十分小心地注意样品的取向,分辨出沿 c 轴方向及沿 ab 平面的贡献,前者较大、后者较小. 样品中的微裂纹、颗粒边界和样品内局域不适当的含氧量等都会导致误差.

铜氧化物中载流子浓度低,意味着穿透深度相对较大,例如最佳掺杂

$YBa_2Cu_3O_{7-\delta}$中$\lambda_{ab}\approx 1.3\times 10^2$ nm，λ_c 更大. 这样相干长度 ξ_0 总是远小于 λ. 因此，我们经常面对的是处于定域极限情形，使得人们对穿透深度及其他电动力学性质的解释，比常规超导体更容易. 在这个极限下，穿透深度可以表示为 London(伦敦)穿透深度 λ_L 乘以一个因子$(1+\xi_0/l)^{1/2}$. 如果平均自由程 l 不是比 ξ_0 大很多，这个因子就不能忽略. 在铜氧化物中，在 T_c 附近，电流在 ab 平面内流动时，估算 ξ_0/l 可达 0.2，故这个因子不能忽略. 然而，当温度再下降，l 随温度下降而迅速增加，可以有 $l\gg\xi_0$. 因此接近伦敦极限，即 λ 值接近 λ_L，并正比于 $n_s^{-1/2}$，即

$$\lambda_L=(m^*c^2/4\pi n_s e^2)^{1/2}.$$

这意味着我们可以直接利用如下关系：

$$n_s(T)/n_s(0)=[\lambda(0)/\lambda(T)]^{1/2}, \tag{7.2}$$

其中 n_s 是超导态中的电子密度. $YBa_2Cu_3O_{7-\delta}$样品的典型结果示于图 7.2[7.2]中.

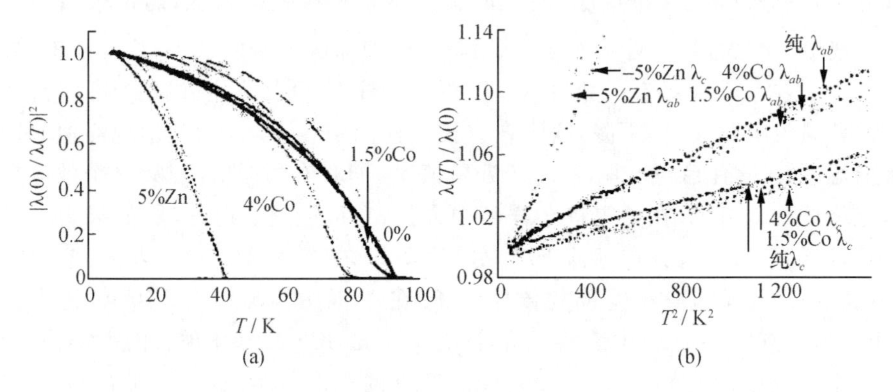

图 7.2 $YBa_2Cu_3O_{7-\delta}$粉末极化率的穿透深度.(a) 最佳组分样品，Co 和 Zn 置换样品，电流在 ab 平面流动，实线表示 BCS 弱耦合伦敦极限，断线表示强耦合伦敦极限的计算结果；(b) 40 K 以下沿 c 轴方向及 ab 平面内的 $\lambda(T)/\lambda(0)$-T^2 关系.(a)，(b)分别取自文献[7.2]图 5(a)和图 4

从图中可以看到一些令人感兴趣的、偏离 BCS 理论的反常行为. T_c 附近有小的曲率，在 Zn 和 Co 置换 Cu 的样品中更明显. 在稍低些的温度，曲线上升得比 BCS s 波弱耦合预言的要快得多. 最重要的偏离出现在低温(40 K 以下). 按 BCS s 波理论，在低温下，原激发 n_n 正比于 $e^{-\Delta/kT}$，是很小的，曲线应是平坦的. 然而，在铜氧化物中是按幂率变化的，与 T^α 成正比，这里 $\alpha\approx 2$. 这个幂率行为在小心制备的无孪晶最佳组分单晶 $YBa_2Cu_3O_{7-\delta}$样品上已被证实[7.3]. 这个结果已被作为铜氧化物中非常规(s 波)配对的证据. 相似的结果也在其他空穴型铜氧化物中见到，α 的数值有差别. $YBa_2Cu_3O_{7-\delta}$在 ab 平面内也有各向异性，观测到的 λ_a 和 λ_b 随温度的变化很相似，在低温下也呈 T^α，这似乎表明 $YBa_2Cu_3O_{7-\delta}$链上的电子必定也包含在超流输运中，与平面中的电子相似. N 型铜氧化物中未见上述偏离(指数规律)的行

为. Zn 置换 Cu 进入 CuO_2 平面，成为强的散射中心（缺陷），它的效应是使一些电子在很低温下仍保持为正常电子. 在图 7.1 热容曲线中也有表现，即在 $T\to 0$ 时仍有一部分电子未进入凝聚状态. 随 Zn 掺入量增加，λ_{ab} 增加，原因正是在此，超流电子减少，屏蔽减弱. 有人估算，对于 5%的 Zn 置换，从热容及 λ 数据，可以得出大约有 80%电子在 $T\to 0$ 时保持正常. 最近文献[7.4]发现的新同位素效应，即发现了超导电子的有效质量与离子质量有关，依赖于 CuO_2 平面内氧的质量. 利用 $\lambda_{T=0}$ 与 m^*/n_s 的关系，可以导出

$$\Delta m^*/m^* = 2\Delta\lambda_{T=0}/\lambda_{T=0} + \Delta n_s/n_s, \tag{7.3}$$

式中 $\Delta\lambda$ 表示同位素置换引起的 λ 变化. 如果可以独立地测量 $\lambda_{T=0}$ 和 n_s 的同位素依赖，就可以获得 m^* 的同位素依赖. $\lambda_{T=0}$ 的改变可以从迈斯纳百分数 f 的变化中得到（即利用体积互补）. n_s 的改变可以从结构相变温度的变化导致正常电子密度 n 的变化中推得. 结构变化（四方-正交相变）用线性热膨胀系数精确测得. 测量指出氧同位素 ^{18}O 置换 ^{16}O，结构相变温度只有可忽略的小变化. $\Delta n/n<0.1\%$ 时，迈斯纳百分数的变化 $\Delta f/f=-6.1\%$. 这意味着有效超流质量强烈地依赖于氧的质量，至少在表观上指示出了：极化了的荷电载流子的存在以及它们凝聚成的库珀对. 定量的分析请参见文献[7.5].

7.4　相干长度及 H_{c2} 反常

相干长度是超导体最重要的参量之一，很难对它进行直接的测量. 通常通过公式计算得到

$$H_{c2}(0) = \varphi_0/2\pi\xi,$$

这里的 $H_{c2}(0)$ 是上临界磁场的零温极限，φ_0 是磁通量子. 在常规超导体中测量 H_{c2} 并不特别困难，因为所对应的磁场范围是在 15T 之内. 在高温超导体中测量 H_{c2} 被限制在 T_c 附近，随着温度的降低，例如 $T\approx 0.9T_c$，H_{c2} 迅速超出了实验室磁场的允许范围. 这里需要使用一些假设的函数关系. 例如利用斜率关系式

$$H_{c2}(0) = 0.7T_c(\mathrm{d}H_{c2}/\mathrm{d}T)T_c.$$

如果由于种种原因 H_{c2} 偏离“理论”的预期，那么从 H_{c2} 计算出 ξ 的程序必定伴随着无法预料的误差. 在磁场中超导转变温度展宽现象也使确定 H_{c2} 时引入了任意性. 再联系到磁通运动、不可逆行为等，更带来了复杂性. 特别是 $H_{c2}(T<T_c)$ 随温度下降而上翻的特性，在 Bi 和 Tl 系中均有报道，是在低温磁场下直接测量的. 实验给出的 H_{c2} 上翻行为一直延伸至 $T\approx 1$ K 的温度甚至更低，相应的磁场达 30T，显示出 $T\to 0$ 时 H_{c2} 的发散式的反常行为. 这是用任何的常规理论模型无法说明的. 定性地说，由于 H_{c2} 很高，ξ 应很小，这是已被公认的事实.

7.5 微波响应及红外响应

在讨论金属在微波及红外频率段的行为时,通常采用经典的趋肤效应理论.按这个理论,当频率 ω 的振荡电磁场落在电导率 σ 的金属表面上时,这个场将从表面向金属内部逐渐衰减,行为如 $e^{-z/\delta}$,其中 z 为垂直表面深度(坐标).复数的趋肤深度为

$$\delta = \sqrt{1/\mathrm{i}\omega\mu_0\sigma}. \tag{7.4}$$

金属将显现特征的表面阻抗 Z_s,它等于电场和磁场在表面的比值 E/H,由 $Z_s = \mathrm{i}\omega\mu_0\delta$ 给出.在微波段,表面阻抗的实部和虚部可以通过小心测量内置样品的共振器的带宽和频率来确定.在红外段,对应的结果,可由反射及透射的测量确定.

相同的分析也适用于超导体,只是电导率需要用复数表示:

$$\sigma = \sigma' - \mathrm{i}\sigma'',$$

虚部 σ'' 是和超流的加速相伴随的,实部 σ' 描写正常元激发对场的影响.对于伦敦(London)超导体,虚电导率

$$-\mathrm{i}\sigma'' = 1/\mathrm{i}\omega\Lambda,$$

$$\Lambda \boldsymbol{J} = \boldsymbol{E}, \quad \Lambda = m/n_s e^2$$

在微波段,通常有 $\sigma'' \gg \sigma'$(只要不是在 T_c 附近),这是因为在似稳情况下,正常电流成分总是比超导电流成分小得多.作为初级近似,如果先略掉 σ',可以发现趋肤深度与 ω 无关,它恰恰就是静态的伦敦(London)穿透深度

$$\lambda_L = (\Lambda/\mu_0)^{1/2}. \tag{7.5}$$

表面阻抗就成为 $\mathrm{i}\omega\mu_0\lambda_L$,是纯电感性的.要更详细地讨论 σ',σ'',可用二流体模型,电导率表示为正常部分和超导部分的贡献之和,即

$$\sigma = \frac{ne^2}{m}\left[\frac{f_n}{\mathrm{i}\omega + 1/\tau} + \frac{f_s}{\mathrm{i}\omega + s}\right], \tag{7.6}$$

其中 f_n 和 f_s 分别表示正常电子和超导电子的百分数,$f_n + f_s = 1$,τ 是正常电子的弛豫时间,s 是一个无穷小量.它服从求和规则

$$\int_{-\infty}^{\infty} \sigma'(\omega)\mathrm{d}\omega = \pi ne^2/m. \tag{7.7}$$

当 $\omega=0$ 时超导电子 f_s 对电导率实部 σ' 的贡献是一个 δ 函数.当 f_s 上升时,δ 函数增长,“消耗”掉正常电子对 σ' 的贡献,对应着 f_n 的下落,反之亦然.正常电子的百分数来源于超导电子的激发.超导电流将对外磁场产生屏蔽.它随温度的变化决定着电导率虚部 σ'',进而决定微波表面阻抗及 λ_L 随温度的变化.上述这些量的关系,使人们能利用它们和测量的 λ_L,获得表面阻抗,进而得到电导率虚部.再由微波电阻 $R_s = \omega^2\mu_0^2\lambda^3\sigma'/2$,获得电导率实部 σ'.

因为在铜氧化物中,通常有 $\xi_0 \ll \lambda$ 和 $l \ll \lambda$,其中 ξ_0,l 和 λ 分别是相干长度、平均自由程和穿透深度,它们应处在局域极限中.人们已采用多种方法测量有效的电导率 $\sigma' - i\sigma''$,例如单晶表面电阻和电抗测量,或者从已知厚度的薄膜或者从已知颗粒分布的粉末样品测量复数微波极化率等.因为电导率是各向异性的,必须小心对待样品的取向,正如前面曾介绍的在穿透深度实验中那样.微裂纹、颗粒边界和样品内部不适当的氧含量,都会引起误差.前面已提到,超导体中对微波而言,$\sigma'' \gg \sigma'$ 的假设是可靠的(在十分接近 T_c 处失效;在低温处,当 ω, τ 不是小量时,也将失效).必要时可用二流体模型仔细分析 σ' 和 σ'',并进而获得 $1/\tau$,n_s,n_n 的定量结果(n_s,n_n 分别代表二流体模型中超导电子和正常电子).详细地分析已有的数据,获得的重要结果有:

① $n_n(T) = (T/T_c)^2$ 在 $0 < T/T_c < 1$ 全区间成立.这是与超导能隙有节点时(非指数率)的幂率行为一致的.

② 当温度从 $T > T_c$ 温区进入 $T < T_c$ 温区,散射率 $1/\tau$ 下降三个数量级.这个温度关系与 NMR 中测量的核自旋点阵弛豫率的结果一致(见 7.7 节).这个事实直接表明在总散射中,电子-电子间的散射是主导的散射.电子-声子散射不可能有这样陡峭的变化.至于是哪种类型的电子-电子间的作用,目前仍无定论.

③ 图 7.3[7.6] 显示在欠掺杂样品中 R_s 在 $T \to 0$ 时仍保持不为零,这表示有些电子未进入凝聚态.与最佳组分样品的定性行为不一致.

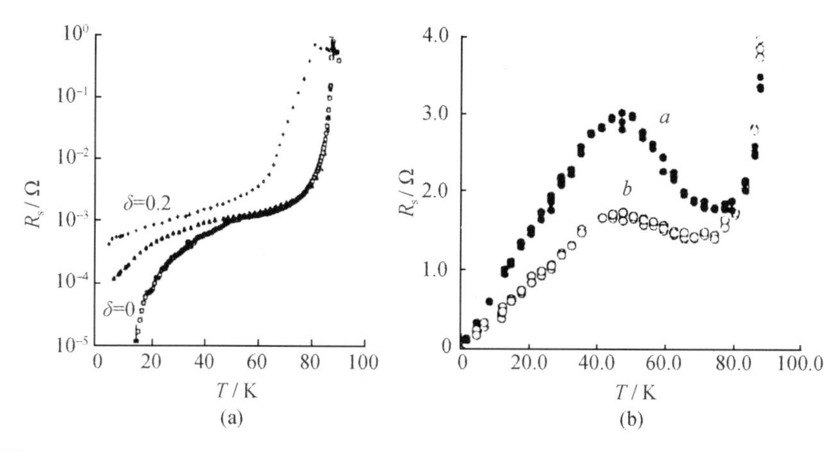

图 7.3 $YBa_2Cu_3O_{7-\delta}$ 的微波表面电阻 R_s,电流在 ab 平面内.(a) 高质量薄膜,18.9 GHz;(b) 高质量无孪晶最佳组分单晶,34.8 GHz.取自文献[7.6]图 1 和 2

除上述几点外,图 7.3(b)中在 30 K 附近出现有宽峰.这是在高质量的样品中看到的.因为 σ' 与 R_s 成正比,σ' 中也有这个峰.有人解释为:在峰的低温一侧,主要散射是缺陷散射,迁移率与温度无关,随温度的变化反映了正常载流子密度的幂率变化;在峰的高温一侧,非弹性散射上升为主要的,平均自由程迅速变短,超过载流子密度增加的贡献,而导致 σ' 的下降.

下面谈谈红外响应.在常规超导体中,存在 BCS 隙的有力证据是来自毫米波响应.毫米波对应着隙频率段.然而,在铜氧化物中,隙频率位于远红外段.因此,先一般性地讨论红外响应是有益的.原则上,红外响应可以用前面处理微波响应的相同方法来处理.然而,不能直接测量复数表面阻抗.可用以替代的是,在单晶、薄膜或粉末样品上测量反射率和透射率.通常用复数折射率 $n+\mathrm{i}k$ 描述这些结果.它可变换为一个等价的复数介电常数 $\varepsilon=\varepsilon'+\mathrm{i}\varepsilon''$,或是等价的复数电导率 $\sigma=\mathrm{i}\omega\varepsilon_0(\varepsilon-1)$.体表面的反射系数由下式给出:

$$R=\frac{(n-1)^2+k^2}{(n+1)^2+k^2}. \tag{7.8}$$

图 7.4(a)给出了典型铜氧化物 $EuBa_2Cu_3O_{7-\delta}$[7.7,7.8] 对数频率的室温行为,显示于特征区域上.波数低于 $10^2\ \mathrm{cm}^{-1}$ 时,反射是强的(如人们在有适当电导率的金属中能见到的).高于这个频率,强度下降,这是由于德鲁得(Drude)边的效应,因为自由载流子的高频电导率 $\sigma_0/(1+\mathrm{i}\omega\tau)$ 不再主导介电常数.在这个频率区,可发现在低温有 BCS 能隙存在.波数在 $10^3\ \mathrm{cm}^{-1}$ 附近时,可见许多尖锐的峰,这就是光学声子的共振吸收.以 $10^3\ \mathrm{cm}^{-1}$ 为中心有一个宽的峰,这是中红外吸收.跨过等离子体频率,在大约 $10^4\ \mathrm{cm}^{-1}$ 处,材料成为透明的,反射率明显减少.而后又可见带间跃迁的吸收.从电阻率的结果,利用克拉默斯-克勒尼希色散关系,可以得到电阻率的实部和虚部.

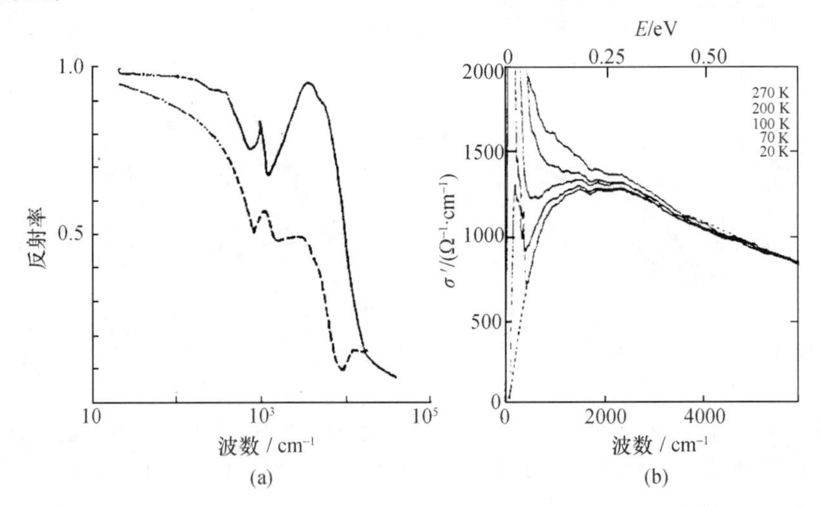

图 7.4　(a) $EuBa_2Cu_3O_{7-\delta}$ 室温红外反射结果,实线表示电场 $\boldsymbol{E}$ 沿 b 轴方向(链方向).虚线表示电场 $\boldsymbol{E}$ 沿 a 方向的结果;(b) $YBa_2Cu_3O_{7-\delta}$ 单晶的电导率实部.图(a)取自文献[7.7]图2,图(b)取自文献[7.8]图3

图 7.4(b)给出的是用这种方法得到的 $YBa_2Cu_3O_{7-\delta}$电导率的实部[7.7]. 应用求和规则对曲线下面积的积分，是对外场有响应的所有电子总数的度量. 这个量应保持为常数. 早期获得的数据，用常规金属适用的德鲁得模型来拟合，即用

$$\sigma'(\omega) = \frac{ne^2\tau/m^*}{1+\omega^2\tau^2} \tag{7.9}$$

对图中的室温曲线，进行整体拟合. 对于 T_c 以下的曲线，在 750 cm^{-1}处出现的深谷，有人解释为是由于打开了 BCS 能隙. 上述的这个解释，有很大的问题，特别是，这里得到的能隙比其他方法测得的值大得很多，而且在 T_c 以上也有这个谷. 更值得注意的是，用德鲁得理论拟合导致令人难以置信的短平均自由程、过高的载流子浓度值，以及 n/m^* 只有弱的温度依赖(与霍尔系数结果不一致!). 如果假设我们见到的数据，是下面所述的三个效应的和，我们可以对正常态中的数据，给出很好的拟合. 这三个效应是：自由载流子的常规德鲁得贡献、光学激活声子(它是较尖锐的小吸收峰)和一个宽的中红外吸收峰. 德鲁得部分与温度的关系很紧密(与直流电导率一致). 声子峰留待 7.12 节讨论. 这里只说一说中红外吸收峰.

中红外吸收峰目前仍然是个谜. 它可以用一个以 1800 cm^{-1}为中心的很宽的洛伦兹峰来模拟，它与温度几乎无关. 见图 7.3 中的虚线. 它表示的元激发不与系统中较自由的载流子直接相伴随(有时在不超导甚至绝缘的样品中也可见到一个类似的宽峰)，然而在 Y 系、La 系中，这个红外吸收峰的谱权重是随掺杂量而变的，并且其随掺杂的变化与 T_c 随掺杂的变化十分相像. 这个平行性似乎提示人们：无论这个元激发是什么(类型)，在这些材料中，最终它们应和超导电性以某种方式相连系. 根据这三种效应和的解释，电导率实部中在 750 cm^{-1}处的小谷，是由于红外吸收峰和德鲁得边交叠出来的，与 BCS 隙应是无关的. 那么，在这个解释中，超导隙的存在又是怎样表现的呢? 首先，注意在 T_c 以上，求和规律被满足. 在 T_c 以下，对曲线下面积的求和，开始随温度下降而减小. 它表示从正常态电子的响应向超导态电子的响应的转变(超导电子的响应在零频时为 δ 函数，在图 7.3 中看不到). 为了显示出激发谱中有一个实在的能隙，必须显示出在低温情况下当频率低于隙的对应频率时，σ'是零. 检验这一点是较困难的. 因为，许多铜氧化物都是处在所谓近干净极限情形. 隙频率满足的条件是 $\omega\tau \gg 1$. 在这种情形下，即使在正常态中，响应也是很弱的，电导率实部 σ'将很小，使人们很难从反射中足够精确地提取 σ'，也很难对能隙作精细的研究.

7.6 热　导　率

热导率数据示于图 7.5 中，它是热流分别沿一个无孪晶 $YBa_2Cu_3O_{7-\delta}$(最佳组

分)样品的 a 轴方向和 b 轴方向流动的实验结果[7.9]. κ_a,κ_b 分别表示沿 a,b 轴方向的结果. 相应的电子热导率 κ_a^{el} 和 κ_b^{el} 是用维德曼-弗兰兹(Wiedemann-Franz)比率计算的结果. κ_{ph}是拟合的各向同性正常态声子的贡献.

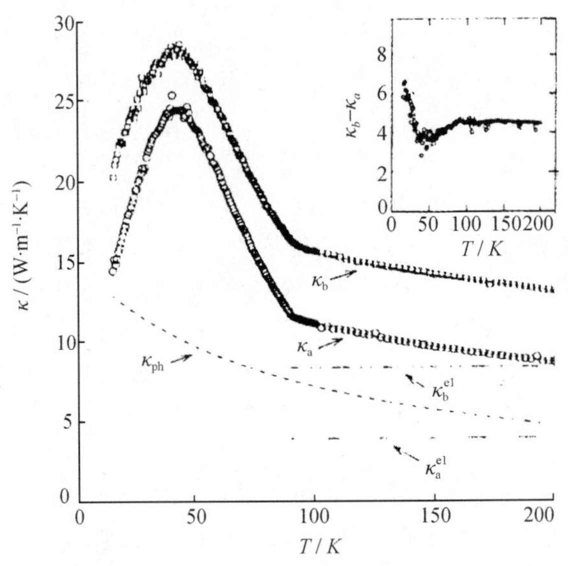

图 7.5 最佳组分无孪晶 $YBa_2Cu_3O_{7-\delta}$单晶的热导率. 取自文献[7.9]图 1

铜氧化物中,载流子和声子对热导的贡献有相同的数量级. 在正常态的区域($T>T_c$)未见反常. 按维德曼-弗兰兹定律,即如果电流的弛豫时间与热流的弛豫时间是相等的,那么载流子对热导的贡献可以用洛伦兹(Lorenz)数进行计算,对于费米液体有

$$\frac{\kappa^{\text{el}}}{\sigma T}=\frac{\pi^2}{3}\left(\frac{k}{e}\right)^2=2.44\times10^{-8}\ \text{W}\cdot\Omega\cdot\text{K}^{-2}. \tag{7.10}$$

将电阻率 ρ 与 T 的线性关系,代入上式,可以看出 κ^{el}与温度无关. 这就是图 7.5 中的点划线所显示的 κ_a^{el} 和 κ_b^{el}. 如果再生硬地将简单的声子传导模型中声子的贡献写为

$$\kappa_{\text{ph}}=13C_{\text{vol}}c_s\Lambda, \tag{7.11}$$

其中 C_{vol}是声子热容(每单位体积),c_s 是声速,Λ 是声子平均自由程,则计算结果由图中虚线所示. 可以看出,正常态的数据用上述的简单理论概念拟合得很好,未见反常行为. 声子贡献是各向同性的. 电子贡献在 a,b 方向的差别,反映了 $YBa_2Cu_3O_{7-\delta}$样品中有链电子的贡献. 内插图中示出了 $\kappa_b-\kappa_a$,表示链电子的贡献. 声子的平均自由程约为 3 nm,声子对热导的贡献 κ_{ph}随温度的下降略有上升. 这可以认为是因为声子经历的散射包含有两个部分:一是与温度无关的缺陷散射,另一个是与 T 有关的载流子的散射,这种散射随温度下降而减少,热导上升. 在超导态

中电子的贡献就不这样简单了.在常规超导体中,电子的贡献 κ^{el} 应在 $T<T_c$ 时明显地减少.因为(电子)激发数减少了.无论散射是杂质的弹性散射还是声子的非弹性散射都减少.作为对照,内插图中所示的链电子的贡献,在低于 T_c 处仅有稍微的下落而后又有提升.铜氧化物中的这个行为表明,激发数的下降被超导态中平均自由程的迅速增加所平衡,这是由电子-电子散射率下降造成的,与从微波数据中抽取出的电子散射率 $1/\tau$ 行为一致的. κ_a 和 κ_b 在低于 T_c 处的高峰仍是一个未弄清楚的问题.有人认为主要是由于 ab 平面中电子的贡献所致(不能用声子来说明),但他们必须假设平面中电子的散射率与链电子散射率有明显的不同. 这与电导率沿 a,b 轴方向行为相似是不一致的.上述的简单分析提醒人们,如果离开全面的物性行为,只孤立地分析个别实验的个别行为是不足取的.

7.7 核自旋点阵弛豫率反常

在常规超导体中,核自旋点阵弛豫率随温度变化的、在稍低于 T_c 处出现的陡峭的相干峰,被认为是 BCS s 波理论预言的典型特征.它主要是由超导态中 BCS 态密度尖峰引起的(还有有效散射矩阵元的效应).

在高温超导体中,核自旋点阵弛豫率[7.10](参见图 6.11),没有观察到这个相干峰.再降温,它的下降不是按指数率,而是按幂率下降.

在观测到 BCS 理论的这个严重失效时,以下三点值得注意:

① 能隙各向异性、强耦合及空间不均匀性,都有可能使能隙变模糊,并消弱这个相干峰.

② 在铜氧化物中,自旋弛豫的大部分可能是来自与反磁铁涨落的相互作用,而不是主要由于与巡游性较好的载流子的相互作用.这两种过程是很不相同的.如果超导态倾向于使自旋涨落得到抑制,T_c 处尖峰的明显下跌是可能的.

③ Cu 和 O 核在超导态中有相似的行为.前面已介绍了 O(2,3)和 Cu(2)在正常态中有不同的行为.O(2,3)核定性地符合科林加关系.Cu(2)核大大地偏离科林加关系,包括有一个常数项(与温度无关)并偏离直线.它曾支持双分量元激发模型.然而,超导态中 Cu,O 核上的相似行为又使问题更加复杂化.

7.8 角分辨光电子谱关于超导态的研究

用光电子谱对高温超导体超导能隙的成功检测及后来的一系列研究,被认为是光电子谱应用历史上最光彩的篇章.它的成功测量靠的是高能分辨率.比较大的超导能隙其超导转变温度较高.角分辨是指可以绘制出能隙随 k 的变化.这个独特的功能是很有用的,可用于研究超导隙的对称性.这是一个与超导电性机制相关的最基本问题之一.

Bi2212 样品的超导能隙研究的一个重要意义是,它使人们对从光电子谱实验中得到体电子结构的特征信息有了充分的信心.因为它涉及这个测量技术的表面灵敏性、铜氧化物超导体已知的脆性等这样一些难题,加之有的理论文章指出由于短相干长度铜氧化物超导体的表面可能是不超导的.用高分辨光电子谱在 Bi2212 中成功地检测到超导能隙,有效地回答了这些问题,并指出至少对于 Bi2212,光电子实验是真实地探测到了体电子结构.至今,已有几个实验组都在 Bi2212 中检测到了超导能隙.然而在 $YBa_2Cu_3O_{7-\delta}$ 样品上仍有分歧.这里简述一些结果并简要讨论这些结果对于探察超导铜氧化物中超导电性机制的意义.

我们从介绍有关传统 BCS 理论的一些背景材料开始本节.虽然目前尚不清楚,对于铜氧化物超导体,BCS 理论是否还适用,这里只是提供一个与实验结果比较的参考点.在 BCS 理论中,准粒子间由声子中介的吸引作用而出现的准粒子费米海是不稳定的.结果,费米海塌缩,准粒子形成单重态配对.这个单重态配对(很像是氢分子中的情形),在能量上是有利的,因为它们的波函数的空间部分是粒子交换对称的,两个离子的波函数在离子间的区域交叠是比较大的,这正是离子间的吸引势所“偏爱”的.要建立起该系统的激发态,需要一个能量阈值,小于它就不能产生激发态,这是库珀对稳定的关键因素.打破电子对所需的这个能量,是能隙的二倍,即 2Δ.简单的弱耦合 BCS 理论给出了(零温)能隙和 T_c 之间的关系为

$$2\Delta(0)/k_B T_c = 3.52. \tag{7.12}$$

然而,某些强耦合超导体,如 Pb 和 Hg,它们的 $2\Delta(0)/k_B T_c$ 分别等于 4.6 和 4.3.

图 7.6(a)给出了 BCS 能隙打开引起态密度的变化.图中对应的是正常态密度为常数时,能隙的出现及导致的态密度重新分布.这已由隧道谱证实了,也由光电子和逆光电子谱联合测量到了.由于能隙的打开,费米能附近宽为 2Δ 区域上的态权重被排出,费米能精确地处在隙的中心.由于谱权重的求和规则的要求,从能隙区移出到能隙区外面的权重,以平方根奇异的形式堆垒起来.在奇异峰处堆垒的态密度的量,等于能隙区中态密度的减少量.在常规超导体中的这种态密度的重新分布,已广泛地用各种技术研究了.例如隧道谱、红外反射以及一些间接的测量,它们大都与 BCS 的预言符合得很好.但在对强耦合超导态的拟合中有偏离.

用角分辨光电子谱研究超导能隙更复杂些,因为还需要细致考虑正常态准粒子能带及相干因子的效应.首先我们考虑正常态准粒子能带 ε_k 与超导态准粒子能量 E_k,有关系式

$$E_k = (\Delta^2 + \varepsilon_k^2)^{1/2}, \tag{7.13}$$

其中 Δ 是超导能隙.从这个表达式,我们可以看到,仅仅是在近费米能附近($\varepsilon_k \leqslant \Delta$)

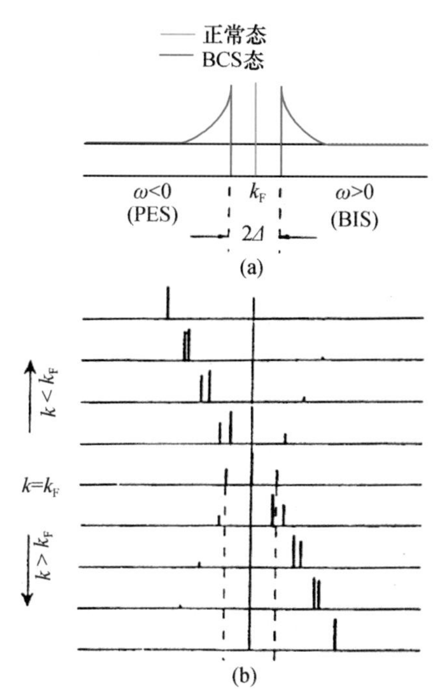

图 7.6　BCS 能隙对常数的正常态密度的影响：(a) 动量积分；(b) 动量分辨情形

的准粒子能量，才严重地改变了，即被超导转变时能隙的打开而严重地改变了. 这就是通常所说的"对于超导电性，仅仅是近费米能级的那些态才是重要的"理由. BCS 基态波函数

$$|\varphi\rangle = \prod_k (u_k + v_k C_{k\uparrow}^\dagger C_{-k\downarrow}^\dagger |0\rangle, \tag{7.14}$$

式中$|0\rangle$代表真空态. 波矢为 $\boldsymbol{k}$、自旋向上的态与波矢为$-\boldsymbol{k}$、自旋向下的态，或是同时被占据，或是同时是空的. 前者的概率幅是 v_k，后者的概率幅是 u_k. 同时被占据的态与同时空着的态相干叠加，故 u_k，v_k 又称为相干因子. BCS 假设，u_k，v_k 的取值是"独立"的，与其他的($\boldsymbol{k}$，$-\boldsymbol{k}$)态的占据与否无关，只由其能量决定，即

$$\begin{cases} u_k^2 = 0.5(1+\varepsilon_k/E_k), \\ v_k^2 = 0.5(1-\varepsilon_k/E_k), \end{cases} \tag{7.15}$$

$u_k^2+v_k^2=1$. 与二流体模型中的概念不同，超导态准粒子，可以被想象成是占据的配对态和空着的态的混合，占据态(又称为电子特征的态)的总量由 v_k^2 表述，空态特征的总量由 u_k^2 表述. 相干因子的效应，示于图 7.6(b)中. 图中给出了一些正常态和超导态的 ARPES 和 IARPES 谱，它们是"理想的"，即未经过任何类型展宽处理的. 请注意图 7.6(a)中所示的正常态密度是常数态密度. 正常态 ε_k 峰有线性的色散关系，并跨越费米能级. 在图中只取了一些等间距的 k 值对应的峰. 这些正常态

的峰,在图中用单位高度的 δ 函数来表示(注意:没有考虑展宽). 超导态准粒子的色散也表示于同一图中,是一些不等高的峰. 在能隙区内没有这类峰. 只在能隙区外有这类峰. 当远离能隙时,即 $\varepsilon_k \gg \Delta$,在上半平面($k<k_F$),由于 $E_k \approx \varepsilon_k$ 和 $v_k^2=1$ ($u_k^2=0$),超导态准粒子峰与正常态准粒子峰基本相同. 在图中右上角,IARPES 中基本上收集不到谱权重. 当 ε_k 向 E_F 靠拢时,超导态中的准粒子能量 E_k 逐渐偏离 ε_k, v_k 减少, u_k 上升(也就是 ARPES 收集到的权重减少,图中峰的高度减少. IARPES 逐渐收集到了较多的权重,对应峰的高度增加). 当 $\varepsilon_k=0(k=k_F)$时,表示正常态的相应峰在 E_F 处(即图中的中心,权重为 1),超导态中对应着的是 $E_k=\Delta$,即信号峰处于图中与中线相距 Δ 处,并且 $u_k^2=v_k^2=1/2$(图中对应着峰高度为 1/2). 现在再来看图中的下半段($k>k_F$)的情形. 与上半段情形相比,只需注意那里 ε_k 取为负值,它们与 $k<k_F$ 有对称关系. 图 7.6(b)的 ARPES 的求和(积分)将给出图 7.6(a)中的角积分谱. BCS 的积分态密度方程为

$$N_s(E)/N(0) = E/(E^2-\Delta^2)^{1/2}.$$

在 $E=\Delta$ 处的"堆高",来源于准粒子峰色散关系中在 $E_k=\Delta$ 处的零斜率,在图 7.6(b)中对应的是斜率为无穷大. 注意,在积分谱中(对全部 k 的积分)已消去了相干因子的效应,这是因为 $k>k_F$ 的态的效应补偿了 $k<k_F$ 的态的效应. 这个相干因子虽然尚未被直接观测到,但由于它表现在很广泛的一类物性,如核自旋弛豫率、电磁场吸收等之中,人们已认识到了它的存在.

隙样的特征(隙边堆积)已在铜氧化物中观测到了. 除了光电子谱外,还有一些更直接的技术,如隧道谱、红外反射、拉曼散射等,也观察到了. 然而,隙的特性包括线形、幅值、对称性及对掺杂的依赖等等,各研究组尚未完全达到一致. 高质量单晶的制备,已大大地改善了这种数据分散的状况. 但困难仍是存在的,如隧道测量中还需使用接触电极,从而引入了许多新的不确定性;红外发射的困难在于介电常数的严重各向异性等等. 光电子谱,由于探测深度较短,需要被测表面是未重构的,并且没有附加的缺陷及氧的丢失. 这些问题在 Bi2212 测量中已很好的解决了. 这方面的成功测量,为我们了解铜氧化物超导体的特性作出了重要的贡献. 表面问题仍困扰着 YBCO 样品的测量. 其他铜氧化物上的报道也较少. 光电子谱的另一个缺憾是,目前能获得的最大能量分辨率,仍仅是能隙大小的数量级. 然而,这个缺憾更多地被如下事实所补偿:人们可以使用角分辨测量得到附带的 $\boldsymbol{k}$ 分辨的信息. 从 ARPES 获得的有价值的信息,是其他测量手段的重要的补充.

第一个 ARPES 是 Olson 等人作出的,他们发现超导能隙的 $\boldsymbol{k}$ 空间的各向异性,但他们没有认识到 d 波对称性. 他们发现了在能隙中有不为零的谱权重密度. 此后的测量已证实,这是与 d 波对称性不矛盾的. 因为在 BZ 某些区域有很小的能隙甚至是零能隙,在其他区域有大的能隙,这就是在角积分测量中,在隙内有不为

零的密度的原因.

有几个组研究发现,Bi2212 的超导能隙是严重各向异性的. 图 7.7 给出的是 Z. X. Shen 研究组的结果,样品 T_c 为 78 K,分别作了正常态及超导态的研究,选择了一些特殊的 k 点,这些点在正常态时都在费米面上,或者说是被定为费米面跨越点. 如图中的 A 点是沿 Cu-O 键方向,B 点是与 Cu-O 键呈 45°角方向. 当温度下降到 T_c 以下时,观测到了这个点处谱随温度的变化很不相同,即观察到了能隙的各向异性. 在 B 点看到有大的能隙,而在 A 点未看到有能隙. $\boldsymbol{k}$ 空间中能隙的定量化虽然非常重要,但这是个很困难的工作. 因为目前尚没有一个适当的理论来描述光电子谱的线形,不能做认真的拟合,只是简单的定义谱峰前沿中点处的能量为对照点. 图 7.7 内插图给出了定量化的能隙. 可用 $0.5[\cos(k_xa)-\cos(k_ya)]$描述,$a$ 是晶格常数,它是与 d 波理论预言相附合的. 随后几个研究组对这个能隙各向异性的研

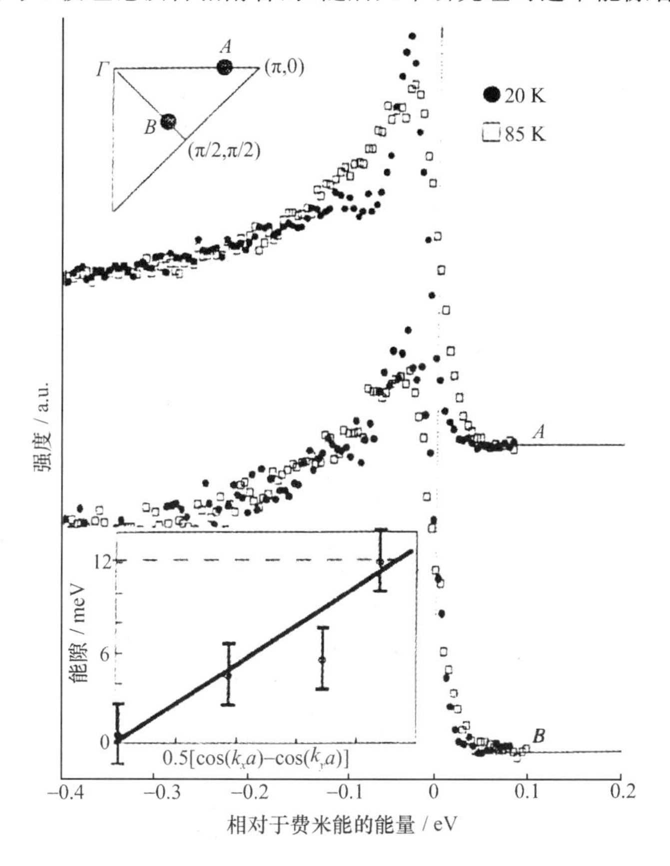

图 7.7　APRES 正常态与超导态的比较,由 $d_{x^2-y^2}$ 对称性预言的大能隙及零能隙对应的位置分别示于 A 和 B 中. 内插图给出实验与 d 波理论的比较,横虚线表示各向同性 s 波理论预言的结果,样品为 Bi2212(T_c=78 K). 取自文献[7.11]图 1

究取得一致的结果是：沿(0,0)-(0,π)方向有最大能隙（对应实空间中Cu—O键方向上），沿(0,0)-(π,π)方向能隙达到极小（最小）．然而，这个最小隙是不是零，仍不能最后确定．除了受到能量分辨率的限制，还有一些不确定性，来源于目前尚未清楚的问题，如杂质散射、表面平整度等．上述的能隙各向异性是与$d_{x^2-y^2}$配对态相一致的．然而，因为光电子谱对于序参数的相位是不敏感的，它不能最后区分开各向异性s波和d波序参数．混合对称性的态与实验数据也不矛盾，要回答这个问题，需要联合其他实验共同探究，如NMR、隧道、穿透深度、拉曼散射、中子散射以及量子干涉测量等．这些实验大都得到“严重”的各向异性的结果，至少是主要成分为d波对称．超导量子干涉实验（参见7.9节），由于对相位敏感，给出结果应是令人信服的．

光电子谱应进一步改善分辨率，以获取进一步的结果．谱线线形的分析是重要的，它能给出元激发类型的重要信息（参见7.12节），连同谱权重转移（见后文）及求和规则可能为发展适当理论模型提供出判定性的数据．

谱权重反常转移是超导态研究中另一个重要发现．

图7.8给出了一个典型结果[7.12]，内插图中给出主图中两组曲线所对应的$\boldsymbol{k}$点在BZ中的位置．圆圈的半径表示分辨率的大小．样品为$T_c=91$ K．每组曲线中的三条曲线分别是100 K（T_c以上），80 K和10 K下获得的．实验结果表明，观察到了BCS理论预言的能隙出现的典型特征，即在近费米能谱权重的被“淘空”及隙边堆垒峰的出现．除了观察到这个典型特征外，还观察到了简单BCS理论没有预言的一些特征：

① 在−90 meV处谱权重明显的下降，称为小谷，它沿着Γ-M方向，是超导转变时同时被“打开”的，沿Γ-X方向时这个小谷很浅．

② 当继续降温时，谱权重分布仍有变化，这时沿Γ-X方向有较多的谱权重从小谷处移往堆垒峰处，甚至比此前从费米能附近能隙区移出至堆垒峰的谱权重还要多．相反，沿Γ-M方向，有较少的谱权重从小谷处移出至堆垒峰处．

③ 沿Γ-M方向超导能隙大，沿Γ-X方向超导能隙很小，即严重各向异性．

关于①，②两点，有几个研究组经过仔细研究（包括时效、热循环等），似乎倾向于肯定这个小谷样的结构是超导态中准粒子激发所特有的，因而无法与BCS弱耦合理论相一致．应该说理解这个实验发现，将是理解高温超导电性的关键之一．

还有一个是占据态谱权重的不守恒问题，沿Γ-X方向，谱权重移入堆垒峰的数量大于从能隙区移出的量（注意同时小谷结构是很浅的）．沿Γ-M方向情形相反，谱权重移入堆垒峰的数量小于从能隙区及小谷区移出的总和．

不同的机制模型都必须面对这个挑战，例如边缘费米液体（marginal Fermi liquid，MFL）理论，在它的理论框架内，超导态的谱权重函数，由位于Δ及3Δ处的

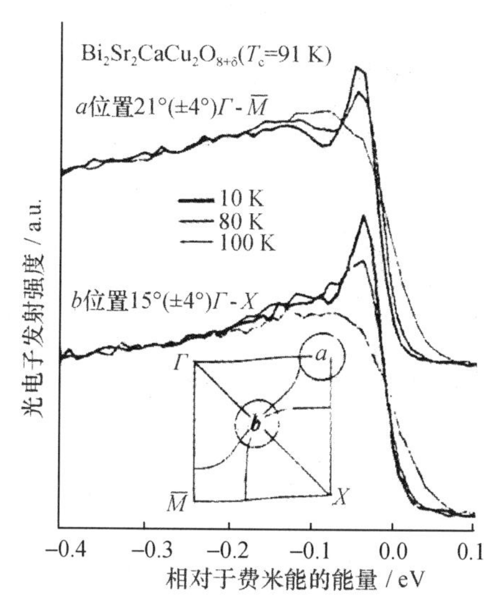

图 7.8　Bi2212(T_c=91 K)BZ 中两个位置(见内插图)的角分辨光电谱随温度的变化.取自文献[7.12]图 1

两个峰所组成,两峰之间的谷很像实验中沿 Γ-M 方向中观测到的小谷结构.按照他们的理论不应观察到 Γ-X 方向上的变化.也还有许多其他的模型也给出了相似的解释.只有靠更进一步的实验工作和更仔细的分析才可以鉴别众多理论中哪个是正确的.

7.9　非 s 波对称性的证据

关于铜氧化物中的配对态,早期已有许多理论猜想.声子相互作用通常有利于 s 波态,$\Delta(\boldsymbol{k})$可以取为实数且没有节点.能隙具有完全的晶体对称性,仅有相对较弱的各向异性.从 CuO_2 平面中电子通过交换而耦合的有关理论来看,如果我们有完全四方对称的话(对于正交对称晶体,相应的态有些畸变,节点不在精确的 45°方向上),其解释倾向于 d 波超导电性,能隙有与 x^2-y^2 轨道相同的对称性,节点在 a(或 b)轴呈 45°的方向上.对于这些晶体对称性,也还允许许多其他的可能性[7.11],例如自旋三重态(奈特位移实验似乎能排除这种可能性).也有人提出,求解自洽方程可以允许简并的 s 和 d 态(或者是简并的两种 d 态),这样,使得 $\Delta_s+i\Delta_d$ 的态变成可能的,并证明了它是能量最低的态.注意,在这些态中,$|\Delta(\boldsymbol{k})|$和有关的量,如 $E(k)$,保持着完全的晶格对称性.这种态令人感兴趣之处是 Δ 沿费米面变化时没有节点,如果 Δ_s 混入较小,那么 Δ 将只在 45°方向上是小的,但不为零.如果在费米面上有节点(线),系统严格说是无隙的,它会反映在许多物性上,特别是与激发谱

有关的物性上,表现为物理量随温度变化的幂率行为.虽然,也不能完全排除其他(不是d波节点)的弱度无隙的可能.

最近,高温超导铜氧化物主要成功的实验之一是基本上确定了 $d_{x^2-y^2}$ 非常规对称性的配对.早期详细的理论计算曾提示人们,磁性自旋涨落中介配对可以说明铜氧化物许多正常态及超导态的反常特性.这大大地刺激了人们广泛地从实验上来考察d波对称性.NMR弛豫率、低温穿透深度、ARPES均给出了很强的证据表明序参数的模(幅)有 $d_{x^2-y^2}$ 的各向异性,在 a,b 方向有最大值.相对于这些实验,更为重要的是发展了SQUID超导量子干涉器件相干技术,用来探测序参量的相位各向异性,$d_{x^2-y^2}$ 对称性在 a,b 两个方向上,相位相差 π.利用这种技术,人们已毫无疑问地肯定了铜氧化物中的 $d_{x^2-y^2}$ 对称性,至少这种对称性是主导的分量.现在人们在已达基本共识的基础上,开始进一步探寻微观机制、非常规对称性对各种物性的意义,乃至应用上的意义.

最直接区分不同配对对称性的方法是测量序参量相位的各向异性.

图7.9[7.14]给出了序参数模及相位的各向异性的一些候选方案.图中给出的是在 k 空间中模及相位随角度的变化.可以看出除s波外,其他方案中,模的各向异性是很相似的,仅在节点附近有些差别.但是,相位却是十分不同的.SQUID相干技术测量的是相互垂直的两个方向的相位差.这个测量可以充分地区分开s波和d波,也可以识别它们之间的混合,它们打破了时间反演对称性.

SQUID相干技术的典型代表是角SQUID实验角超导量子干涉器件(corner-SQUID).这里简述一下测量原理,不过多涉及细节.角SQUID实验的设计安排,示意于图7.10(a)[7.14]中.双金属直流SQUID构成环路.在环路中,铜氧化物单晶(左上角)的 a 面及 b 面上的约瑟夫森(Josephson)结,被一个常规的超导体连接成为一个回路,通过这些约瑟夫森结来探查相互垂直方向上的序参数.这个SQUID环路对于外加磁场的响应,十分敏感于晶体内源于对称性的相位的漂移.实际上,角SQUID就是一个干涉仪,内部的序参数相位变化使衍射花样移动,如在普通光学中的双缝实验那样.图7.10(b)中给出d波态的临界电流调制,为了比较同时给出s波的结果(虚线),它们证实了对于序参数各向异性的灵敏性.图7.10(c)给出的是几个角SQUID器件及边SQUID器件的结果(边SQUID是使两个结都在同一个面上).对于所有角SQUID器件,都有一个大约 π 量级的漂移,是d波配对的很强证据(以 π 为中心的散布是由于SQUID回路中有附加的磁通俘获).在实验中一些重要问题:如实空间畴结构的影响、隧穿电流的取向性的影响以及相移的本源等,都得到了认真细致的对待(虽然有些问题还不是弄得十分明白),我们不在这里详细介绍了.

在原始的角SQUID实验以后,又有一些基于相同原理的技术安排,如YBCO-

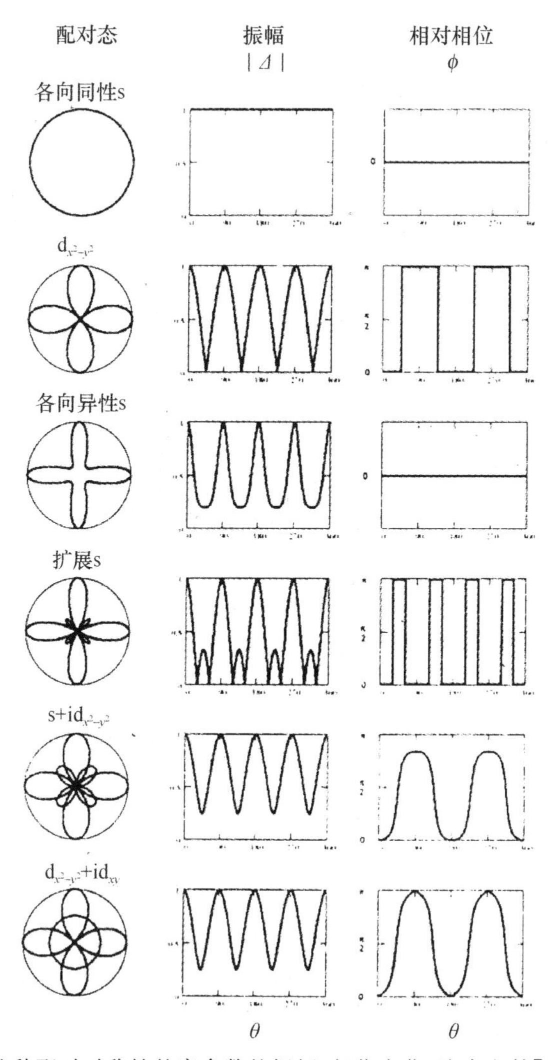

图 7.9　几种配对对称性的序参数的振幅、相位变化，取自文献[7.14]图 1

Pb 单角结、检测自发(零场)环流以及三晶环路等. 另外在 YBCO 样品上还有约瑟夫森隧道穿透进入 c 轴平面的实验设计等，不在这里一一列举. 这类研究发现了 s 波成分与 d 波共存. 关于共存的证据似乎还在增加. 不同的铜氧化物略有不同. 但是，几乎所有类似的测量，全都毫无疑问地指出，$d_{x^2-y^2}$ 对称性是主导成分. 在人们取得了这方面共识的基础上，人们的注意力开始转向三个方面：

① 确定微观机制. 令人吃惊的是，对这个对称性的了解并未明显地促进微观机制的研究，虽然 $d_{x^2-y^2}$ 对称性首先是从磁配对机制中预言的. 现在已知有许多种相互作用都可以导向 d 波配对.

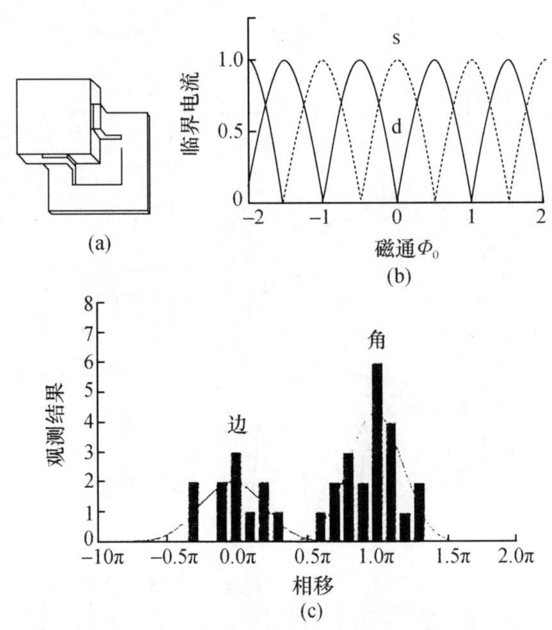

图 7.10　角 SQUID 实验:(a) 设计安排;(b) 临界电流随磁场变化,d 波与 s 波的比较;(c) 实验结果(作为比较也给出了边 SQUID 实验结果).取自文献 [7.14]图 2

② 关于非常规对称性的意义.因为与 d 波配对相伴随的节点和变号(+,−)效应,将对铜氧化物的许多性质产生影响,如热力学性质、输运性质、光学性质、界面性质等.因此,关于超流密度的行为及能隙对称性的详细知识,对理解超导态的各种性质及配对机制是非常重要的.作为源于 d 波对称性的一门学科及有潜在前景的技术冲击的研究,还只是刚刚开始.

③ 这种干涉实验用于铜氧化物,同样可以用于其他非常规超导体的对称性的研究,如重费米子超导体(猜想它们可能是 p 波超导体)、有机超导体等.

7.10　同位素效应

人们已广泛地测量了铜氧化物中的同位素效应,最通常的是用氧的同位素[7.15].要获得可靠的结果,困难是很大的,因为 T_c 强烈地依赖于氧的含量.目前结果已十分清楚的是,在铜氧化物中同位素效应有反常的特征.它强烈地依赖于掺入空穴的浓度,即依赖于 T_c 的数值.按常规的 BCS 理论,同位素效应用 $T_c \propto M^{-\alpha}$ 表示,α 是与掺入空穴浓度无关的、很接近 0.5 的一个数.在常规超导体中,实验与理论的一致强烈地支持这样的观念:超导电性相伴于以晶格离子运动为中介的电子间相互作用.

铜氧化物中的同位素效应可以用相图的变化来描述.如果铜氧化物的 T_c 可以

用声子频率来标度的话，当用^{18}O取代^{16}O使平均声子频率减小(因为质量变大)，相图中的相应变化是超导至正常的转变曲线的垂直尺度减小．同时由于^{18}O的替代，改变了晶格的零点振动，会影响能带结构，会稍微调整CuO_2平面上的有效载流子数，从而会导致超导-正常分界线的移动．如果只是这些变化，原则上不能认为是有反常．但是实际上发生的情况是超导区域变窄，同时几乎保持最高点的高度，换言之，升高同位素质量，对于最佳组分的影响很小(此处α只有0.1甚至更小)．但是欠掺杂和过掺杂样品的T_c下降(α可达0.5甚至更大)．这个行为特征已在许多铜氧化物中被证实．相图和同位素效应之间的强联系提示给我们：同位素效应及氧的动力学以某种方式被包含在超导凝聚中，但这种方式似乎决不是任何简单的BCS图像．目前仍没有一个清晰的理论．

7.11　电声耦合的效应及其他吸引机制

BCS理论在常规低超导电性的描述方面取得了巨大的成功，它的基本思想是基于金属中自由电子在充分地接近费米面时，因受到相互吸引的作用而出现配对凝聚．根据Frohlich的建议，BCS中假设这个吸引相互作用是由于离子点阵受到电子的极化，即所谓的电子-声子-电子相互作用．在BCS的框架下，近费米面处的电子间的任何类型吸引相互作用，都会引致超导电性．

自由的裸电子间有强烈的排斥作用，然而金属中的电子埋在介质中，这个介质的最主要组分是晶格的正离子芯，还有就是其他的传导电子自身．这个介质将通过屏蔽裸电荷使裸库仑排斥作用减弱(对应于介电常数ε_r的增加)．但是困难之处是要弄明白，怎样能够使裸相互作用还能变号(对应于ε_r为负)，出现吸引作用．

考虑示于图7.11中的情况．原点处放置着的负电荷被介质屏蔽．图7.11(a)中我们有正常的情况，负电荷将正电荷拉向它自己，结果减弱了向内拉正电荷的力，这样也就减弱了排斥附近的其他电子的力．但并未改变作用力的符号．在图(b)中出现了过屏蔽．负电荷吸引了如此多的正电荷，以至于对其他的附近的负电荷的作用力已经改变了符号．这正是我们所预期出现的情形：使一个电子吸引附近的另一个电子的情形．但表面上看这是一个佯谬：净场对正电荷是排斥的，是什么能保持正的屏蔽电荷处在这种状态？或者说，实际中能出现这种过屏蔽吗？在离子点阵的情形中，至少有一种可能的情况是可以实现的．它是动力学的．想像在原点的电荷如果是在振荡着，且振荡的频率恰好是低于晶格共振频率，它可以导致过屏蔽．还有其他的可能性，因为这里主要是简述物理图像，故不在这里详细地介绍．定量上看，是用一个矩阵元表示电子从动量k_1散射到动量k_1+q，同时第二个电子从k_2同步地散射到k_2-q，总动量守恒．在介质中，引入介质的相对介电常数ε_r，它与

q,ω 有关,在一定条件下它成为负的,对应着吸引力出现.这里也不仔细介绍,声子的贡献可以进入这个介电常数中,这个系统中相伴出现的全部的电子极化模,都可以进入介电常数中.诸如带间或电子-空穴激子跃迁(对应于原子的或十分局域的电极化,如 CuO_2 平面的 Cu 和 O 原子间的电荷转移),又如等离体子(plasmons)由库仑场控制的载流子密度振荡也可以包含在内,以各种电极化率求和的方式贡献到介电常数中.即 $\varepsilon=\varepsilon_{ph}+\varepsilon_e$,在这个简单模型中,声子(离子)贡献与电子贡献是独立处理的.ε_e 中允许包含等离子体(plasma)及带间跃迁等的贡献.在常规超导体中主导的贡献是声子机制,可以通过声子谱的测量获取信息,并已证明与 BCS 理论符合的很好.

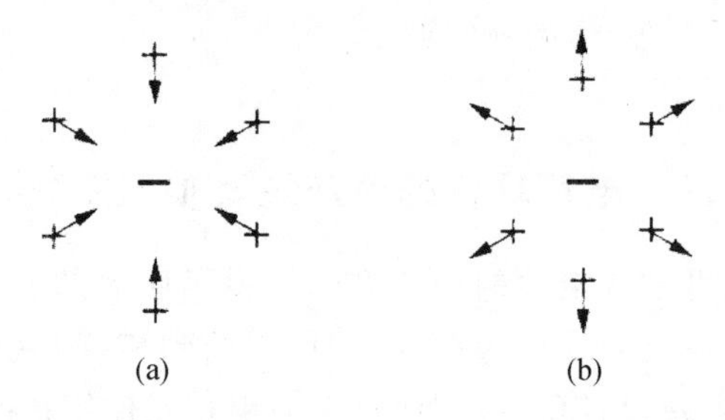

图 7.11 介质对原点处负电荷的响应.(a) 常规屏蔽,即正的极化电荷移向原点,这区域的净电荷仍是负的,电场方向仍是指向原点的;(b) 过屏蔽,即正的极化电荷的浓度已超过原点的负电荷,电场方向已指向外,对其他的负电子有吸引力

人们利用非弹性中子谱、红外和拉曼谱等手段已经对各种铜氧化物的声子谱给予确定.因为每个单胞中有许多原子,声子谱很复杂.但是可以有把握地说,目前对它已有很好的识别了.例如 $YBa_2Cu_3O_7$ 内 36 个光学模中,有的是拉曼激活的,有的是红外激活的.但是,有没有证据可以说,在铜氧化物中声子机制也是配对的主导作用呢?在常规超导体中,有有力的证据表明吸引相互作用的源来自于有效电子声子耦合函数 $\alpha^2(\omega)F(\omega)$.它是从隧道实验及同位素效应中确定的.在铜氧化物中,没有可靠的隧道数据,加上反常的同位素效应,使我们不能直接地肯定回答上述问题.间接的证据是存在的,比如软模,它可以导致晶格的不稳定性.然而铜氧化物中的正交-四方相变似乎无法与超导转变 T_c 密切相关起来.

几个一般性的考虑提示出,用声子模型解释铜氧化物超导电性是困难的.在铜氧化物中观测到的能隙,给出的并不是很强的耦合,对应 $N(0)V$(BCS 理论)大约是 0.5.对于已知的声子谱,它们无法解释 T_c 高达 100 K 甚至更高.而且电子态密度仅是常规超导体的十分之一,为达到 $N(0)V$ 值,要求 V 是常规超导的十倍,进而要求介电常数是负的,但是非常小.很难弄明白为什么会是这样.特别是考虑到在铜氧化物超导电性发现以前,理论上已得出结论:声子模型永远无法计及 T_c 大于 30 K 的情况.这是由于 McMillan 指出的强耦合包含的重整化效应导致 T_c 取饱和值.还有 Migdal 指出的很强的电子-声子相互作用导致晶格不稳定性,这种情况将用于解释铜氧化物在达到超导电性所需的耦合之"前",先发生了结构不稳定性.输运测量已肯定电子的非弹性散射,起主导作用的不是声子的散射,而是别的元激发,可能是某种形式的电子散射.如果是这样,它似乎在电子有效的配对相互作用中也是主导的.T_c 与载流子浓度相关,且有极大值,在 BCS 框架下很难用声子频率、电子密度或电声矩阵元给予说明.有人企图用范霍夫奇异性来解释,但很难与热容、磁化率、输运中与载流子的关系协调一致起来.所有这些表明,单独地以声子相互作用为基础,解释铜氧化物超导电性是困难的.必须考虑电子极化的贡献.撇开理论及模拟的研究,我们来看看实验上给出的铜氧化物介电常数的行为是怎样的.

图 7.12 给出由红外反射的频率依赖中获得的($\boldsymbol{q}=\boldsymbol{0}$)介电常数的实部[7.16].图中给出了在 100 K 及 300 K 时 $YBa_2Cu_3O_{7-\delta}$ 的两条曲线,可以看出在很宽的频率区域有 $\varepsilon<0$,以及声子贡献的峰加在电子的贡献上.奇异的低频尖峰,在大约 800 cm^{-1} 以上很快地升至近零值.在 ε 的负值区,可以看出确有电子的贡献.在低频端,通常可以把电子的贡献拟合成德鲁得类的贡献及中红外的贡献.理论上尚未对它们作出一致的解释.当进入超导态时,德鲁得类型的贡献塌缩为 δ 函数,中红外及声子贡献均变化不大.

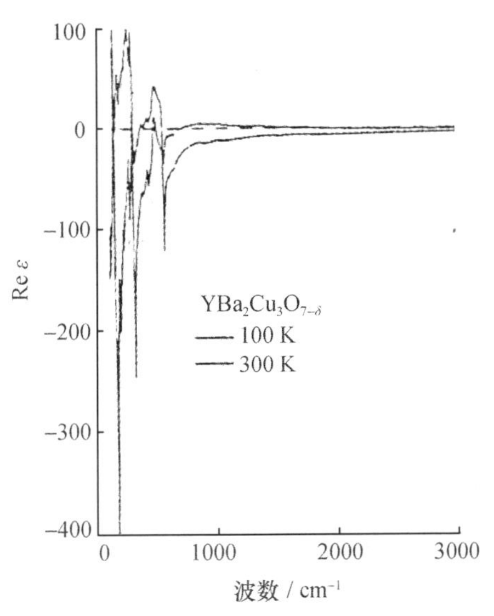

图 7.12　$YBa_2Cu_3O_{7-\delta}$ 由红外反射测量($\boldsymbol{q}=\boldsymbol{0}$)得到的介电常数实部.取自文献[7.16]图 11

其他的实验手段还可以提供 $\boldsymbol{q}\neq\boldsymbol{0}$ 的结果.然而一般来说,关于 $\varepsilon(\boldsymbol{q},\omega)$ 我们知道得还不充分,无论是理论上还是实验上,也就无法确定其中给出关于吸引作用源的信息.特别是有越来越多的证据肯定了在铜氧化物超导样品中仍有反磁铁自旋涨落存在.通过交换作用可以使得电子的自旋配对.这种作用并未直接包含在前面所述的介质的介电常数中,它应反映在所谓的有效介电常数中.有许多理论模型已认真地讨论了这个问题,在下一章中我们会涉及.

7.12 两分量超导电性的证据

最近,人们将飞秒(1 fs$=10^{-15}$ s)时间分辨谱的研究和瞬态光电导率的测量[7.17]用于研究与超导能隙打开相伴随着的准粒子激发的对称性、时间动力学及频率依赖,发现了两个清晰可辨的弛豫分量,它们分别是纳秒(1 ns$=10^{-9}$ s)及皮秒(1 ps$=10^{-12}$ s)量级.这表明在正常态中,也在超导态中有两种电子态共存.它们分别是较局域的和较巡游的.从这两个分量随温度的变化可以看出两种弛豫过程都直接地与超导态凝聚相联系.自从高温超导体发现以来,十多年来关于造成高温超导体中电子配对的微观原因——玻色子交换机制仍是未解决的问题.现存的实验数据分别支持两类十分不同的方案.在这两个方案中的荷电载流子,一种是较扩展的能带样的态,另一种是较局域的态(如极化子态).它们都偏离常规费米液体理论(包括计入了各向异性和阻尼修正的理论).在常规低温超导体中,隧道谱连同艾里舍贝格(Eliashberg)理论一起令人信服地证实了电声子作用扮演着基本的角色.理论提供的谱密度与声子频率分布十分吻合.将它们用于高温超导体,则受限于能量,即$E\leqslant 200$ meV,因为尚不能加工出能承受较大电压的结.Holcomb 等人[7.18]使用热调制谱仪(又称热差分反射谱仪)的光学研究,使情况大大改善,能量范围可高到5 eV.他们的研究表明,在 Y,Bi,Tl 等样品上,除了低能元激发的贡献外,还有一个能量为 1.6~2.1 eV 的激子型激发,贡献于配对机制中.同时用自洽的艾里舍贝格理论分析给出了预期的 T_c 和计算的隙函数 $\Delta(\omega T)$ 与 Holcomb 等人的谱很符合.在这些研究的启发下,Stevens 等人使用超快速动力学光学响应的方法,提供了载流子动力学的研究[7.17, 7.19].人们用简并的泵浦-探针(Pump/Probe)谱仪,发现了在 1.5 eV 附近动力学响应中包含两个分量,一个是快速的(约 5 ps)与温度有关的分量,行为类似于二流体模型;另一个是长寿命(慢速、大于 10 ns)的分量,它显示出在 T_c 以下有热激活式的行为,隙值约为 $3.5\,k_BT_c$,快速分量在 0.8~3.0 eV 区域上的色散十分接近于热调制谱仪研究给出的行为.

由于篇幅限制,无法在此详细介绍.有兴趣的读者参阅有关文献[7.17]~[7.19].除了前面提到的以外,发现有两种元激发存在的还有 ARPES 研究[7.20]、皮秒共振拉曼研究[7.21]、EXAFS 关于两种条纹介观调制的研究[7.22]等等.虽然关于两分量的认真研究刚刚开始,其本质尚不清楚,但是不言而喻,解放思路、开辟新的探查技术是十分重要的.

7.13　补充两分量超导电性的证据

在超导电性机制中,配对特性是最基本的重要问题. H. B. Yang 组的实验给出了费米面是空穴型的重要结论,并且费米包的体积吻合 Luttinger 定理的要求:体积与空穴量 x 相等[7.23],超流电子密度 n_s 与 x 成正比 $n_s \propto x$. 它示意超导电子配对是空穴型的[7.24],在本书第二章中给出了更详细的介绍,不在这里重复. Gomes 组关于超导区从 T_c 直至 T^* 一直保持着小超导区的结果,指出配对是纳米区域的行为,不支持声子为主要机制的配对,支持准巡游的氧空穴的配对[7.25]. 上述两部分内容[7.23,7.25]已分别在本书第六章和第三章中作了详细的介绍. 郑国庆 NMR 实验[7.26,7.27]清楚地示出氧离子和铜离子是可分辨的,Cu 位核的信息与 O 位定性地不同,氧上的空穴是最活跃的,随降温而进入超导态,因为这个工作没有受到应有的重视,也没有得到正确的分析和认识,在这里再复述一下. 在 5.1 节中介绍了电荷转移隙的实验,对掺杂建立的费米面附近的能带给出了更仔细的讨论,未掺杂前氧能带处在 Cu 上下带之间,掺杂后在氧能带与 Cu 上 Hubbard 带之间建立起新的电子能带,Cu 与氧的能带有一定的杂化[7.28,7.29].

P. W. Anderson 在讨论高温超导铜氧化物中克拉默斯超交换作用时,给出了详细的介绍,参见文献[7.30]～[7.32],文中有一部分全面介绍克拉默斯超交换,另一部分为了便于数学处理而做了简化,将氧的贡献积分去掉,成为了著名的单带模型,只保留 Cu 上的自旋作为机制中的核心. 这一模型成为高温超导铜氧化物流行的统治理论. 近些年,已有一些人从中又发展出了两带模型,即既有 Cu 又有氧的模型构建理论;又称三带模型,即包括 Cu 的上下能带及氧的能带,按照电荷转移隙实验的要求,氧带处于两个 Cu 带中间.

虽然 Zn 对 Cu 的置换显示电荷不变,但由 $3d^{10}$ 的 Zn 离子代替 $3d^9$ Cu 离子的未满壳的自旋,对于磁有序和超导都是不可代替的[7.33],这说明自旋扮演着角色. Zn 离子置换 Cu 表示 Cu 离子自旋的不可替代性,它与反常霍尔效应中 skew 散射的观点是一致的,请见第六章的分析,也可见文献[6.34],[6.35].

虽然 C. C. Tsuei 的实验已证明了 d 波配对,宣告电子-声子配对已不适用于高温超导铜氧化物体系[7.34,7.35];但从配对波函数来看,有人采用单粒子态的质心系统对 $d_{x^2-y^2}$ 对称进行分析是不正确的. Tsuei 的这些隧穿实验是在实验室进行的. 这个隧穿实验未考虑自旋的贡献及配对波函数的因素,而这些也应该进一步补充. 寻求可能的新的配对中介是一个要解决的问题. 氧上的空穴配对可能的中介选项只有近邻的 Cu 离子,人们一般不选择电荷的贡献,而是选择自旋的贡献. d 波配对的自然选择,时常取自旋的单(singlet)配对,而忽略了三重(triplet)配对的可能性.至今 NMR 实验,尚无法完全区分是单配对还是三重配对,即区分 $s=0$ 的态和 $s=1$ 且 $s_z=0$ 的态.虽然已有实验[7.26](请见 2.4 节中的详细介绍)给出了超导态情况下氧上和铜上的不同信息.对 d 波体系中有关三重态是否存在的研究,要突破人们传统观念中的 p 波才有三重态对称的误区.作为准 2D 的 CuO_2 平面波函数实际上也有可能是准 3D 配对波函数,其与 2D 投影间的细致关系,有待实验上的细致核查.从实空间局域纳米尺度配对的角度也必须回答配对中介是否存在的问题.

Bonn 很早就指出在 T_c 附近电子散射率变化了三个数量级,表明电子-声子作用不是主要贡献者,电子-电子相互作用应是主要贡献者[7.36]. Gurvitch 组显示高至 800～1000 K 时电阻率仍未见饱和的趋势,表明电子-声子作用不是很强,更不能同时计及高温超导配对的需要[7.37].

上述诸实验[7.32～7.36]代表了大量类似的实验,它们一致地表明电子-声子作用在高温超导中不是主要角色,但是在普适 kinks 实验[7.38,7.39]中转折点的能量位置接近 0.5 eV 能量,文章作者猜想可能是电声子作用区使一些人重提电声子的可能性.很快接下来的实验进一步证实:转折点处的偏离呈现线性特征,可以通过磁性离子的置换而消除这个转折.例如,有一类专门针对 kinks 的同位素效应实验,显示同位素掺杂对 kinks 的影响,主要是 Zn 和 Ni 置换的效应,它们肯定地指示出 kinks 是自旋的磁性效应所致.有兴趣的读者可参见 Terashima 组的工作[7.40].他们针对 kinks 给出了元素 Zn 置换 Cu 的磁同位素效应的研究结果,指出 kinks 的消失表明自旋是不可替代的. Norman 为此对 Terashimi 组的工作在 *Nature* 上作了专门的介绍[7.41].

在常规超导体的 BCS 理论中是声子中介配对.但是在高温超导铜氧化物中关于配对中介一直是个有争论的问题.有人主张有中介,如声子中介、磁性中介;也有人主张无中介的共振价键模型.早期人们就对这些观点的理论存在或多或少的疑问,迄今尚未达成共识.

以 Anderson 为代表的一派理论,在提出 Plain-Vanilla RVB 形式的总结性文章中[7.43]依靠有效单带模型及 RVB 波函数的变分计算,给出了超导态的相图,他们自认为是一个完全的超导理论.但是在他们完成预印该文章之后,C. M. Varma 就立刻全面地"批驳"了这个理论,展示了未达成共识的局面[7.44]. C. M. Varma 指出用 Hubbard 和 t-J 模型讨论高温超导铜氧化物是不适当的,主要结果与大量实验相矛盾,特别是这个理论给出的相图是错误的.在高温超导铜氧化物的相图中,除了超导转变外,还有两个重要的转变:反铁磁态向金属态的转变和在掺杂 $x=0.19$ 附近的一个转变.实验给出的相图与该理论本质上不同.他断言:不能包容高温超导铜氧化物中这些转变的理论不可能是高温超导铜氧化物的理论.

从相图出发作逆思考:实际相图与 Plian-Vanilla RVB(无修正)超导理论给出

的相图的差别在于是否考虑了氧离子的贡献.人们已取得共识的是:欠掺杂区条纹相实验指示的是氧空穴与 Cu 离子的有序排列,请见 Tranquada 组的工作[7.45].氧空穴区空穴配对及其随掺杂浓度的演进是高温超导铜氧化物中最特殊、最重要的行为.它伴随着 CuO_2 平面中克拉默斯超交换的演进是这个家族所特有的最本质属性.

参考文献

[7.1] J. W. Loran, et al., Research Review: Cambridge University of Cambridge IRC in Superconductivity (1994).

[7.2] A. Porch, et al., Phys. C**214**, 350 (1993).

[7.3] K. Zhang, Phys. Rev. Lett. **73** , 2484 (1994).

[7.4] G. M. Zhao, et al., Phys. C**282—287**, 202 (1997).

[7.5] G. M. Zhao, et al., Nature **385**, 1752 (1997).

[7.6] N. Klein, Phys. Rev. Lett. **71**, 3355 (1993); K. Zhang, et al., Phys. Rev. Lett. **73**, 2484 (1994).

[7.7] J. Tanaka, et al., Phys. C**153—155**, 1752 (1988).

[7.8] G. A. Thomas, et al., Phys. Rev. Lett. **61**, 3396 (1988).

[7.9] R. C. Yu, Phys. Rev. Lett. **69**, 1431 (1992); K. Krishana, Phys. Rev lett. **75**, 3529 (1995).

[7.10] T. Walstedt, et al., *Mechanism of High Temperature Superconductivity* (Springer Verleg, 1989); P. C. Hammel, Phys. Rev. Lett. **63**, 1992 (1989).

[7.11] Z. X. Shen, Phys. Rev. Lett. **70**, 1553 (1993).

[7.12] D. S. Dessau, Phys. Rev. Lett. **66**, 2160 (1991).

[7.13] J. F. Annett, *Physical Properties of High Temperature Superconductivity*, vol. 2 (Singapore, World Scientific, 1990).

[7.14] D. J. Van Harlingen, Phys. C**282—287**, 128 (1997).

[7.15] J. P. Franck, et al., *Physical Properties of High Temperature Supercouductivity*, vol. 4 (Singapore, World Scientific, 1994).

[7.16] W. Kres, et al., Phys. Rev. B**38**, 2906 (1988); T. Timusk, et al., *Physical Propenties of High Temperature Superconductivity*, vol. 1 (Singapore, World Scientific, 1989).

[7.17] D. Mihailovic, Phys. C**282—287**, 186 (1997).

[7.18] M. J. Holcomb, Phys. Rev. B**53**, 6734 (1996).

[7.19] C. J. Stevens, Phys. Rev. Lett. **78**, 2212 (1997).
[7.20] Z. X. Shen, Phys. Rev. Lett. **78**, 1771 (1997).
[7.21] T. Merteji, Phys. Rev. B**55**, 6061 (1997).
[7.22] A. Bianconi, Phys. Rev. Lett. **76**, 3412 (1996).
[7.23] H. B. Yang, Phys. Rev. Lett. **107**, 047003 (2011).
[7.24] Y. J. Uemura, Phys. Rev. Lett. **92**, 2317 (1989).
[7.25] K. K. Gomes, Nature **447**, 569 (2007).
[7.26] G. Q. Zheng, Phys. C**260**, 197 (1996).
[7.27] 周午纵,梁文耀,高温超导基础研究(上海,上海科学出版社,1999).
[7.28] S. Uchida, Phys. Rev. B43, 7942 (1991).
[7.29] S. Uchida, Phys. C**282—287**, 12 (1997).
[7.30] H. A. Kramers, Phys. **1**, 182 (1934).
[7.31] P. W. Anderson, Phys. Rev. **79**, 350 (1950).
[7.32] P. W. Anderson, Phys. Rev. **115**, 2 (1959).
[7.33] H. Alloul, Phys. Rev. Lett. **67**, 3140 (1991).
[7.34] C. C. Tsuei, Physica C**282—287**, 4 (1997).
[7.35] C. C. Tsuei, Phys. Rev. Lett. **73**, 593 (1994).
[7.36] D. A. Bonn, Phys. Rev. B**47**, 11313 (1993).
[7.37] M. Gurvitch, Phys. Rev. Lett. **59**, 1337 (1987).
[7.38] A. Lanzara, Nature **412**, 510 (2001).
[7.39] X. J. Zhou, Nature **423**, 398 (2003).
[7.40] K. Terashima, Nature Phys. **2**, 27 (2006).
[7.41] M. Norman, Nature Phys. **2**, 19 (2006).
[7.42] K. Kakurai, Phys. Rev. B**48**, 3485 (1987).
[7.43] P. W. Anderson, et al., J. Phys. Cond. Matt. **16**, 755 (2004).
[7.44] C. M. Varma, P. W. Anderson, et al., *NATO Advanced Research Workshop on New Challenges in Superconductivity: Notes on RVB — Vanilla* (Miami, 2004).
[7.45] J. M. Tranquada, *Handbook of High Temperature Superconductivity: Theory and Experiment* (Berlin, Springer, 2007).

第八章　补充磁激发

——被隐藏了的磁激发

在这里介绍"补充磁激发"有以下几点理由及说明：

① Hg1201 作为高温超导铜氧化物的模型化合物(单层、$T_c \sim 90$ K)有典型意义.用自旋极化非弹性中子衍射给出自旋相关的磁性信号,作为 52～56 meV 附近弱动量依赖的新形式的集体磁模,且 BZ 中测量的 Q 点遍布整个区.它与有关"扭折(kinks)"的研究一起,推动了高温超导铜氧化物自旋性质的深入研究.

在报道这一工作的当时,曾经引起轰动,在美国物理学会春季年会上做特约报告,并发表在 *Nature* 上[8.1].这期 *Nature* 为其做了专题介绍,此后至今仍然受到关注,这里做重点介绍.作者的工作连同他们的后续工作一起,参与了关于赝隙相中是否存在磁有序的争论,以及量子临界点的作用的讨论,尚未取得共识.它涉及的磁共振也不是高温超导铜氧化物特有的,在其他体系中有相似的观测,如重费米子及 Fe 基超导体.这个补充磁激发模在超导机制中将扮演怎样的角色,有待进一步研究,故从磁性一章(第四章)中分离出来,作为本章的主要内容在 8.1 节中予以介绍.

关于 Hg1201 的许多属性,Y. Li 还进行了多方面的研究,如小角度中子散射对此涡旋点阵的观测[8.2]、自旋极化中子衍射对磁有序的研究[8.3]、电子拉曼散射观测高能磁涨落上的反馈效应文献[8.4]、双伊辛(Ising)样磁激发[8.5],还有他们此前的反常磁有序的研究[8.6]等等,我们将不再这里详述,有兴趣的读者请见上述原文.对这些材料也有其他研究组作了研究,如光学确定电子-玻色耦合函数与 T_c 的关系[8.7]、磁共振[8.8]、电导率微波测量[8.9]、光电导对交换玻色动力学的研究[8.10]等,以及文献[8.11]证实了 Hg1201 模型特征,文献[8.12] 指向了较好的理解等.

② 为什么这个磁激发模被长期忽视,其原因是什么? 我们将在 8.2 节中给出扼要简单的说明.

③ 在 Y. Li[8.1]之前一些研究组对 Hg1201 的研究曾起到了推动作用,有兴趣的读者可参阅,例如:对铜氧化物高温超导反常的、超导态中的自旋共振激发的观测和综述[8.13,8.14]、对磁相干效应的重点讨论[8.15]等,还值得一提的是 G. Aeppli 对 LSCO 正常态磁激发的讨论[8.16],这个综述简明透彻,可供参考.

8.1　赝隙区隐藏的磁激发工作简介

主要是介绍 Y. Li 研究组的工作，以文献[8.1]上的工作为主. 自旋极化非弹性中子散射数据(见图 8.1)证实在 2D BZ (1st.)存在贯穿在整个区域的磁激发. 样品是近最佳掺杂的 OP95($T_c=94.5\pm2$ K). 自旋翻转沟道的能量扫描揭示出了一个分辨极限的低温峰，其色散较弱，最大峰值在 56 meV、2D BZ 区域角部($H=K=0.5$)，也已归类为反铁磁波矢，$\boldsymbol{q}_{AF}$. 这个峰不是由非自旋翻转沟道的极化"泄漏"所致. 这个峰在 300 K 处消失，参见图 8.1(a). 在 10 K 时的背景强度被分开测量，用组合的不同的自旋极化几何在误差范围内测量，背景与 300 K 的强度一致. 参见图 8.1(a)，$H=K=0.2$. 这些结果表明了在 10 K 处的峰的磁性本源.

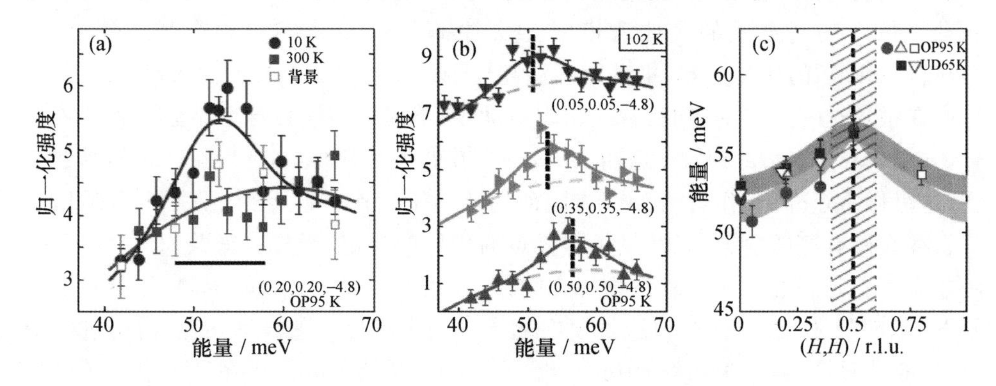

图 8.1　弱色散的磁集体模的识别. (a) OP95 样品的自旋翻转能量扫描；Q 点位置见图中右下角所示. 背景信号(空方形)是在 $T=10$ K 下测量的(方法见文献[8.1])，连同 300 K 测量的数据，用抛物型基线(红线)近似描述. 10 K 的数据用高斯拟合(蓝线). 为了计入背景随温度的可能改变已引入小的偏置. 相似的基线也用于图 8.1(b)和图 8.2(a)中. 水平棒指示仪器能量分辨率 FWHM(~10 meV). (b) 在另外附加的 Q 点处的自旋翻转能量扫描. 向上偏置是为了清晰. (c) 沿(H,H)色散的对称性. 不同符号表示使用不同的仪器 IN20(圈)，PUMA(方)，2T(三角)，IN8(倒三角)等，详略请见文献[8.1]. 在 IN20 上的测量是自旋极化的，其他的是非极化的. 数据被分别示于在图 8.1(a)，(b)，图 8.2(c)，(d)中. 预期 $\boldsymbol{q}_{AF}$ 附近的常规磁响应(竖虚线)处于加阴影的面积中，那里使用能量扫描确定色散是不够精确的. 误差棒表示统计的不确定性(1. s. d). 取自文献[8.1]图 1

上述的最佳掺杂样品和欠掺杂样品(UD65，$T_c=65\pm3$ K)沿(H,H)激发的色散，用极化的和非极化的中子测量，如图 8.1(c)所示. 测量显示色散很弱(<10%)，在 2D 区域中心 $\boldsymbol{q}=\mathbf{0}$ 处的强烈响应，明显地不同于著名的近 $\boldsymbol{q}_{AF}$ 处表征的反铁磁响应，参见文献[8.17]，[8.18]. 很明显，这个激发的色散已出现在 $T>T_c$ 处，它在所谓的能量动量空间中的磁共振相同点处达到最大. 在最佳掺杂样品 OP95 中磁共振仅出现在 T_c 以下. 这点在图 8.2(a)中被进一步证实，与 $T>T_c$ 的测量相比，在

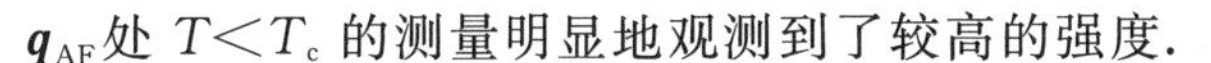
$\boldsymbol{q}_{\mathrm{AF}}$处 $T<T_{\mathrm{c}}$ 的测量明显地观测到了较高的强度.

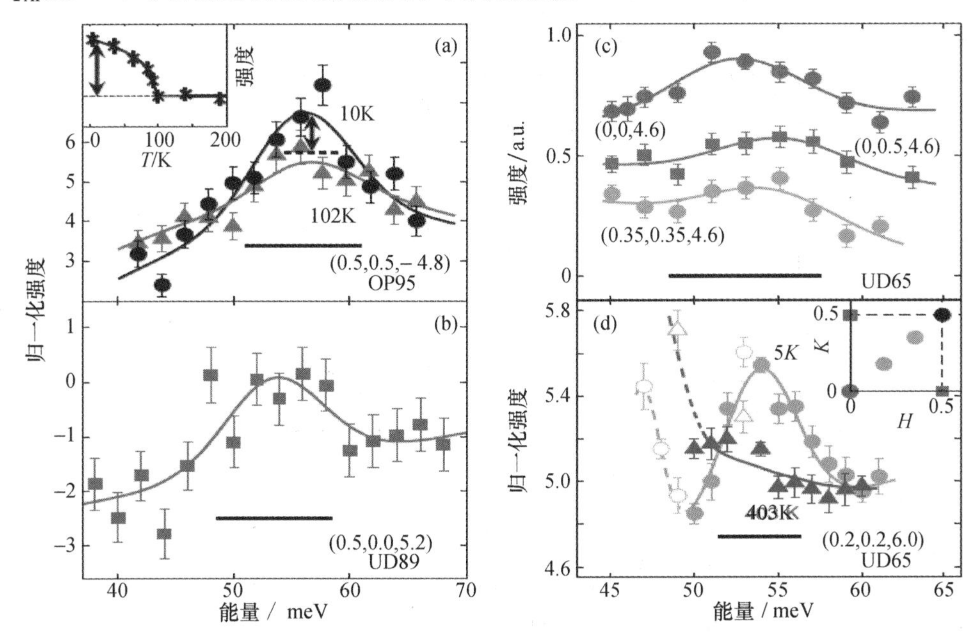

图 8.2　存在于整个 2D BZ 中的集体模.(a) 在 $\boldsymbol{q}_{\mathrm{AF}}$处的自旋翻转能量扫描，$T=102$ K 和 10 K 分别在 T_{c} 上下，箭头和虚线所指的是估算的由共振导致的强度改变.内插图数据取自文献[8.8]，示意当 $T<T_{\mathrm{c}}$ 时共振导致的强度改变.(b) UD89($T_{\mathrm{c}}=89\pm3$ K)样品非极化的谱差——在 $T=16$ K 和 $T=200$ K 之间的谱之差，Q 点取在 2D BZ 非对角线上.(c) 样品 UD65($T_{\mathrm{c}}=65$ K)在 BZ(1 st.)三个不同的 Q 点处的非极化谱差($T=4$ K 和 $T=330$ K 的谱间之差).(d) 样品 UD65 在更好能量分辨率下的非极化测量.为了较好地比较，已在 $T=403$ K 的数据中扣除了一个常数.在 $T=5$ K 数据中的峰，在 $T=403$ K 谱中不存在，这个温度已经高于 T^{*}.所有图中的曲线均是高斯拟合的结果.图(d)中空圈示意出可能的污染——声子(50 meV 以下)或假贡献(53 meV).(d)中内插图的彩色点示出已施行测量的 Q 位置.水平棒指示仪器的能量分辨率(半高宽，FWHM)，误差棒表示统计不确定性(1. s. d.).图 8.2 取自文献[8.1]图 2

这里希望强调的是远离 $\boldsymbol{q}_{\mathrm{AF}}$ 的磁信号不能归因于共振峰的展宽，理由如下：① 最佳掺杂样品中，远离 $\boldsymbol{q}_{\mathrm{AF}}$处的温度关系(参见图 8.3(a))不同于共振中的温度关系(参见图 8.2(a)内插图[8.8]).② 近 $\boldsymbol{q}=\mathbf{0}$ 处激发能不同于在 $\boldsymbol{q}_{\mathrm{AF}}$ 处的激发能(参见图 8.1).③ 动量扫描在共振能量处的外形是对 $\boldsymbol{q}_{\mathrm{AF}}$不对称的，被较好地描述为：中心在 $\boldsymbol{q}=\mathbf{0}$ 处的展宽峰，加上一个窄的以 $\boldsymbol{q}_{\mathrm{AF}}$为中心的峰.④ 动量扫描的共振峰并不延展至低于 $H=K=0.3$.因此，为了描述数据需要在共振之上附加这里指出的磁激发新分支，见图 8.1(c).这个激发分支明显地不同于著名的“沙漏(hourglass)”激发[8.19,8.20].这个“沙漏”激发仅存在于受限制的 $\boldsymbol{q}_{\mathrm{AF}}$ 附近的动量区，参见图 8.1(c)中加阴影面积区.在 Y 系中，仅当 $T<T_{\mathrm{c}}$ 时变成清晰的非公度信号，而这里发现的新磁激发分支被观测到延伸直至 $\boldsymbol{q}=\mathbf{0}$ 以及 $T>T_{\mathrm{c}}$(参见图 8.1(b)和

图 8.3).按照这个概念,"沙漏"激发是在电子-空穴连续谱之下的集体模,它们仅被预期在 $\boldsymbol{q}_{AF}$附近,不能连续地色散至 $\boldsymbol{q}=\mathbf{0}$.

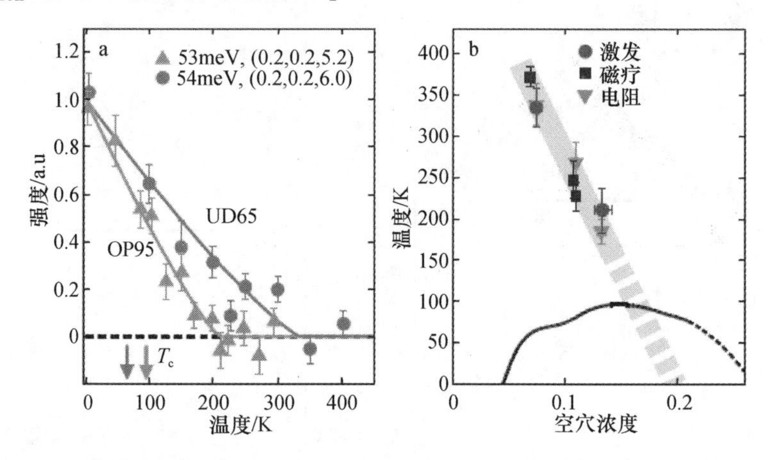

图 8.3 集体模随温度的变化证实它与赝隙现象的关联.(a) 样品 OP95(三角)在 53 meV、$Q=(0.2,0.2,5.2)$处和样品 UD65 在 54 meV、$Q=(0.2,0.2,6.0)$处测量的强度随温度的变化,已扣除背景,并归一化至在最低温度的值.图中曲线是经验幂率拟合,定性地与图 8.2(a)中示出的共振峰强度随温度的变化差别不大.启动温度 T_{ex}分别是(211±13)K(近最佳掺杂样品)和 335 K±23 K(较低掺杂样品),在两个情形中均未见在 T_c 处有陡变.(b) 特征(启动)温度概述.红圈表示本工作的激发分支;蓝方表示 $\boldsymbol{q}=\mathbf{0}$ 处的磁有序;绿三角表示平面内电阻率的偏离(参见文献[8.11],[8.9]).空穴浓度基于 Hg1201 T_c 掺杂关系来确定[8.21].取自文献[8.1]图 3

在用极化中子证明新的磁激发之后,进一步用非极化中子定量测量可得益于很高的中子流.按照标准程序,对于声子及虚假贡献,或是扣除高温获得的背景,或是小心地选择实验条件而避免它们.人们在 2D BZ 中相似于图 8.1(a),(b)中的位置,证实并延伸了自旋极化测量的结果.观测在 $\boldsymbol{q}=(0.5,0)$和(0,0.5)的激发(分别参见图 8.2(b)和(c)),它们等价于 2D BZ 中 $\boldsymbol{q}$ 位置偏离了图 8.1(c)中的测量结果,即旋转了 45°.当在较好的能量分辨率下测量时(参见图 8.2(d)),发现激发的能量宽度保持在分辨极限,表明该激发是长寿命的模.按照概述,由于图8.2(d)中全部位置测量的这个新激发,可以得出结论:它存在于整个 2D BZ 中.

激发随温度的变化也被人们较好地测量到了,采用偏离 $\boldsymbol{q}_{AF}$ 的位置,用非自旋极化中子,结果概述于图 8.3(a)中.激发的启动温度 T_{ex},示于图 8.3(b)中,和 T^* 一起都由 CuO_2 平面内电阻确定[8.11,8.9],$\boldsymbol{q}=\mathbf{0}$ 点磁有序启动温度也被极化中子衍射所测量[8.6].综合上述这些结果可知:新磁激发是基本的集体模.因为不是铁磁而是反铁磁,需要计入元胞内矩的相消的净修正.因而,这个集体模不能从单带模型来理解,即不能用通常的 t-J 模型或 Hubbard 模型来理解,需要扩展至多带的研究.

这个新的磁激发在配对中是否也扮演着角色,仍是个有待于研究的问题.它与电荷激发谱中的电子-玻色子耦合研究之间的关联也是有待于研究的.

全部的证据提示:Hg1201 不仅是高温超导铜氧化物的代表也是模型化合物,因此可以预期这个新发现揭示了基本物理要素,最清晰地给出了它的存在,且它也应该存在于家族的其他的成员中.

实验分别采用自旋极化和非极化的非弹性中子散射测量.自旋极化中子对于确切地识别这里报道的磁响应是个关键,因为这样的中子在散射过程中按照它们被翻转与否而被分开地收集,它们可使人们能清晰地分辨磁散射和核散射[8.1].在这里的自旋极化实验中,入射中子的自旋极化可以被自由地选择.主要的自旋几何是入射极化($\boldsymbol{S}$)平行于动量转移($\boldsymbol{Q}$),磁和核的散射仅出现在自旋翻转和无翻转沟道.不希望的核散射被抑制(因数约为 15),变成实际上不可检测.两个附加的极化几何被用来确定真实的背景水平.这个方法采用的原理是:在自旋翻转沟道中被散射的中子探测垂直于 $\boldsymbol{S}$ 和 $\boldsymbol{Q}$ 的磁散射.在 $\boldsymbol{S}\perp\boldsymbol{Q}$(且在散射平面内)以及 $\boldsymbol{S}/\!/z$(极化竖直)时几何强度的和,应该包含与 $\boldsymbol{S}/\!/\boldsymbol{Q}$ 几何相同的磁信号,但是背景加倍.结果量 $I\boldsymbol{S}\perp\boldsymbol{Q}+I\boldsymbol{S}/\!/z-I\boldsymbol{S}/\!/\boldsymbol{Q}$ 仅表示背景,参见图 8.1(a).

自旋极化实验:能量分辨率～10 meV,FWHM,在 50～60 eV 能量转移区,数据示于图 8.1(a)～(b),8.2(a).

非极化实验:采用 Pyrolytic Graphite(PG)分析仪,连同 Cu200 单色仪,能量分辨率～10 meV,FWHM 或～5 meV FWHM,在 50～60 meV 能量转移区.PG 滤波用于所有测量中,以抑制在最后中子流中的谐波污染,它的能量固定在 30.5 或 35 meV.

为了证实在图 8.1(a)～(b)中的峰不是由于声子的"泄漏"而进入自旋翻转(SF)沟道的,在 10 K 下在非自旋翻转(NSF)沟道实施扫描.

8.2　这个磁激发分支至今仍被忽视

在我们的知识范围内,文献中没有关于铜氧化物在 2D BZ 中心附近动量为零位置处的自旋极化非弹性中子散射测量的报道,特别是没有关于包括 BZ 中心附近能量扫描测量的报道.正如上述 Hg1201 的结果所证实的,这样的扫描可以十分清晰地解释这个激发分支.这类测量的缺失部分是由于以前的极化测量主要聚焦在证实反铁磁响应上,特别是在 $\boldsymbol{q}_{\mathrm{AF}}$ 处的响应.这个响应较好地被测量于等能量的动量扫描,或是在 $\boldsymbol{q}_{\mathrm{AF}}$ 处的能量扫描,而没有在 $\boldsymbol{q}=\boldsymbol{0}$ 附近的能量扫描.相关文献请见:欠掺杂 Y123 自旋激发谱中超导诱导的反常[8.22],超导 Y123 中共振和非公度自旋涨落的演进[8.23],以及欠掺杂 Y123 磁动力学中超导隙的直接观测机制[8.24]和极化中子确定 Y123 中的磁激发[8.25].

非极化测量更为普遍,不可避免地包含声子和磁贡献.声子信号可以是较强的,它们不仅可以源于样品也可以源于装置(通常是用 Al 材料).因此,实际上人们普遍地略去非极化能量扫描所得原始数据的"突起(bumps)"——这个扫描与 $\boldsymbol{q}_{AF}$ 处的响应没有明显的联系.由于相同的理由,动量的扫描被认为是更有用的,因为人们预期弱色散的光学声子仅对"背景"有贡献.这点是真实的,同时当感兴趣的信号是有峰时(例如 $\boldsymbol{q}_{AF}$)的信号时,这里报道的磁激发分支也不幸地被认为贡献到背景中.当比较不同能量的数据时,如此的"背景"在动量扫描中(或在时间飞行测量中等能量的限制中)或是被移走或是受到较少的注意.

从未极化的数据中提取磁信号的方法之一是比较不同温度下的扫描.随着温度的增加,声子的强度趋向于增加,由于玻色因子,磁信号趋向于减少.虽然声子和磁激发的效应可以彼此相消,如果使用正确的扫描仍然有机会提取磁信号.这已经是该作者主要研究之一——使用未极化中子测量激发分支.然而,正如在近 2D 区域中心的能量扫描的结果,该作者并未发现文献中的不同温度下在小的 H 和 K 值处能量扫描之间的比较.而且,这里报道的激发分支,设定在 T^* 附近,但是以前受到最多关注的比较是在 T_c 的跨越处.如此的比较优化来突出共振,但是可能丢失这个激发分支所导致的强度改变的明显部分.事实上,聚焦于跨越 T_c 的强度改变已经妨碍了人们意识到在近 $\boldsymbol{q}_{AF}$ 附近正常态响应的重要性,直到发现共振之后很长时间.在笔者的研究中也存在类似的情况.当测量 Hg1201 共振并比较 10 K 和室温下的数据时(不是 T_c 的跨越附近),这个隐藏的分支才被偶然地观测到,正是在这个观测结果的激励下才有了现有的结果.在这方面,Hg1201 的高共振能有其优势,因为玻色因子在 10 K 和 300 K 将会改变,55 meV 对应值仅是 40 meV 对应的值一半,近似于 YBCO 共振能量(奇宇称)的能量.激发分支在 40 meV 处,即接近双层系统奇宇称共振能量时,将更难被分辨,因为这个效应更容易被隐藏,即玻色因子被增加的声子散射所掩盖.

人们可以认为时间飞行谱测量可以附带揭示这个激发分支,因为在这个测量中没有选择的焦点,能量-动量空间中的大部分被映射.然而,这种测量有以下几个缺点:

① 普遍地使用的样品取向(c 轴,沿射流轴)不允许接近 $H=K=0$,而在那里激发分支给出最强的信号.

② "背景"很难被理解,一般地被略去.

③ 在给定能量动量位置处测信号强度是弱点,小心地研究随温度变化是很费时的.

④ 至今尚未有详细的自旋极化分析.

这个激发在 LSCO 样品上可能是特别困难的,虽然它是被最广泛研究的样品.在这个化合物中,人们最近发现反常的磁有序是很短程的[8.26],或是因为条纹序或是因为强的无序效应，可以预期它们会导致高阻尼（能量展宽），故这个激发很难被检测到.

参考文献

[8.1] Y. Li, Nature **468**, 283 (2010).

[8.2] Y. Li, Phys. Rev. B**83**, 054507 (2011).

[8.3] Y. Li, Phys. Rev. B**84**, 224508 (2011).

[8.4] Y. Li, Phys. Rev. Lett. **108**, 227003 (2012).

[8.5] Y. Li, Nature Phys. **8**, 404 (2012).

[8.6] Y. Li, Nature **455**, 372 (2008).

[8.7] E. Van Heumen, Phys. Rev. B**79**, 184512 (2009).

[8.8] G. Yu, Phys. Rev. B**81**, 064518 (2010).

[8.9] M. S. Grbic, Phys. Rev. B**80**, 094511 (2009).

[8.10] J. Yang, Phys. Rev. Lett. **102**, 027003 (2009).

[8.11] N. Barisic, Phys. Rev. B**78**, 054518 (2008).

[8.12] R. Hackl, Eur. Phys. J. Speci. Topics **188**, 3 (2010).

[8.13] J. Huang, Nature **427**, 1204 (2004).

[8.14] Y. Sidis, Phys. Stat. Sol. B**241**, 1204 (2004).

[8.15] T. E. Mason, Phys. Rev. Lett. **77**, 1604 (1996).

[8.16] G. Aeppli, Science**278**, 1432 (1997).

[8.17] B. Vignolle, Nautre Phys. **3**, 163 (2007).

[8.18] V. Hinkov, Nature Phys. **3**, 380 (2007).

[8.19] J. M. Tranquada, Nature **429**, 534 (2004).

[8.20] S. Pailhes, Phys. Rev. Lett. **93**, 167001 (2004).

[8.21] A. Yamamoto, Phys. Rev. B**63**, 024504 (2000).

[8.22] H. F. Fong, Phys. Rev. Lett. **78**, 713 (1997).

[8.23] P. C. Dai, Phys. Rev. B**63**, 054525 (2001).

[8.24] P. C. Dai, Phys. Rev. Lett. **77**, 5425 (1996).

[8.25] H. Mook, Phys. Rev. Lett. **70**, 3490 (1993).

[8.26] V. Baledent, Phys. Rev. Lett. **105**, 027004 (2010).

第九章　相关理论概念简介

为了有助于初学者理解涉及的物理机制，这里对于有关的理论和概念做个简单的介绍.

9.1　微观模型

前面已经谈到过，铜氧化物的许多反常性质和 CuO_2 平面的电子结构密切相关. 人们相信是这个结构单元负载着的载流子形成了超导凝聚. 在这里，我们将从单粒子能带论说起，选择在铜氧化物研究中使用的四个最常见的微观模型，作简要介绍，以供分析实验时参考.

9.1.1　电子结构

图 9.1 给出的是对掺杂四方结构的 La_2CuO_4（La214）的局域密度近似缀加平面波（LAPW）的计算结果[9.1]. 有许多研究组采用 LDA 方法研究铜氧化物，W. E. Pickett 等人作了很好的综述[9.2,9.3]. 最重要的结果是费米能级定位于最高反键带

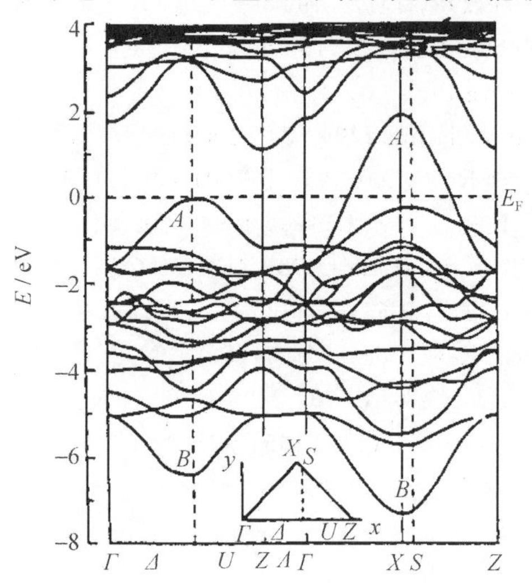

图 9.1　La_2CuO_4 体心立方 BZ 高对称方向的 LAPW 能带. 最低（最高）CuO_2 平面成（反）键带标以 $B(A)$. 取自文献[9.1]图 1

中，见图 9.1 中 A 表示的能带. 整个能带对应着每个单胞中的一个空穴，它与形式价态的分析是一致的，即取 La^{3+}，O^{2-}，Cu^{2+} 价态. 这在前面已经谈过了. LDA 预言的是一个金属性的基态，它不能给出应有的绝缘行为. 不仅只对 La_2CuO_4，事实上 LDA 给出的结果，对所有未掺杂铜氧化物都是相似的. 即使采用限制的自旋局域密度泛函也未能改善这种状况[9.2~9.4]. LDA 与实验的这种不一致是由于这个理论未能对于强局域库仑关联作适当处理造成的. 为了含括电子关联，人们必须将这个复杂的能带整体映射到有效的微观模型上，看它能拟合出一类怎样的微观模型. 图 9.1 中的能带整体(从 B 到 A)可以分为两部分，包含费米能的显现出较严重色散的 2 个能带和 15 个全占据的能带. 这 15 个全占据能带色散较弱. 整个 17 个能带可以理解为与 CuO_2 平面及顶角氧的轨道相对应.

图 9.2[9.3]给出了平面 Cu3d 壳和周围氧的正方对称能级关系图. 它实际上给出的是一个正交对称的晶场分裂能级图. e_g 双重态是由 $3d_{x^2-y^2}$ 和 $3d_{3z^2-r^2}$ 轨道形成的，还有 t_{2g} 三重态 $3d_{xy,yz,zx}$. 由于正八面体扬-特勒(Jahn-Teller)畸变[9.5]，简并消除最高的反键态是 $3d_{x^2-y^2}$ 对称态，它是在平面内的轨道上，因此与 2 个氧平面内轨道 p_x，p_y 有大的交叠. 其中，σ 类型交叠产生 3 个能带，对应图 9.1 中的最高能带 A，主要是 $Cu3d_{x^2-y^2}$ 成分；2 个最低能带 B，主要是 $O2p_{xy}$ 成分. 剩下的态是 4 个平面内氧的 π 类型态，2 个顶角氧 σ 类型态，4 个顶角氧 π 类型态和 4 个铜的键. 这 14 个弱色散带加上前面的 3 个，共 17 个带，对应着图 9.1 中从最低能带 B 直到与费米面相交的能带 A，也是 17 个带.

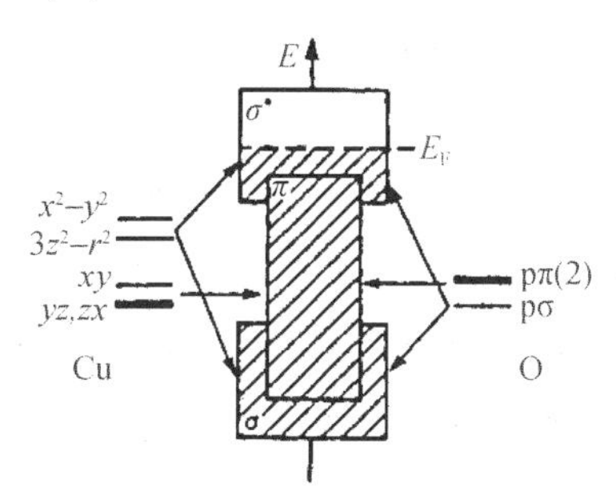

图 9.2　Cu3d 和 O2p 轨道晶场分裂示意图及 LDA 带结构的说明. 阴影区是电子占据态，σ，σ^*，π，分别表示成键 pdσ，反键 pdσ 及成键 pdπ. 取自文献[9.3]图 6

与 LDA 能带结构相联系的最简单的微观模型，可以只取平面内的轨道，它描述 17 个完全能带的最外层(或最高层). 这个模型包括两个完全填充的 Op_{xy} 轨道和一半填充的 $Cud_{x^2-y^2}$ 轨道. 图 9.3 示出了这个“单胞”，这里取了 x，y 方向的键长相等，实方块和空圈表示 $Cu3d_{x^2-y^2}$ 及 O 的位置，其在位能分别是 ε_d 和 ε_p. $2p_x$ 和 $2p_y$ 轨道分别定位在 1,3 和 2,4；t_{pd}^{ij} 表示 Cu 和 O 间的跳迁积分，t_{pp}^{ij} 是氧间的直接跳迁；点阵常数 $a=2r_1$.

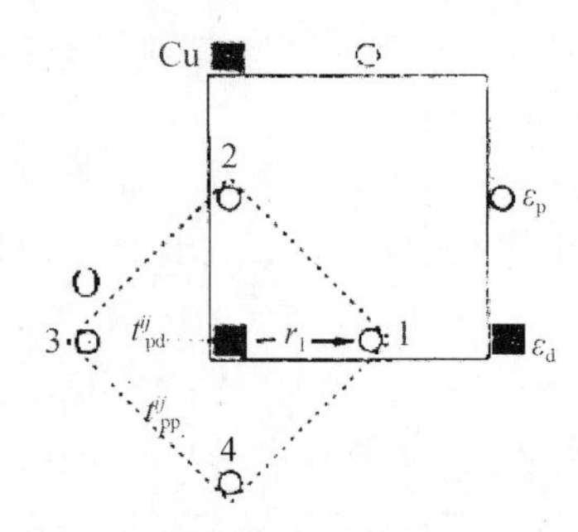

图 9.3 三带模型 CuO_2 平面的单胞（实线边界）及 CuO_4 平板区(虚线边界)

对应着的紧束缚模型哈密顿可以写成

$$H^0_{3bd} = \varepsilon_d \sum_{i,\sigma} d^\dagger_{i\sigma} d_{i\sigma} + \varepsilon_p \sum_{i,\sigma} p^\dagger_{i\sigma} p_{i\sigma} + \sum_{\langle i,j\rangle\sigma} t^{ij}_{pd}(d^\dagger_{i\sigma} p_{j\sigma} + \text{h.c.}) + \sum_{\langle i,j\rangle\sigma} t^{ij}_{pp}(p^\dagger_{i\sigma} p_{j\sigma} + \text{h.c.}), \quad (9.1)$$

前两项对角标 i 的求和遍及 Cu 和 O 的点阵位,$\langle i,j\rangle$表示最近邻的成对的点阵位. σ 表示自旋. 原则上说,这个模型包括 3 个能带 5 个电子,更常用的是取 $Cu3d^{10}2O2p^6$ 组态作为 CuO_2 平面对应的希尔伯特(Hilbert)空间的真空. 因此,H^0_{3bd} 常常是按这种空穴观点只有一个 Cu 空穴,这样 $d^\dagger_{i\sigma}$,$d^\dagger_{i\sigma}$ 和 $p^\dagger_{i\sigma}$,$p^\dagger_{i\sigma}$ 分别是在 CuO_2 平面点阵上湮灭和产生 $Cu_3d_{x^2-y^2}$ 和 $O2p_{xy}$ 空穴的算符. 电荷转移能隙 Δ 表示氧和铜的在位能级之差 $\Delta=\varepsilon_p-\varepsilon_d$. 按空穴观点 Δ 是正的. 轨道对称性意味着要在跃迁积分 t^{ij}_{pd},t^{ij}_{pp} 上加上相位因子：

$$\begin{cases} t^{0j}_{pd} = \phi^j t_{pd}, \quad \phi^1 = \phi^2 = -1, \quad \phi^3 = \phi^4 = 1, \\ t^{ij}_{pp} = \psi^{ij} t_{pp}. \quad \psi^{12} = \psi^{34} = -1, \ \psi^{23} = \psi^{41} = 1, \end{cases} \quad (9.2)$$

这里 t^{0j}_{pd} 中的 0 表示在图 9.3 中虚线限定的平板中心的铜,1,2,3,4 是周围的四个氧位. LDA 能带计算与这个紧束缚模型拟合得很成功[9.6,9.7]. 另有更复杂的参数化方案进行拟合,有兴趣的读者可参阅文献[9.1,9.2,9.8,9.9],就不在这里详述了.

9.1.2 三带模型

在(9.1)式中,丢失掉的关键要素是 Cu3d 波函数中隐含的强库仑相互作用[9.10,9.11]. 在高温超导研究初期就有人提出来将未掺杂“母化合物”的绝缘基态与 Mott-Hubbard 绝缘体相联系的方案[9.10]. 这种思路激励出巨大的研究热情,后逐渐集中到研究 Emery 模型上[9.11~9.15]. Emery 模型是一个三带模型,是通常的 Hubbard 模型的三带形式[9.16~9.18].

$$H_{3bd} = H_{3bd}^0 + U_d \sum_i n_{i\uparrow}^d n_{i\downarrow}^d + U_p \sum_i n_{i\uparrow}^p n_{i\downarrow}^p + U_{pd} \sum_{\langle i,j\rangle} n_i^p n_j^d. \tag{9.3}$$

在位置 i 处 $n_{i\sigma}^d = d_{i\sigma}^\dagger d_{i\sigma}$ 和 $n_{i\sigma}^p = p_{i\sigma}^\dagger p_{i\sigma}$ 分别是 Cu3d 和 O2p 空穴密度. σ 表示自旋. $n_i^p = \sum_\sigma n_{i\sigma}^p$, U_d 和 U_p 分别是在位铜和氧的 Hubbard 排斥能，U_{pd} 表示铜氧间的相互作用. 后面将要说明各种谱测量中有利于这个模型的实验证据. 由于 Cu3d 壳（轨道）相对较小的空间分布，在(9.3)式中在位库仑 U_d 是主要项. 在空穴观点中，(9.3)式的 U_d，U_p 和 U_{pd} 描述的是排斥作用. 因此当 U_d 为有限大小时，将抑制 $Cu3d^9 \to 3d^8$ 的涨落，从而减少了 Cu^{3+} 的存在.

三带模型(9.3)式的各种可能的基态，可以根据 Zaanen-Sawatzky-Allen(ZSA) 方案进行分类[9.20]，参见图 9.4[9.19](a)～(c). 这个图是按电子观点显示的，不是按空穴观点，即横轴向右方向能量升高. 对于未掺杂情形，假设 t_{pd}，$t_{pp} \ll \Delta$，并取 $U_p = U_{pd} = 0$，会遇到以下三种情况：

① 当 $U_d = 0$ 时，一个 d 类型的金属就是前面能带论中讨论的对应于 LDA 的情形.

② 当 t_{pp}，$t_{pd} \ll U_d \ll \Delta$ 时，Mott-Hubbard 绝缘体.

③ 当 t_{pp}，$t_{pd} \ll \Delta \ll U_d$ 时，电荷转移绝缘体(charge transfer insulator, CTI).

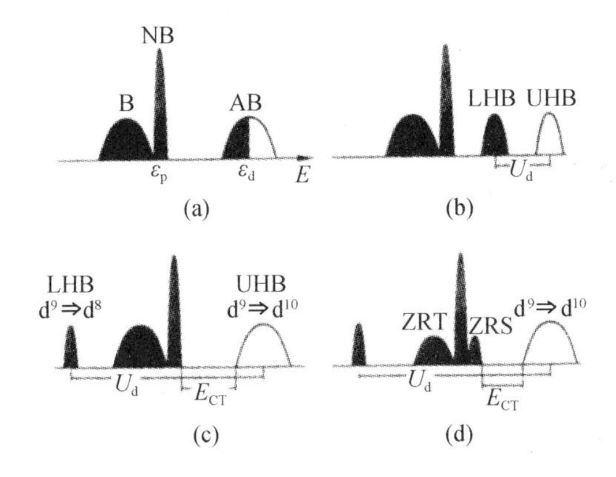

图 9.4　过渡金属化合物单粒子谱的 Zaanen-Sawatzky-Allen 分类示意图. (a) 金属；(b) Mott -Hubbard 绝缘体；(c) 电荷转移绝缘体；(d) 有 Zhang-Rice 单重态——三重态分裂的电荷转移绝缘体，阴影区是占据态. (N)[A]B 为(非)[反]成键态；L(U)HB 为下(上) Hubbard带；ZRS 为单重态；ZRT 为三重态；E_{CT} 为重整化电荷转移隙；E 为能量. 取自文献[9.19]

在第三种情形中，电荷转移隙处于最高填充了的氧态(带)和所谓的上 Hubbard 带 $Cu3d^{10}$ 之间. 后面我们将给出支持铜氧化物是属于电荷转移绝缘体的实验证据. 并且还要对哈密顿(9.3)式的模型参数作较详细的讨论. 在那里会给出一组较适当的参数，它们是 $\Delta = 3.5$ eV，$t_{pd} = 1.3$ eV，$t_{pp} = 0.65$ eV，$U_d = 8.8$ eV，$U_p =$

5.0 eV 和 $U_{pd}=0$.

图 9.5[9.20]中给出了铜氧化物与其他过渡金属化合物在 ZSA 分类方案中参数区域的比较.

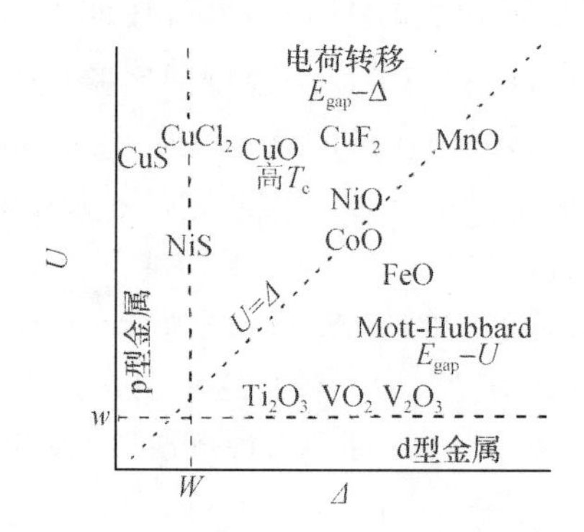

图 9.5 铜氧化物与其他过渡金属化合物按 ZSA 分类进行比较的示意图[9.20]. W 和 w 分别表示裸的 3d 带宽和 2p 带宽, $E_{gap}=E_{CT}$(图 9.4 中的)

未掺杂母化合物的反铁磁性是铜自旋超交换的直接后果[9.21]. 对于每单胞中铜上单空穴及 CTI 情形,可以用幺正变换描述这个超交换. 这个变换是将三带 Hubbard 模型(9.3)映射到二维海森伯模型[9.22,9.14]

$$H = J^{cc}\sum_{\langle i,j\rangle}\left(\boldsymbol{S}_i\cdot\boldsymbol{S}_j-\frac{1}{4}n_i^{\mathrm{d}}n_j^{\mathrm{d}}\right), \tag{9.4}$$

式中 $\boldsymbol{S}_i$ 指铜自旋算符, $\langle i,j\rangle$ 遍及 Cu 位的全部最近邻对, J^{cc} 是交换耦合常数. 至最低的非零阶[9.14,9.22]有

$$J^{cc}=\left(\frac{4t_{\mathrm{pd}}^4}{\Delta^2}\right)\left(\frac{1}{U_{\mathrm{d}}}+\frac{2}{(2\Delta+U_{\mathrm{p}})}\right), \tag{9.5}$$

$J^{cc}\approx 0.15$ eV. 这个值与自旋波刚度测量[9.23,9.24]及双磁波子拉曼散射的结果[9.25~9.28]是符合的.

9.1.3 单带的 Hubbard 模型和 t-J 模型

考虑图 9.4(c)所示 E_{CT} 的情形,当有空穴掺入时,按常规能带论,似乎应形成主要为氧成分的空穴带,阴影部分减少. Zhang-Rice 作的论证[9.29]与此不同. 他们指出,由于 Cu—O 间的共价结合,掺入的空穴与 Cu3d^9 空穴形成单重态,也就是所谓的 Zhang-Rice 单重态(ZRS),结果示于图 9.4(d)中. 第一个空穴态是从氧带分离出来的、处在 CT(电荷转移)隙中的单重态.

对单带 Hubbard 模型(以下简称 Hubbard 模型)最初的热情来自两方面:一是 ZRS 和 Cu3d^{10} 态按单胞独立地简并,二是 ZRS 和 Cu3d^{10} 态被一个电荷隙隔开. 因此它们可以模拟半满有效 Hubbard 模型绝缘态的下 Hubbard 带和上 Hubbard 带：

$$H = -t\sum_{\langle i,j\rangle\sigma}^{nn}(C_{i\sigma}^{\dagger}C_{j\sigma}+\text{h. c.}) - t'\sum_{\langle i,j\rangle\sigma}^{nnn}(C_{i\sigma}^{\dagger}C_{j\sigma}+\text{h. c.}) + U\sum_{i}n_{i\uparrow}n_{i\downarrow}, \tag{9.6}$$

式中 $C_{i\sigma}^{\dagger}$ 是二维有效正方点阵 i 位处自旋为 σ 的费米算符. $n_i = \sum_{\sigma} n_{i\sigma}$, $n_j = \sum_{\sigma} n_{j\sigma}$, $n_{i\sigma} = C_{i\sigma}^{\dagger}C_{i\sigma}$ 是自旋 σ 的密度. Hubbard 排斥 U 的大小必须可比于 CT 隙 Δ,以便能描写铜氧化物中的情况. 除了通常的最近邻跃迁积分 t,还包含了次最近邻跃迁积分 t'. 角标 nn 和 nnn 表示最近邻对和次最近邻对. 将限制密度泛函计算的结果和这个哈密顿(9.6)式对应时,发现应该包含 t' 项. 对于 La_2CuO_4 拟合的参数为[9.31,9.32]：$t=430$ meV, $t'=-70$ meV, $U=5.4$ eV. 对于 $YBa_2Cu_3O_{6+x}$ 的能带结构计算表明,CuO 链态及顶角氧态与平面轨道的杂化有明显的关系. 事实上,实验发现的相对于无相互作用的费米面转动了 45° 与此有关. 拟合的参数为：$t'/t \approx 0.45$, $t=0.48$ eV, t 与三带模型参数的关系为[9.22,9.29,9.32～9.36]

$$t \approx t_{\text{pd}}^2/\Delta.$$

事实上,代入参数有

$$t_{\text{pd}}^2/\Delta \approx (1.3^2/3.5)\,\text{eV} \approx 0.48\,\text{eV},$$

$$U/4t \approx 3.$$

为了定量地讨论 ZRS,考虑图 9.3 中由虚线围成的 CuO_4 平面配置. 与 Cu 耦合的仅是由完全对称性组合了的氧

$$p_{\text{B}\sigma}^{\dagger} = \frac{1}{2}\sum_{i}\phi^{i}p_{i\sigma}^{\dagger}.$$

另外 3 个氧算符是非成键的氧：$p_{\text{NB}\alpha\sigma}^{\dagger}$ 在半满态,假设 Cu 位有自旋向下的空穴. 为了“探测”如图 9.4 所示的占据态,如果在 PES 实验中,需要“产生”一个空穴,比如自旋向上的空穴,这导致了与 Cu 位空穴耦合的 4 个氧态的双空穴问题. 除了纯 Cu 位的双空穴 $|d_{j\uparrow}^{\dagger}d_{j\downarrow}^{\dagger}\rangle$ 和纯 O 位双空穴 $|p_{\text{B}\uparrow}^{\dagger}p_{\text{B}\downarrow}^{\dagger}\rangle$ 外,这有 Cu,O 单重态和三重态的组合：

$$|ST\rangle = (|p_{\text{B}\uparrow}^{\dagger}d_{j\downarrow}^{\dagger}\rangle \pm |d_{j\uparrow}^{\dagger}p_{\text{B}\downarrow}^{\dagger}\rangle)/2.$$

其他两个空穴态是非成键氧类型的,即 $|p_{\text{NB}\alpha\uparrow}^{\dagger}d_{j\downarrow}^{\dagger}\rangle$. 在这个子空间中,将(9.3)式对角化,可以发现,在 CTI 相关的能量区域,双空穴的基态主要是单重态,即 ZRS. 双空穴的第一激发态主要是氧的非成键态. 当取 $t_{\text{pd}} \ll \Delta, U_{\text{d}}, U_{\text{p}}$ 以及 $t_{\text{pp}} = U_{\text{pd}} = 0$ 时,ZRS 与氧非成键态间的能量分裂为

$$E_{\text{ZRS}} - E_{\text{NB}} = -8t_{\text{pd}}^2\left(\frac{1}{U_{\text{p}}+\Delta} + \frac{1}{U_{\text{d}}-\Delta}\right) + \frac{4t_{\text{pd}}^2}{\Delta} + \cdots. \tag{9.7}$$

它量度图 9.4(d)中 ZRS 态与氧价带区域间的距离. 将其他的态略掉,ZRS 态可以看成是一个有效无自旋空穴,在一个无双占据的子空间、二维正方 Cu 格点中运动的态. 这个想法引出了所谓的 t-J 模型. 它可以从(9.6)式中的强关联极限即 $U/t\to\infty$得到(并且取 $t'=0$). 通过正则变换[9.37,9.38],有

$$H_{t-J}=-t\sum_{\langle i,j\rangle\sigma}(\hat{C}_{i\sigma}^{\dagger}\hat{C}_{j\sigma}+\text{h.c.})+J\sum_{\langle i,j\rangle}\left(\boldsymbol{S}_i\cdot\boldsymbol{S}_j-\frac{n_in_j}{4}\right)$$
$$-\frac{t^2}{U}\sum_{\langle i,j,k\rangle\sigma}(\hat{C}_{k\sigma}^{\dagger}n_{j,-\sigma}\hat{C}_{i\sigma}-\hat{C}_{k\sigma}^{\dagger}\hat{C}_{j,-\sigma}^{\dagger}\hat{C}_{j\sigma}\hat{C}_{i\sigma}+\text{h.c.}),\tag{9.8}$$

式中 $\boldsymbol{S}_i$ 是自旋 1/2 算符. 交换耦合常数 J 由 $J=4t^2/U$ 给出. 因为 $t_{\text{pd}}^2/U\ll\Delta$ 以及 $U\approx\Delta$,则 $J\approx4t_{\text{pd}}^4/\Delta^3$,它与(9.5)式取 $U_{\text{d}}\gg\Delta$ 及 $U_{\text{p}}\ll\Delta$ 时是一致的. 三重算符$\langle i,j,k\rangle$表示三格位跃迁项,i,k 是 j 的最近邻. 所谓 Hubbard 算符 $\hat{C}_{i\sigma}^{\dagger}=C_{i\sigma}^{\dagger}(1-n_{i,-\sigma})$,是在不包含双占据的希尔伯特空间中的湮灭(产生)算符. 仅有不多的研究考虑了这种三格位项[9.39]. 大部分工作是略去它们的. 应该注意,三带 Hubbard 模型是经严格的正则变换,而成为单带 Hubbard 模型或 t-J 模型的,但这一工作尚未完成[9.22,9.32,9.30,9.34,9.40~9.43]. 事实上,不同模型的低能物理内涵的等价性问题,仍是存在疑问的. ZRS 态与对应的三重态在布里渊区边界附近有混合,可以使得元激发既有自旋又有电荷. 关于这个问题仍存在着分歧[9.44,9.15]. 也有人断言[9.12,9.14,9.34]在原始三带模型中若忽略 $\text{Cu3d}_{3z^2-r^2}$ 态,在映射为单带时,会出现新的问题[9.34].

9.1.4 自旋费米子模型

因三带 Hubbard 模型与周期安德森模型相似,经由施里弗-沃尔夫(Schrieffer-Wolf)变换,可以有另一个化简哈密顿的方法. 当取 $t_{\text{pd}}/\Delta\ll1$ 极限时,Cu 电荷涨落可以被积分掉,从而得到严格类似近藤(Kondo)哈密顿的模型[9.22,9.45,9.46]:

$$H_{\text{SF}}=\sum_{\langle jj'\rangle\sigma}t^{jj'}C_{j\sigma}^{\dagger}C_{j'\sigma}+\sum_{\langle jj',i\rangle\alpha\beta}J_k^{jj',i}C_{j\alpha}^{\dagger}C_{j'\beta}\,\boldsymbol{\sigma}_{\alpha\beta}\cdot\boldsymbol{S}_i$$
$$+J_{\text{H}}\sum_{\langle ii'\rangle}\boldsymbol{S}_i\cdot\boldsymbol{S}_{i'},\tag{9.9}$$

式中 i(或 j)表示 Cu(或 O)位. $C_{j\sigma}$(或 $C_{j\sigma}^{\dagger}$)是氧空穴湮灭(或产生)算符. $\boldsymbol{\sigma}_{\alpha\beta}$是泡利矩阵. $\boldsymbol{S}_i$ 表示 Cu 自旋算符. (9.9)式的动能部分既包含裸的直接氧间跃迁也包含一些有效的跃迁过程. 式中第二项描写一个非局域的近藤耦合. 这个耦合导致一种散射,即 Cu 位近邻氧空穴的自旋反转散射. 最后一项是 Cu 自旋的海森伯哈密顿量. 这个铜氧化物的自旋费米子模型与重费米子系统中的类似模型很不相同. 在那里,与铜氧化物中的氧带相对应的导带是半满的. 而在铜氧化物超导体中这个带的填充正比于掺杂浓度. 除了这个差别,近藤单重态与 ZRS 也有很大的相似性.

9.2　多带模型的关联参数

因为进入描述铜氧化物模型中的参数大都直接与电子谱有关.虽然人们选用的模型都是较简单的,但与数据的拟合却是不容易的.模型越复杂,提取可信的参数越困难.依据不同的理论,采用不同的方法,会给出不同的结果.表 9.1 对几种有代表性的方法及其结果,作一个小结,概述获得的模型参数似乎是必要的.

表 9.1　CuO_2 平面 Cu 和 O 轨道的模型参数　　(单位:eV)

参数	Constr.-LDA[9.51]	Constr.-LDA[9.30]	Lanczos[9.24]	Lanczos[9.52]	QMC[9.56]
ε_{p_σ}	0.00	0.00	0.00	0.00	0.00
ε_{p_π}	−1.21				
ε_{a_z}	−1.46				
$\varepsilon_{d_{3z^2-r^2}}$	−2.87				
$\varepsilon_{d_{x^2-y^2}}$	−3.51	−3.60	−3.5(−3.75−…−2.75)	−3.255	−5.68
$t_{d_{x^2-y^2},p_\sigma}$	1.47	1.30	1.30	0.066	1.42
$t_{d_{3z^2-r^2},p_\sigma}$	0.50		0.75		
$t_{d_{xy,xz,yz},p_\sigma}$			0.70		
$t_{d_{3z^2-r^2},a_z}$	0.82				
t_{p_σ,p_σ}	0.61	0.65	$t_{pp}\approx 0.65$	$t_{pp}\approx 0.395$	0.00
t_{p_σ,p_π}	0.39		$t_{pp}=(pp\pi-pp\sigma)/2$	$t_{pp}=(pp\pi-pp\sigma)/2$	
t_{p_σ,a_z}	0.33				
t_{p_π,p_π}	0.29				
$t^{(2)}_{p_\sigma,p_\sigma}$	0.05				
$t^{(2)}_{p_\pi,p_\pi}$	0.02				
$U_{d_{x^2-y^2}}$	8.96	10.5	$8.80=A+4B+3C$	8.5	8.52
$U_{d_{3z^2-r^2}}$			Racah $A=6.5$		
			$B=0.05$		
			$C=0.58$		
$U_{d_{x^2-y^2},d_{3z^2-r^2}}$	6.58		$6.48=A+C-4B$		
U_{p_σ}	4.19	4.00	$\approx 6.0=F_0+0.16F_2$	4.1	0.00
U_{p_x}			斯莱特(Slater)$F_0=5.0$		
			$F_2=6.0$		

(续表)

参数	Constr.-LDA[9.51]	Constr.-LDA[9.30]	Lanczos[9.24]	Lanczos[9.52]	QMC[9.56]
$\overline{U}_{p_\sigma,p_\pi}$	$2.54U_{a_z}$	3.67			
$U_{p,d}$	0.52	1.20	0.0(<1.0)		0(<0.5)
$U_{a,d}$	0.18				
$K_{d_{x^2-y^2},d_{3z^2-r^2}}$	1.19		$1.18=C+4B$		
K_{p_σ,p_π}	0.83				
$K_{p_\sigma,d_{x^2-y^2}}$		−0.18			
$K^{(1)}_{p_\sigma,p_\sigma}$		−0.04			

9.2.1 第一性原理限制密度泛函方法[9.30,9.48~9.51]

在这个方法中,人们通过明显地限制特殊轨道的占据数来处理关联效应.将计算的等能面和单粒子激发能谱与模型哈密顿量比较,从而得到跃迁积分和相互作用参数.表 9.1 中第 2 列和第 3 列就是取自这类方法.第 2 列列出的参数,是对 La_2CuO_4 用八带 Hubbard 模型作限制组态相互作用的计算而得到的.在这个计算中,包含了 $d_{x^2-y^2}$,$d_{3z^2-r^2}$,2 个 p_σ,2 个 p_π,2 个 a_z 轨道.a_z 表示顶角氧轨道,它们形成有 $Cud_{3z^2-r^2}$ 特征的 σ 轨道.这列中各矩阵元符号表示的意义是明白的.$t^{(2)}$ 项的下脚标是表示与第二近邻间的跃迁积分.$\overline{U}(i\alpha,i\beta)$ 和 $K(i\alpha,i\beta)$ 分别表示在位的(on site)不同轨道间($\alpha\neq\beta$)的直接参数和交换参数.在单重态和三重态中,它们与空穴排斥相关,关系式为

$$\overline{U}^{s=0}(i\alpha,i\beta)=U(i\alpha,i\beta)+K(i\alpha,i\beta),$$

和

$$\overline{U}^{s=1}(i\alpha,i\beta)=-U(i\alpha,i\beta)-K(i\alpha,i\beta).$$

在这个轨道集合中,位内(intra site)库仑排斥与参数 $\overline{U}(i\alpha,i\beta)$,$K(i\alpha,i\beta)$ 相关,关系式为

$$U(i\alpha)=U(i\beta)=\overline{U}(i\alpha,i\beta)+2K(i\alpha,i\beta).$$

第 3 列给出的限制 LDA 参数用的是标准三带模型.但包含了 2 个额外的最近邻交换积分 $K_{p_\sigma,d_{x^2-y^2}}$ 和 $K^{(1)}_{p_\sigma,p_\sigma}$.然而,从表中看出,它们的贡献较小.

9.2.2 单粒子谱及其拟合方法

第二种获取模型参数的方法是将哈密顿的精确单粒子谱与电子谱的数据作比较[9.47,9.24,9.52].单粒子谱是在小团簇上使用 Lanczos 算法[9.53,9.54]得到的.表 9.1 第 4 列给出了两类团簇 Cu_2O_7 和 Cu_2O_8 的结果[9.47].计入了铜位上完全的 d^8 交换多重态.在 D_{4h} 对称情形,这个对称破缺进入单态和 3 个三重态的不可约表示.全部有

关的铜在位相互作用可以表示为 3 个 Racar 参数 A,B,C. 氧位库仑和交换作用可以表示为斯莱特(Slater)积分 F_0,F_1. 最近邻 Cu3d-O2p 杂化矩阵元表示成斯莱特-克斯特(Slater-Koster)参数[9.55] $pp\pi$ 和 $pp\sigma$. 与上述研究不同,第 5 列的谱数据使用了简单的三带 Hubbard 模型,仅仅包含平面 $d_{x^2-y^2}$ 和两个 p_σ 轨道,并取 $U_{pd}=0$. 由于基函数较少,可以计算较大的团簇 Cu_4O_{13}.

9.2.3　量子蒙特卡罗方法

第三种方法主要是用量子蒙特卡罗(quantum Monte Carlo,QMC)方法,在较大团簇上利用三带模型给出的结果[9.56—9.59]. 团簇可以大到有 10×10 个单胞. 对于 PES,BIS,ARPES,ARIPES 谱及局域磁矩 $\langle S_z^2 \rangle$ 的分析,得出的一组数据列于表 9.1 第 6 列中,计算时假设了 $t_{pp}=U_p=U_{pd}=0$.

9.3　反铁磁绝缘体 La_2CuO_4

相图(参见图 4.1)中 AF 区反铁磁奈耳温度 T_N 线的最大值,表明 La_2CuO_4 在 $T_N\approx 300$ K 附近出现 3D 长程反铁磁有序,Vaknin[9.60] 在高温超导铜氧化物刚刚发现不久,利用中子粉末衍射观测到了磁有序. 倒格子空间的 3D 特征峰(100),(011),(120),(031)的出现及认真的模拟拟合,给出了如图 9.6[9.61] 所示的磁结构图. 图中给出的点阵常数 $a=0.5339$ nm, $b=1.3100$ nm, $c=0.5422$ nm, 其中 a,c 表示 CuO_2 层内的晶格周期性. 近邻自旋反铁磁排列,构成 3D 的长程序,自旋指向与 c 平行或反平行. Cu 自旋矩的大小定量给出 $\mu=(0.48\pm0.15)\mu_B$(在 11 K 时),

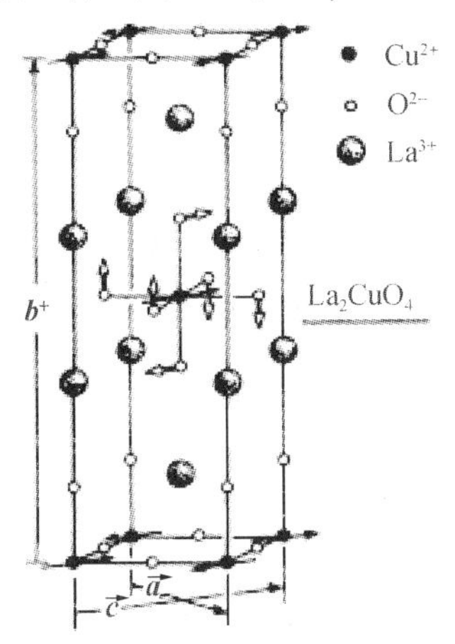

图 9.6　La_2CuO_4 的晶体结构和磁结构,氧上的箭头表示在正交相中的转动方向. 取自文献[9.61]图 1

与自旋 1/2 的自由 Cu^{2+} 离子的自旋矩估值 1.14 μ_B 相距甚远.观测到的值较低,很可能来自于量子零点振动,因为用 $s=1/2$ 的 2D 最近邻海森伯模型,计入量子零点振动,即可将数值从 1.14 减少至 0.68. 至于 0.68 与 0.48 之差,有人认为是 Cu 与 O 的共价效应,尚未有认真的计算.

图 9.6 示出的磁结构,是在四方-正交(T-O)相变的基础上出现的,它伴随着 CuO 八面体的转动,这一相变已使单胞扩大了一倍,与磁单胞完全重合.理论上为突出磁结构,在 CuO_2 二维平面内,常用(三维)磁有序出现前的四方格子表示.与磁有序出现相伴的磁单胞扩大,用倒易空间出现附加峰来表示.图 9.7[9.62] 给出了实空间及倒易空间这种变化.图 9.8[9.61] 给出的是 3D 结构的 2D 投影图.实圆表示原有的核散射峰,空圈表示正交结构的超晶格峰,三角形表示的是磁散射峰,其中实三角表示的是沿自旋 s 方向相关的峰,空三角表示的是垂直于自旋 s 所在平面的相关峰.

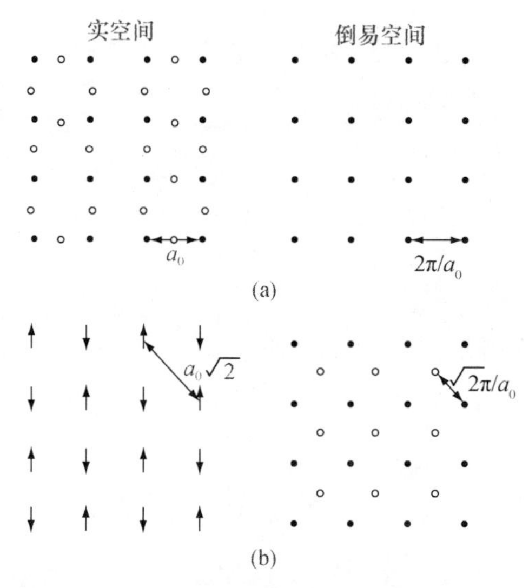

图 9.7 (a) 高温超导材料中 CuO_2 平面的实空间和倒易空间点阵及其相互关系;(b) 磁有序在实空间和倒易空间的效应, $a_0=a/\sqrt{2}$. 取自文献[9.62]

图 9.6 的磁结构图只是粗略的,并不是真实的,细说还应包含有倾斜成角效应[9.63].这是在磁场诱导的磁转变现象中证实的.倾斜成角是指在 $T<T_N$ 时,在图 9.6 的磁结构图的基础上,还存在一个垂直于 CuO_2 的铁磁矩分量,对于每个铜离子为 $(2.1\pm0.2)\times10^{-3}$ μ_B. 在同一个 CuO_2 层中的各个 Cu 的自旋有相同的倾斜成角矩,不同的 CuO_2 层的倾斜成角取向是无序的.在图 9.6 的磁结构图中只需把每一 CuO_2 层的自旋取向,都附加一个相同的垂直于 CuO_2 面的铁磁小分量即可.当外加强磁场时(例如沿 b 方向施加 5 T 的磁场),倾斜成角取向变为有序的,即每一个

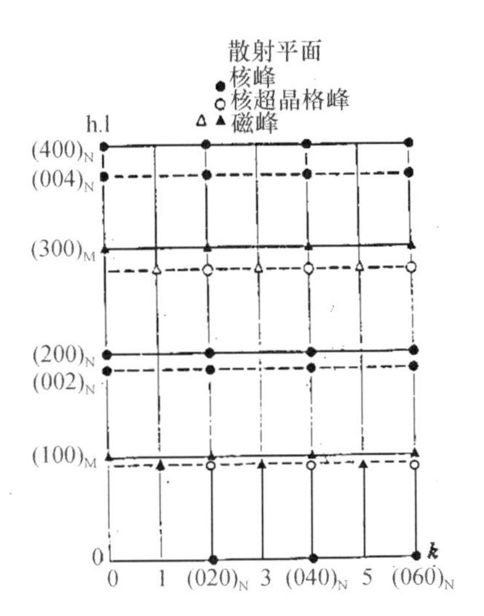

图 9.8　La_2CuO_4 倒易 $a^*(c^*)$-b^* 平面，叠加上正交相孪晶结构. 空圈和实圆分别表示核的反射和核的超晶格的反射. 空三角和实三角分别表示沿反铁磁调制方向和自旋方向的磁反射. 取自文献[9.61]图 7

CuO_2 层的铁磁分量均沿 b 轴方向. 图 9.6 中的体心原子(Cu 离子)的自旋从平行于 c 轴，变为反平行于 c 轴.

上述的复杂结构，已被 T. Thio 用修正了的海森伯模型，即加入各向异性作用项的海森伯模型[9.64,9.65]，给予了定量的说明，并给出了交换作用 J 的各个分量数值. 它们采用的哈密顿量形式是

$$H=\sum_{\langle i,i+\delta\rangle}\boldsymbol{S}_i\cdot\boldsymbol{J}_{nn}\cdot\boldsymbol{S}_{i+\delta},\tag{9.10}$$

$$\begin{cases}\boldsymbol{J}_{nn}=\begin{bmatrix}J^{aa}&0&0\\0&J^{bb}&J^{bc}\\0&-J^{bc}&J^{cc}\end{bmatrix},\\|J^{aa}|>|J^{cc}|>|J^{bb}|,\\J^{bc}\approx J^{nn}\varphi_0,\end{cases}\tag{9.11}$$

式中 φ_0 表示近邻位上晶场分裂能级间的交叠. 将上式展开后包含着反对称交换项，

$$J^{bc}(\boldsymbol{S}_i^b\boldsymbol{S}_{i+\delta}^c-\boldsymbol{S}_i^c\boldsymbol{S}_{i+\delta}^b),$$

它导致每层内自旋均匀倾斜，倾斜角 $\theta=J^{bc}/2J^{nn}$，这里

$$J^{nn}=(1/3)(J^{aa}+J^{bb}+J^{cc}),$$

哈密顿量中的〈・〉表示只考虑最近邻的求和，i 和 $i+\delta$ 表示格点及其最近邻. J^{cc}-J^{aa} 反映 CuO_2 层内的不对称，它是个小量，它与 J^{bc} 的共同作用使得自旋不再平行于 c 轴，而是在垂直于 CuO_2 面方向，有偏离 c 方向一个小的分量. 相邻 CuO_2 层的

铁磁矩是沿垂直 CuO_2 面方向反铁磁排列的. 在外场作用下可以出现反铁磁向弱铁磁的转变,成为沿此方向的宏观弱铁磁体. 当场能与层间交换能相等时,将出现转变.

根据较详细的平均场理论,他们也能计算很宽范围的磁性质,包括 NS,χ 等. 从这个计算及相关实验中获得的参数值如下:

$$\begin{cases} J^{mn} = 116\,\text{meV}, \quad J^{bc} = 0.55\,\text{meV}, \\ J^{cc} - J^{aa} = 0.004\,\text{meV}, \quad J_{\perp} = 0.002\,\text{meV}, \end{cases} \tag{9.12}$$

式中 $J_{\perp}$ 表示层间反铁磁耦合强度,是从反铁磁向弱铁磁转变的磁场值得到的. 这里我们得到了一个重要的关系式:CuO_2层内交换作用的主值 $J=J^{mn}$、层间反铁磁耦合 $J_{\perp}$ 与 3D 反铁磁温度 T_N(300 K,28 meV)有如下关系:

$$J^{mn} \gg k_B T_N \gg J_{\perp}. \tag{9.13}$$

实验观测到的 3D 反铁磁长程序,即在 $T \approx T_N$附近的情形,与通常的各向同性反铁磁体的情形不同. 后者中,T_N就表示反铁磁耦合强度,当 $T > T_N$ 时体系处在顺磁态,当 $T \leqslant T_N$ 时出现 3D 反铁磁长程序. 它们是各向同性的,面内耦合与面间耦合是相等的. 在 La_2CuO_4 中发生的情况就不同了,3D 反铁磁的出现是在 2D 反铁磁已具有相当规模的条件下,具体地说是 CuO_2 层内短程关联长度已达 20~30 nm 的量级,层间的弱耦合(小 5 个量级!)就实现了 3D 的长程反铁磁序. 早期对于自旋磁化率曲线 χ 的迷惑与误解,就是由于未了解这个 2D→3D 跨越的特性造成的,这个问题由后来的中子散射等实验及严谨的 2D 海森伯模型理论分析给予了圆满的解决. 这一工作使人们坚信:$T=0$ 时,$s=1/2$ 的 2D 量子海森伯反铁磁有自旋长程有序存在. 虽然至今尚无严格的解析证明.

图 9.9[9.61]示出的体(静)磁化率的温度变化情形,已扣除了芯的贡献等因素,可以认为是反映自旋磁化率的贡献. 在 240 K 的峰对应着该样品的 T_N, $T < T_N$ 时

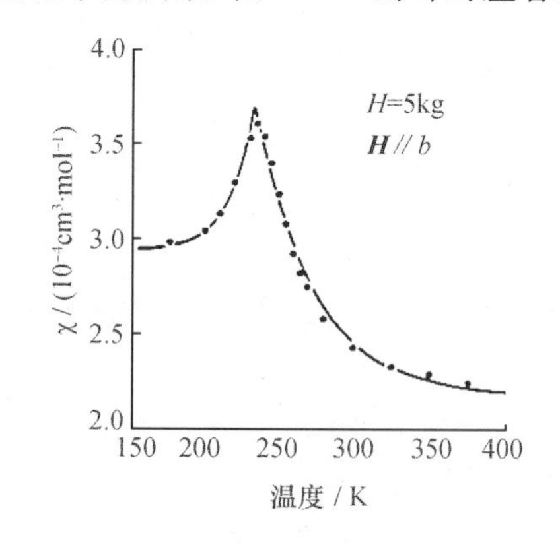

图 9.9 La_2CuO_4 单晶体磁化率与温度的关系(扣除了芯的贡献),实线是理论拟合线. 取自文献[9.61]图 6

是3D反铁磁序.这曲线不具备各向同性海森柏反铁磁的一般特征.如前所述,必须引入各向异性D-M(Dzyaloshinskii-Moriya)项,才能给出较好的拟合.严格地说要从体磁化率χ_{bulk}获得自旋的贡献χ_{spin},需要扣除许多贡献

$$\chi_{bulk} = \chi_{spin} + \chi_{core} + \chi_{VanVleck} + \chi_{Landaudiamag} + \chi_{impur}, \tag{9.14}$$

式中χ_{impur}是样品中磁性离子(杂质)的贡献,主要是稀土离子,服从居里-外斯定律,容易将此项扣除;χ_{core}是来自闭壳离子的拉莫(Larmer)抗磁(如La^{3+}离子、氧O^{2-}离子及Cu^{2+}离子的闭壳层|Ar|的贡献);至于$\chi_{VanVleck}$项,除非有近基态的激发能级存在,通常是二级小项,小几个量级;χ_{spin}及$\chi_{Landaudiamag}$均来源于非闭壳的阶电子及导电子.计算表明,Landau抗磁磁化率为泡利(Pauli)顺磁磁化率的1/6左右,是个小量.再考虑到过渡金属元素的轨道淬灭,非闭壳的外层部分的贡献主要来自于自旋,因而可以从体磁化率χ_{bulk}中提取出χ_{spin}这一主要贡献.因为需要扣除的贡献项较多,难免引入较大的误差,定量的特征往往不能作为主要的依据.定性的特征仍然能给出重要的信息,如上述的3D反铁磁尖峰,以及掺杂成为金属后的非费米液体行为,$\chi(T)$不再如费米液体理论预言的那样保持为常数,而是随温度下降而下降,这是向费米液体理论的重要挑战之一.

关于磁有序及自旋涨落的重要信息主要来自中子散射.直到20世纪90年代制备出高质量大单晶后,中子散射才为我们提供了大量的可靠的信息.第四章已经对中子散射作了简单的介绍,有了上述简单的理论准备之后,可以得出中子散射的强度或者横截面,可以给出静态的以及动力学的磁化率$\chi''(\boldsymbol{q},\omega)$的信息.这个磁化率的虚部常包含在大多数理论以及许多导出量之中.微观理论给出的$\chi''(\boldsymbol{q},\omega)$表达式可以与中子散射的结果进行比较,以检验理论模型的正确性.半经验的理论,如Varma的猜想,设想出$\chi''(\boldsymbol{q},\omega)$的形式,并据此已经推演出关联金属的大部分反常行为,他的猜想可由实验来检验.总之,$\chi''(\boldsymbol{q},\omega)$成为理论与实验的主要桥梁,因而从中子散射实验上令人信服地获取信息是至关重要的.La_2CuO_4高质量大单晶的中子散射结果,清楚地告诉了我们许多十分重要的信息,例如3D静态反铁磁有序、2D的短程自旋动力学关联、非弹性的动力学响应的公度性、峰宽给出的关联长度随温度的变化与$s=1/2$二维QHAF的理论结果惊人的相符以及近来观察到的自旋隙等.

9.4 非常规费米液体行为的分析研究

在高温超导铜氧化物实验发现的激励下,近年来人们沿着不同的方向精心地研究多体物理学.在研究多电子系统的物理性质时,常规多体方法的失效是由于电

子间的相互作用特别强,达到了传导电子带宽的量级甚至更大.在20世纪50年代,苏联科学家朗道提出的费米液体理论,是对相互作用电子系统的一个唯象学描述.朗道-费米液体理论使人们能够理解在真实金属中的元激发为什么可以在弱相互作用电子气体图像的框架中被较好地描写.多体理论以及朗道-费米液体理论受到限制的最明显的例子出现在过渡金属氧化物系统中.在那里能带是窄能带,电子间的相互作用强.这些材料的物性不能用常规的朗道费米液体理论来描述,包括绝缘性、磁性甚至金属相等.这些限制的存在是采用Hubbard模型进行研究的主要原因.Hubbard模型取用了一个简单的强相互作用哈密顿量.目前对Hubbard模型的完全严格解,当超出一维情形时,仍是非常困难的.往往需要配合数值计算.其他非朗道费米液体的例子还有准一维和二维有机或无机金属导体、近金属-绝缘转变的掺杂半导体,以及金属稀土和Ac系重费米子化合物.

朗道费米液体理论的要点可概括为以下几点:

① 存在着无相互作用系统的单粒子激发和相互作用系统的准粒子激发之间的一一对应.

② 存在着由一组朗道参数定义的准粒子间的剩余相互作用.这个仅存的也就是最重要的相互作用是向前散射的零动量转移相互作用.

③ 动量分布有一个不连续性,这个不连续性的数量用Z表示,并由它定义费米面.Z函数度量准粒子的谱权重.激发特征频率可以被分成两部分.一部分是无相互作用单粒子激发的残留部分,它的权重是Z,在频率分布中是一个峰,中心位于用有效质量表征的准粒子能量处.另一部分是非相干部分,其权重是$1-Z$,分布在一个很宽的频率区域上.用准粒子峰的宽度来量度准粒子的寿命(倒数关系).当接近费米面时,峰宽度趋向于零,准粒子寿命趋向于无穷大.可以说,费米液体描述了相互作用系统中低能单粒子激发以及低能的集体模式.

与之相关的是,费米液体的存在意味着有费米面的存在.反之,就不一定正确.因为在动量空间中的一个面上某些可观测性质的不连续性并不意味着费米液体的存在.费米液体的全部性质都已在^{3}He的正常态中观测到了,在那里朗道参数已由实验完全确定下来.许多简单金属也表现出费米液体样的行为.

在模型系统中向朗道费米液体理论提出挑战的是一维系统.准一维金属有机或无机导体是一维模型的原型.在一维情形中,任意强度的相互作用都使费米液体理论失效.明显的非零动量转移导致准粒子的湮灭($Z=0$),人们发现低能元激发是集体的玻色电荷和自旋的涨落,而不是离散的准粒子.一维的特殊行为归因于一维相空间中费米面的离散结构,即一维费米面由两个点组成.费米面的这种离散结构,引入了一个附加的守恒率(我们不在这里详谈),从而导致了自旋和电荷激发的去耦合,这就是被称为"自旋电荷分离"的概念及其根源. 它是一维电子气的特性.

它的含义是令人吃惊的：如果人们在基态中将一个额外的粒子(电荷为1，自旋为1/2)放到某一位置上，电荷和自旋密度将以不同的速度移动.经过一段时间后，它们分别处于不同的位置.在这种情形下，人们无法得到 $Z\neq 0$ 的准粒子.所谓Luttinger液体是作为费米液体的一维相似物或对立物而引入的.因为目前文献中这个名词频繁的出现，这里有必要列出它的基本属性以供参考.

Luttinger 液体是具有有限压缩率和有限德鲁得权重的一个金属相，它还有如下特性：

① 自旋电荷分离；

② 连续的动量分布，在费米面处的奇异性可表示为 $\mathrm{sgn}(k-k_{\mathrm{F}})|k-k_{\mathrm{F}}|^{\alpha}$；

③ 态密度具有相似的奇异性 $N(\omega)\propto\omega^{\alpha}$；

④ 集体玻色电荷和自旋密度模式的电荷和自旋密度响应；

⑤ 响应函数中的幂率奇异性.

高温超导铜氧化物正常态的金属性质在许多方面不是朗道费米液体样的.这个情况使得 P. W. Anderson 认为二维强关联电子系统行为像 Luttinger 液体.这就是说：不存在电子样的准粒子($Z=0$)，并且电荷和自旋分离而成为自旋子和空穴子元激发.二维体系中朗道费米液体理论失效，应该包含某种奇异的相互作用.虽然 Anderson 给出了定性的论证，但仍缺乏像一维情形那样完全的严格证明.这需要某种非微扰数学方法.尽管如此，Anderson 的理论引伸出的正常态行为，在许多方面是与实验一致的.这个理论急切需要实验的支持，特别是有关两种分离的元激发存在的直接证据.

从唯象学角度研究正常态反常的、以二维"边缘(marginal)"概念为基础的所谓边缘费米液体理论，近期的进展值得重视.它的基本假设是用温度取代费米能作为低能的能量标度，由此而出现低能自旋和电荷涨落的增强态密度.并且当与单粒子激发相耦合时，单粒子激发整体地变成为在费米面处是"非相干"的.由此，$Z\to 0$ 这一点就足以导出大部分正常态反常行为.理论在整个温区均成立，包括零温($T=0$).不存在一个向朗道费米液体理论过渡的转变温度.针对这个唯象学的边缘，费米液体理论近期关于其微观本源及超导理论的研究进展是值得重视的.

除了密切相关于超导的"非费米液体理论"，还有一些并不主要是着眼于超导的，至少目前尚未达到这一阶段的研究，它们是：微扰重整化群方法、扩展的杂质近藤问题、规范理论、半满朗道能级问题的研究等等.我们不能在这里一一详述，但都是值得我们关注的.比如，多沟道近藤模型，最简单的情形是自旋 1/2 的杂质耦合两个轨道沟道俘获两个电子，具有净磁矩 $\Psi'=-1/2$.这样就有了一个 Ψ' 间的弱反铁磁近藤耦合和费米海.由于其不稳定性，可以出现非费米液体行为，因为它的局域性质不是费米液体样的，也出现了自旋-电荷分离.有人在这个框架下，探察其是否能成为边缘费米液体唯象低能标度的本源.这个研究还开辟了将单杂质近藤问题与近藤点阵模型的求解问题相联系的可能性,并进而将杂质模型与扩展的Hubbard模型结合去探察高温超导铜氧化物.这个理论的不稳定的不动点(临界点)问题仍是一个有待于解决的问题.

坚持常规费米液体理论观点的一派,认为尽管高温超导体正常态有许多反常性质,但是它们只是"定量的"偏离而不是定性的偏离了朗道费米液体理论.或者说,基态仍是朗道费米液体态.他们认为是相似于重费米子金属,这种强关联体系具有费米液体基态,尽管其电子有效质量很大、质量重整化因子很小,$Z=m/m^*$约为$10^{-3}\sim10^{-2}$.该系统存在一个特征相干温度T_{coh}约为1K～10K,在$T<T_{coh}$的低温范围,系统性质呈现费米液体行为;而在高于T_{coh}的温区,系统表现出非费米液体的反常行为.他们强调的是高温超导铜氧化物的一些反常性质,在重费米子金属中也存在且十分相似,如电阻率的线性温度行为、霍尔系数随温度的反常变化和NMR中自旋点阵弛豫的非科林加行为等.因而他们认为高温超导铜氧化物可看做一个类似于重费米子金属的强关联体系,其特征转变温度T_{coh}比重费米子体系中要高两个数量级.由于在高温超导铜氧化物中尚未观察到T_{coh}的存在,因而他们仍需假设$T_{coh}<T_c$(超导转变温度),即表现正常费米液体行为的温度区域完全被超导相覆盖了.属于这一派的最著名的是反铁磁费米液体理论,虽然是唯象的理论.它们主要考虑与磁不稳定性相关的反铁磁自旋涨落.它是针对NMR实验而建立的,目前仍在完善之中.属于这类的还有局域费米液体理论、蜂巢状费米液体理论等.

总之,为了研究非费米液体行为,一些超出传统微扰论和平均场的方法正在研发中.从实验方面说,许多系统是密切相关的,包括在研究量子霍尔效应使用的半导体异质"器件"、金属稀土或锕系重费米子化合物以及许多无机和有机的准一维和二维金属系统,将它们对照甚至综合在一起进行考察,一定会使人们站得更高,认识得更深入.

9.5 小　结

目前尚没有一个公认的成熟的高温超导理论.但是,以高温超导机制为目标,一并研究正常态反常行为的各种各样的理论在不断发展,提出了许多有启发性的想法.其他学科的科学家也以极大的热情转入高温超导领域,这种学科交叉给高温超导学科注入了新的血液.超导配对机制的核心问题是找到一个适当的中间媒介,在一定条件下,使强关联多电子系统的准粒子之间出现有效的吸引力,配对状态在能量上比"单个"状态有利.因为各种模型均在不同程度上得到了与某些实验符合的结果,说明其中有可能包含了正确的内容.各个模型也在不同程度上存在着不尽如人意之处,有待于进一步发展.理论与实验的关系是实验决定理论,理论又指导实验的相互依存的关系.具体地说,实验的进一步发展不仅由于提高精度而获得更精确的结果,同时在理论的指导下有时还要不断的修正某些错误的结论,或者认识到各种测试手段的内在局限性,从而发展新的实验技术.高温超导物理研究短短的十年历史,就是在理论-实验的密切相互影响中前进着的.理论工作者应密切注视实验的进展,反之实验工作者也应了解理论的进展.只有这样才能使各自的工作立足于物理的前沿.理论与实验脱节仍是当前国内高温超导研究中一个应注意解决的弊端.下面介绍一些机制模型的物理概念,尽量避免过多的数学推导.

高 T_c 超导电性发现后,人们很自然会问,它与原来人们对液氦温区超导电性的理解本质上是否是一样的?超导电性是1911年发现的,直到20世纪50年代后期,才对这一现象的物理本质有了一个完整的、满意的认识.超导电性是一种宏观量子现象,它表明这时存在着多粒子系统的凝聚状态的波函数,这个波函数有振幅和相位,在宏观尺度上能保持相位的相干性.用杨振宁提出的术语,这是一种非对角长程有序现象.一定意义上,它很类似于(但不等同于)液氦的超流动性.配对的电子一定意义上扮演着玻色子的角色.引起电子配对和凝聚的微观相互作用是电子间通过交换声子引起的吸引作用.十年来对高温超导电性的研究表明,它仍然是和液氦温区的超导电性一样,是一种长程有序现象,是配对电子的凝聚.持续电流的实验,表明它的电阻率至少小于 $10^{-22}\Omega\cdot cm$,证明了在一定意义下的零电阻.直流迈斯纳效应证明了它是一个体积效应,存在着一定意义下的完全抗磁性.约瑟夫森效应、磁通量子化效应、等量子相干效应等表明它是一种宏观量子现象,并且是电子配对.这些对理解高温超导电性的本质是非常重要的.现在的问题是什么样的微观机制导致电子配对和凝聚?为什么 T_c 这样高?目前,还没有一个令人满意的回答.为了寻找满意的回答,有一些重要的实验事实或问题是应该面对的.它们是:

① 高温超导铜氧化物是一个强关联的电子体系.

② 有费米面存在,测量的态密度谱中有陡峭的边界.

③ 组分和结构有决定性意义吗?目前研究最多的是高温超导铜氧化物,发展的理论模型很多是针对 CuO_2 平面的,但它讨论的主要是强关联导致的磁有序背景中一定数目的载流子的行为,可能具有普遍意义.但是,CuO_2 双层甚至多层对高 T_c 是否有决定性意义?这个问题有待探察.

④ 氧位的载流子要有适当的浓度,过多或过少对超导都不利.

⑤ 有严重的各向异性,超导电性是三维的性质,一定要考虑层间耦合.最小的单元至少是包含双层 CuO_2 的完整单胞层.

⑥ 对高 T_c 超导体来说,电子-声子机制可能不是主要的中介,一定要考虑电

子-电子的某种中介.

⑦ 要在正常态反常的电子态基础上建立超导理论.因为正常态的反常中包含着电子体系特殊的相互作用机制,对超导相的出现是本征性的.

理论研究可以概括为三种类型:

① 第一性原理的电子结构计算研究.用局域密度泛函为基础的电子结构计算获得了与实验符合的费米面,包括体积和形状.这一成果鼓舞了人们的信心.在这个基础上有人进一步考虑强关联修正,例如加入梯度项或大 U 项进行修正,并研究其自洽迭代方案.鞍点、蜂巢状、费米面几何与反常物性的联系等,也都是正在研究和值得深入研究的问题.

② 模型哈密顿量(以 Hubbard 模型及其变种为主)的严格解及数值研究.例如:排斥型 Hubbard 中的吸引力及基态长程有序、二维 Luttinger 问题及费米液体向非费米液体(non-FL)行为的过渡等问题的研究.

③ 高温超导机制模型的定性和半定量研究.这种研究包括各种微观机制模型以及一些唯象模型的研究.我们仅介绍一些有代表性的模型.所谓代表性包含两重含义:第一,这个模型能解释正常态和超导态中大多数的重要反常行为,而不是只解释一二个反常行为.第二,还要在国际上受到重视,重要的大实验室正在试图判定它们的正确与否,或被同行们引用讨论较多.我们在这里将按照它是微观的还是唯象的;是基于常规费米液体理论的还是基于非常规费米液体理论的;是倾向于 BCS 的 s 波配对的还是非 BCS 的 d 波配对的等类型,选出一二个代表加以简介.

9.5.1 局域密度泛函能带计算

在高温超导体刚刚发现不久,许多研究组计算了 La_2CuO_4 及 $YBa_2Cu_3O_7$ 的能带结构,给出了以 Cu—O 键为主要特征的准二维能带.虽然这些较早期的结果被后来收敛得更好的结果所改进,但是它们对人们认识高温超导体电子结构的特点、推动 2D 强关联模型研究的发展起到了很大作用.当时的侧重点是为了粗略地阐明整体成键性质,并不企图精确预言费米面的几何.随着研究的逐步深入,费米面问题处在了一个十分重要的理论位置,成为了判定理论方案优劣的一个重要试金石.角分辨光电子谱实验对费米面的精确绘制,不断地提供出更丰富的信息,从而要求更精确地计算费米面的形状、色散、鞍点等诸多方面.这就对计算的可靠性、精度提出了更高的要求,同时也进一步暴露了局域密度泛函(local density functional, LDF)能带理论的局限性.这就要求面对强关联问题的挑战,发展包含强库仑关联的修正理论.以局域密度泛函为基础的所谓"第一性原理"的能带理论,尽管在某些方面给出了定性的甚至定量的描述,但在有些方面与实验仍存在着较大的差距.人们普遍认为这是由于不能或未能包含有效的强关联所致.这个在过渡金属氧化物中已困扰人们很久的问题，在高温超导中又突显出来. 强关联模型哈密顿，如 Hubbard 类型，在磁性、1D 维问题上的成功，使得扩展它们用以研究反铁磁-超导共存的二维 Cu—O 平面系统是顺理成章的. 模型中包含的 U(库仑排斥能)，t(位间转移能)，Δ(电荷转移能)等参数，可以用第一性原理的限制密度泛函等方法进行计算. 计算有效的强关联参量的关键是通过适当的方式施加限制，以便得到较为局域化的轨道. 这些计算参量对于分析实验数据、判定在模型中参数的取舍等是有意义的. 不同的近似方法给出了大致相近的结果. 表 3.1 列出的结果仅供参考.

沿着弱关联的能带理论的思路，进行强关联修正，不失为另一种可行的探索. 较有代表性的是所谓"LDA+U"方案，实际上是在局域密度泛函理论基础上进行的修正. 这个方法强调局域化受在位库仑相互作用 U(而不是被 Stoner 交换作用)所控制，从而附加一个与自旋和轨道相关的单电子势. 计算结果表明，对于许多 3d 过渡族氧化物电子结构是成功的，对通常的 LDA 结果给出了明显的修正，给出了令人满意的绝缘能隙. 这个方法的另一个优点是在通常 LDF 理论的基础上很容易作出关联作用的修正. 将平均占有数的涨落作为基本变数，平均占有数由 LDF 自洽计算而得，避免了不应有的修正重复.

9.5.2　模型哈密顿的严格解及数值计算研究

(1) 严格解.

对于强关联系统，常规微扰论方法失效. 因而人们不得不依赖某些近似方法(如变分法)以计算系统的性质. 问题在于这些近似引起的误差往往是很难估计的. 这样，对强关联系统的任何严格的数学结果都是有价值的. 通常是计算基态的能态密度. 将严格的结果与近似的结果作比较，可以使人们了解哪种近似方法较好些. 然而，除了一维情形，强关联系统的较精确的能态密度，仅能靠用数值方法计算"小样品"而获得.

相互作用电子系统的 Hubbard 模型，类似于自旋-自旋相互作用系统的伊辛模型，是能够显示或包容"实在世界"许多特性的最简单的模型. 对它的定性解析研究比伊辛模型要困难的多. 经过三十多年的研究，人们对它的基本性质的许多方面仍然是不清楚的. 在这里我们不能介绍或考察关于这个模型严格地说人们已知道了些什么，以及在严格数学解析的意义下正在研究的问题的概貌. 在这里只是强调指出，目前相当多的理论物理学家相信，对 Hubbard 模型的研究对于最终搞清高温超导体的本质特性会作出贡献.

高温超导铜氧化物有着极复杂的电子浓度-温度相图，其中包含着磁性相变及向超导的转变、金属-绝缘转变、正常费米液体金属相-非费米液体金属相的转变等. 由电子的动能以及其相互作用势能共同决定的这些丰富多彩的行为，向物理学家提出了巨大的刺激性的挑战.通过对 Hubbard 模型进一步研究,可能使人们更好地理解全同性原理(泡利不相容原理)如何导致如此丰富的属性!近几年来,对 Hubbard 模型(及其各种变种)所包容的物理内涵的研究,取得了不少的结果.人们精密地考察了许多基本问题,有些是在数值模拟的配合下完成的.这些基本问题包括:隙间态、相分离、附加空穴局域化及巡游性、吸引力、配对及超导性等.关于高温超导机制,虽然 BCS 理论和非对角长程有序的概念已建立了三十多年,然而还未找到一个强相互作用电子模型,可以严格地建立起超导有序.

这里引用严格解问题的公认权威 E. H. Lieb 近期给出的一个待解问题的表述,来介绍严格解研究前沿的情况.这个表述是:"证明在半满、排斥型 Hubbard 模型、超立方(hypercubic)点阵、二维情形中,存在有反铁磁长程有序基态;在大于 2D 有限温度情形中,对于怎样的格点 N,吸引型 Hubbard 模型有长程有序?"在这个表述中有许多名词,不在这里一一说明.我们只强调指出,高温超导铜氧化物的母化合物(即未掺杂、半满情形)在反铁磁温度以下($T<T_N$)时是长程反铁磁有序态.面对这一基本事实,人们相信它应该被包容在 Hubbard 模型中,并已有数值结果,但至今尚未给出严格的解析证明.从这里可以看出严格解析研究步履有多艰难!

(2) 数值计算研究.

由于历史的原因,人们常将理论物理学家区分为概念的解析的理论物理学家和定量的理论物理学家.他们相互之间交流不多.目前,这个分界已变得很模糊不清了.因为面对的问题是如此困难,当前世界上较大的研究组,已逐渐转变为并行地使用完善的解析与数值工具来开展研究,以求给出有说服力的回答.

在强关联的严格解析研究进展的同时,Hubbard 模型及相关的模型的数值研究也取得了不少结果.使用最多的方法是团簇(cluster)精确对角化技术和量子蒙特卡罗方法.对角化技术相对来说更精确些,但受到"尺寸效应"的限制它主要使用递推(lanczos)技术,尚不能计算较大尺寸的团簇.蒙特卡罗方法的困难是著名的费米子符号问题,尚不能计算较低温度的情形.尽管如此,它们仍取得了许多有意义和有趣的结果.

用单带 Hubbard 模型研究隙间态使人们认识到隙间态是强关联电子体系的普适特征.然而它未必是决定高温超导的最关键因素,因为非超导的甚至非金属的情形中也存在隙间态.直接用关联函数探察长程有序,在目前允许的计算条件下,尚未给出存在非对角长程有序的信息,因而已有人怀疑单带模型的有效性.

用 t-J 模型研究费米面已给出了"大费米面"的结果,即给出了与 Luttinger 定理一致的、与 $1\pm x$ 成正比(x 是掺杂浓度)的费米面.这意味着铜离子上的空穴对费米面也有贡献.Luttinger 定理告诉我们,电子间相互作用并不改变无相互作用时费米面包围的体积.这一研究结果还须改进.存在大费米面是在 16～20 位的团簇中用对角化技术求得的.该计算中关于费米面的定义(数密度=1/2)的合理性尚待论证. t-J 模型的另一个重要结果是证明了相分离的存在,从而指明相分离可能是电子集合的属性.只是这一结果($J=3t$)尚需向更现实的参数空间($J<t$)推广,并需考虑库仑长程效应.还有人在近相分离的区域给出了超导存在的迹象,但尚不能给出最后的结论.也有人讨论了迈斯纳效应及磁通量子化,也获得一些有意义的结果.但是必须小心!迈斯纳效应和磁通量子化只是超导电性的必要条件,必须小心看待这些结果.

一个值得注意的趋势是转向多带 Hubbard 模型的研究.如三带 t-J 模型、三带 t-V 模型等.有关的参数被扩展至更大的区域中,$-U$ 或 $-V$ 模型也包括在内.使用配对关联函数探察超导电性的工作仍在进行中.

虽然,要从理论上给出高温超导体的完整的、复杂的相图,还有很长的路要走,但是磁性相与超导相可在同一模型下进行研究,已是很令人鼓舞的了.

参考文献

[9.1] L. F. Mattheis, Phys. Rev. Lett. **58**, 1028 (1987).

[9.2] W. E. Pickett, Rev. Mod. Phys. **61**, 433 (1989).

[9.3] K. C. Hass, *Solid Sate Physics*, vol. 42(Academic Press, New York, 1989).

[9.4] J. Zaanen, et al., Phys. C**153—155**, 1636 (1988).

[9.5] K. Terakura, et al., Jpn. J. Appl. Phys. **26**, L512 (1987).

[9.6] P. Fulde, *Electron Correlations in Molecules and Solids*: *Springer Series in Solid State Science*, vol. 100 (Springer, Berlin,1991).

[9.7] H. Eskes, Thesis, Univ. Groningen (1992).

[9.8] L. F. Mattheis, D. R. Hamann, Phys. Rev. B**40**, 2217 (1989).

[9.9] M. J. de Weert, et al., Phys. Rev. B**39**, 4235 (1989).

[9.10] P. W. Anderson, Scienci **235**, 1196 (1987); *Frontiers and Borderlines in Many Particle Physics*, Varenna Lectures (North－Holland, Amsterdam, 1988).

[9.11] C. M. Varma, et al., Solid State Commun. **62**, 681 (1987).

[9.12] V. J. Emery, Phys. Rev. Lett. **58**, 2794 (1987).

[9.13] V. J. Emery, G. Reiter, Phys. Rev. B**38**, 4547 (1988).

[9.14] V. J. Emery, G. Reiter, Phys. Rev. B**38**, 11938 (1988).

[9.15] V.J. Emery, G. Reiter, Phys. Rev. B**41**, 7274 (1990).

[9.16] M. C. Gutzwiller, Phys. Rev. Lett. **10**, 159 (1963).

[9.17] J. Hubbard, Proc. Roy. Soc. London Ser. A**276**, 238 (1963).

[9.18] J. Kanamori, Prog. Theor. Phys. **30**, 275 (1963).

[9.19] P. Horsch, *Electronic Properties of High T_c Superconductors: Springer Series in Solid State Science*, vol. 113 (Springer, Berlin, 1993).

[9.20] J. Zaanen, et al., Phys. Rev. Lett. **55**, 418 (1985).

[9.21] P. W. Anderson, Phys. Rev. **115**, 2 (1959).

[9.22] J. Zaanen, et al., Phys. Rev. B**37**, 9423 (1988).

[9.23] B. J. Birgeneau, *Physical Properties of High Temperature Superconductors*, vol. 1(World Scientific, Singapore, 1989).

[9.24] J. Rossat—Mignod, et al., Phys. B**169**, 58 (1991).

[9.25] P. E. Sulewski, et al., Phys. Rev. B**41**, 225 (1990).

[9.26] S. Sugai, et al., Phys. Rev. B**42**, 1045 (1990).

[9.27] T. Arima, Preprint (1993).

[9.28] K. B. Lyons, et al., *Proc. NATO Adervanced Research Workshop on Dynamics of Magnetic Fluctuations in High Temperature Superconductors* (Plenum Press, New York, 1991).

[9.29] F. C. Zhang, T. M. Rice, Phys. Rev. B**37**, 3759 (1988).

[9.30] M. S. Hybertsen, et al., Phys. Rev. B**42**, 11068 (1990).

[9.31] M. S. Hybertsen, et al., Phys. Rev. B**45**, 10032 (1992).

[9.32] E. B. Stechel, et al., Phys. Rev. B**38**, 4632 (1988).

[9.33] W. Brenig, et al., Z. Phys. B**81**, 165 (1990).

[9.34] H. Eskes, et al., Phys. Rev. B**44**, 9656 (1991).

[9.35] P. Unger, et al., Phys. Rev. B**47**, 8947 (1993).

[9.36] P. Unger, et al., Phys. Rev. B**48**, 16607 (1993).

[9.37] K. A. Chao, et al., J. Phys. C**10**, L271 (1977).

[9.38] C. Gros, et al., Phys. Rev. B**36**, 381 (1987).

[9.39] K. V. Szczepanski, et al., Phys. Rev. B**41**, 2017 (1990).

[9.40] F. Mila, Phys. Rev. B**38**, 11358 (1988).

[9.41] H. B. Schuttler, A. J. Fedro, J. Less Common Met. **149**, 385 (1989).

[9.42] V. I. Belinicher, A. L. Chernyshev, Phys. Rev. B**47**, 390 (1993).

[9.43] V. I. Belinicher, A. L. Chernyshev, Preprint, HTc-update **7**, 20 (1993).

[9.44] F. C. Zhang, T. M. Rice, Phys. Rev. B**41**, 7243 (1990).

[9.45] A. Muramatsu, R. Zeyher, D. Schmeltzer, Europhys. Lett. **7**, 473 (1988).

[9.46] P. Prelovsek, Phys. Lett. A**126**, 287 (1988).

[9.47] H. Eskes, et al., Phys. Rev. B**41**, 288 (1990).

[9.48] A. K. McMahan, et al., Phys. Rev. B**38**, 6650 (1989).

[9.49] M. S. Hybertsen, et al., Phys. Rev. B**39**, 9028 (1989).

[9.50] A. K. McMahan, et al., Phys. Rev. B**42**, 6268 (1990).
[9.51] J. B. Grant, et al., Phys. Rev. B**46**, 8440 (1992).
[9.52] T. Tohyama, et al., Phys. C**191**, 193 (1992).
[9.53] J. H. Wilkinson, *The Algebraic Eigenvalue Problem* (Clarendon, Oxford, 1965).
[9.54] E. R. Galiano, et al., Phys. Rev. B**43**, 3771 (1991).
[9.55] J. C. Slater, G. F. Koster, Phys. Rev. **94**, 1498 (1954).
[9.56] G. Dopf, et al., Phys. B**165—166**, 1015 (1990).
[9.57] G. Dopf, et al., Phys. Rev. B**47**, 9264 (1990).
[9.58] G. Dopf, et al., Europhys. Lett. **17**, 559 (1992).
[9.59] G. Dopf, et al., Phys. Rev. Lett. **68**, 2082 (1992).
[9.60] D. Vaknin, Phys. Rev. Lett. **58**, 2802 (1987).
[9.61] B. J. Birgeneau, *Physical Properties of High Temperature Superconductors*, vol. 1 (World Scientific, Singapore, 1989).
[9.62] S. M. Hayden, et al., *Phase Separation in Cuprate Supercond*. (World Scientific, Singapore, 1992).
[9.63] T. Thio, Phys. Rev. B**38**, 905 (1988).
[9.64] I. Dzyaloshinskii, J. Phys. Chem. Solids **4**, 241 (1958).
[9.65] T. Moriya, Phys. Rev. **120**, 91 (1960).

第十章　结　束　语

超导电性是在 1911 年由昂纳斯在 Hg 的电阻测量中于 4 K 温度处发现的. 在这个转变温度以下,金属 Hg 呈无阻状态,即零电阻效应. 又经过多年研究,1933 年人们才认识到超导体的另一个基本属性:完全抗磁性,即迈斯纳效应. 在此基础之上,即在超导电性发现四十多年之后的 20 世纪 50 年代,才完成了 BCS 理论,足见这一理论的深奥和工作的艰难程度. 由于对超导研究的贡献,已有四次共 6 人获得了诺贝尔奖. 配对凝聚的图像已扩展至 13 个温度量级,从^{3}He($T_c\sim10^{-3}$ K)直到原子核($T_c\sim10^{10}$ K),且不说夸克凝聚. BCS 理论影响了凝聚态物理甚至整个物理学已半个多世纪. 高温超导电性的超导态和正常态的反常特性向传统理论的权威性发起了冲击和全面挑战. 在继续探察更高 T_c 的超导材料同时,对高温超导铜氧化物机理的研究,几乎吸引了整个物理学界的关注和投入. 遗憾的是至今尚未取得共识. 虽然如此,作为带动学科,它全面地挑战了传统的凝聚态理论,极大地推动了凝聚态物理学的研究. 可以预期工作会是艰巨的,人们"望着这座科学上尚未建成的通天塔"(安德森语),继续努力地探索着.

实际上这本书是无法写结束语的. 在结束本书的写作之际,高温超导研究仍在继续且迅速的发展之中. 我们既不能把已经取得的进展完全反映在本书之中,更无法把新近的成果及时吸收进来. 在前面各章中概要地介绍了高温超导铜氧化物的物理性质的诸多方面的结果,但仍然无法回答一些基本问题: 导致配对凝聚的机制是什么? 配对前后的电子状态是怎样的? 不能回答这两个问题,就更无法回答实际上很重要的另一个问题: 是否可能获得更高 T_c 乃至室温量级的新超导体? 它如实地反映着高温超导电性研究的总体阶段和水平. 显然要回答这些根本问题,必须做更多的工作,包括实验、理论及计算研究,回答在前面各章中陈述过的那些待解决的课题. 由于这个体系的复杂性,要很快回答它们是相当困难的.

回想起 1911 年发现超导电性到高温超导电性发现这七十多年间,以平均每年不到 0.3 K 的速度改变着 T_c 的纪录,并在此期间花费了 46 年才孕育出 BCS 理论. 高温超导发现刚刚十年多,T_c 以每年多于 10 K 的速度在增长,同时又揭示出如此众多的反常奇异性质,向传统凝聚态物理学提出了严重的挑战. 人们对固态物质的认识必将发生重大改变.

从 1986 年开始的高温超导新纪元,恰恰是从 BCS 判据的相反极端开始. 按照 BCS 的思路,新的超导材料应从(费米能处)高态密度、更强的电子-声子相互作用的好金属中去寻找.高温超导却是低载流子的坏金属,在其中有很强的电子-电子相互作用.d 波超导电性的确立,使多数人相信高温超导电性的微观机制,与 BCS 超导体应有很不同的本源和机制,应有不同的高 T_c 的判据.目前的高温超导研究也许只能说是处在初级阶段,在微观机制上远未达成共识,更谈不上预言未来新高温超导材料研究的走向.

三十多年来研究范围基本局限于钙钛矿结构铜氧化物家族,很难说在此还有多大的发展潜力.在一些经验直觉的指引下,人们扩展研究范围,已取得了一些进展,如梯形(ladder)材料、无铜体系(如 Sr_2RuO_4)等,但 T_c 仍不高,还有"闯进来"的新体系 A_3C_{60} 和 Fe 基超导体.总之,当前已进入了发现新超导材料的相对缓慢期,扩展思路找寻新的体系不失为一种选择.

基础性及应用性研究始终没有停止过.人们希望对已有高 T_c 材料的深入认识,包括对全相图的统一认识上的突破,会对人们找寻新高 T_c 材料有更多的启示.

虽然应用及应用基础研究在本书中基本上未涉及,绝不是说它们不重要.对于应用前景人们始终是充满信心的,十分看好它的潜在应用前景.权威部门预言,高温超导应用到 2020 年将达到 1500～2000 亿美元的市场规模.

本书只想强调高温超导电性研究的基础研究方面.它作为凝聚态物理及相关领域的带动学科,它的巨大作用是很难估量的.当代凝聚态理论权威,诺贝尔奖获得者安德森与施里弗在他们 1991 年关于铜氧化物高温超导理论的对话[10.1]中,曾经谈到撰写《固体物理》第二卷的问题,他们说:"Bednorz-Müller 1986 年高温超导材料的发现标志着凝聚态物理学的一个不寻常的发展阶段的开始.在此之前,强关联费米子系统是这个领域中一个有兴趣的次要方面.大多数严肃的多体理论家相信费米液体理论可以涵盖大多数感兴趣的材料.我们现在正在重写凝聚态物质的教科书,将增加卷 II,其中必须在零级近似中就把相互作用和单体动能效应,以相同的地位包含在内……,需要发展新概念和方法来普遍地处理这些系统…….正如 BCS 曾经是已扩展至 13 个温度量级的新类型物理学的曙光一样,或许我们会成为揭开物理学又一巨大进展的见证人.这个巨大进展就在于了解大多数尚有待去发现的那些系统的性质."这两位物理学大师指出高温超导物理将对物理学的发展起到至关重要的作用.在 *Nature* 对 20 世纪最重要的十篇文章的评选中关于高温超导有一篇 Hg 系高温超导[10.2],并收入物理百年文集,表示了对超导电性研究的重要性以及它在 20 世纪物理学中的重要地位的充分肯定.在该文中作者提供的 $HgBa_2Cu_3O_{8+x}$ 的 $T_c=133$ K(加压下可达 160 K)仍然保持着铜氧化物高温超导家族中 T_c 的最高纪录.

虽然在 21 世纪高温超导铜氧化物有关机制的研究仍有大量重要的工作要做,但是相关自旋配对机制的研究,类似于常规超导的"同位素效应"那样的关键性实验仍需要予以关注.笔者认为应该从铜氧化物高温超导这类特殊体系的特有性质中去寻求.为此笔者收集了这个体系中特有的,且可能是该体系普适的属性,汇集成为本书的补充部分,供读者分析、思考,并希望推动进一步的研究,更希望给出批评、修正和补充.

参考文献

[10.1] P. W. Anderson, R. Schrieffer, Physics Totay June, 55 (1991).
[10.2] A. Schilling, M. Cantonl, J. D. Guo, H. R. Ott, Nature **363**, 56 (1993).